Mathematical Olympiad and Math Talent

数学
奥林匹克与
数学人才

数学奥林匹克文集

顾问 王 元 裘宗沪 潘承彪

主编 熊 斌 库 超

华东师范大学出版社

·上海·

图书在版编目(CIP)数据

数学奥林匹克与数学人才：数学奥林匹克文集/熊斌，库超主编. —上海：华东师范大学出版社，2021
ISBN 978 - 7 - 5760 - 2155 - 4

Ⅰ.①数… Ⅱ.①熊…②库… Ⅲ.①数学-竞赛-文集 Ⅳ.①O1 - 53

中国版本图书馆 CIP 数据核字(2022)第 011989 号

SHUXUE AOLINPIKE YU SHUXUE RENCAI
数学奥林匹克与数学人才
——数学奥林匹克文集

主　　编　熊　斌　库　超
责任编辑　倪　明　孔令志　芮　磊　万源琳
责任校对　时东明　张亦驰
装帧设计　高　山

出版发行　华东师范大学出版社
社　　址　上海市中山北路 3663 号　邮编 200062
网　　址　www.ecnupress.com.cn
电　　话　021 - 60821666　行政传真 021 - 62572105
客服电话　021 - 62865537　门市(邮购)电话 021 - 62869887
地　　址　上海市中山北路 3663 号华东师范大学校内先锋路口
网　　店　http://hdsdcbs.tmall.com

印 刷 者　上海中华商务联合印刷有限公司
开　　本　787×1092　16 开
印　　张　18.5
插　　页　8
字　　数　301 千字
版　　次　2022 年 3 月第 1 版
印　　次　2022 年 7 月第 2 次
书　　号　ISBN 978 - 7 - 5760 - 2155 - 4
定　　价　85.00 元

出 版 人　王　焰

(如发现本版图书有印订质量问题,请寄回本社客服中心调换或电话 021 - 62865537 联系)

1978年八省市中学数学竞赛，华罗庚亲临考场

1985年中国队首次参加 IMO
（副领队裘宗沪（左），队员吴思皓（中）和王锋（右））

1987年，上海市中学生业余数学学校成立
（校牌由苏步青题写）

1990 年，第 31 届 IMO 在中国举办
（左三为当时 IMO 的秘书长英国的汉斯，左四是担任过 IMO 主席的瑞典塞米尔松，
左五为德国领队恩格尔，左七为当时的主席雅戈夫列夫，左八为法国队领队都
香，左六为组委会秘书长王寿仁，左九为中国数学会理事长王元）

1990 年，第 31 届 IMO 全体领队会议
（主席台上站着的是主试委员会主席齐民友）

1992年，国家集训队在中国科学技术大学合影
（苏淳（二排右三）、严镇军（前排右五）、裘宗沪（前排右四）、
杜锡录（前排右三）、朱均陶（二排右四））

1995年，国家集训队闭幕式后在北大电教台阶上合影
（第一排左起：舒五昌、周沛耕、应隆安、王元、王寿仁、张筑生、王杰、
常庚哲、李成章、（上一级台阶）任南衡、裘宗沪、末排右一：唐大昌）

1995年，第五届"华杯赛"在江苏金坛举行
（前排左起：单墫、钱伟长、周春荔）

2000 年前后,北京大学涌现了一批有数学竞赛经历的优秀青年数学家,被称赞为"黄金一代"

("黄金一代"部分数学家合影,左起依次为刘若川、恽之玮、袁新意、宋诗畅、肖梁、许晨阳)

2002 年,在苏格兰格拉斯哥 IMO 期间,中国的大陆、台湾、香港、澳门两岸四地的老师合影

2002 年,中国西部数学奥林匹克全体师生合影

2004 年，中国队出发前的合影
（王元（前排左二）、王杰（前排左三）、陈永高（前排左一）、
熊斌（前排左五）、吴建平（后排左七））

2004 年，中国派队参加俄罗斯数学奥林匹克，在考场前合影
（前排左四为领队苏淳、后排左一为副领队韦吉珠）

2006 年，中国数学会普及工作委员会主任会议合影
（龙以明（左六）、黄玉民（左五）、吴建平（左八）、陈传理（左七）、顾鸿达（左三））

2008 年，李大潜院士和王杰教授为华东师范大学国际数学奥林匹克研究中心揭牌

2009 年，中国第一次参加罗马尼亚大师杯，获得团体第一名

在 2009 年 IMO 上，陶哲轩与中国国家队合影
（左六为陶哲轩，左三为领队朱华伟，右一为副领队冷岗松）

2010 年，首届全国数学竞赛命题研讨会在上海中学召开
（熊斌（前排右四）、冷岗松（前排右五）、余红兵（前排右二）、冯志刚（二排右一））

2014 年，中国数学奥林匹克协作体夏令营在上海中学举办，其间召开了协作体校长会议

2017 年，国家集训队在复旦大学附属中学集训闭幕式后，领队、国家队队员与来宾合影
（李大潜（左六）、周青（左二）、姚一隽（领队，左一））

2018 年，第 17 届中国女子数学奥林匹克举行了特色活动——健美操比赛

2018 年中国数学奥林匹克开幕启动仪式
（杨新民（左五）、吴建平（左四）、彭联刚（左一））

中国数学会领导接见 2021 年中国队
（田刚（后排左四）、巩馥洲（后排左五）、彭联刚（后排左三））

2021 年全国中学生数学冬令营领队会议
（发言台左起：熊斌、王长平、陈敏）

裘宗沪（1994）、熊斌（2018）、冷岗松（2020）
先后获得保罗·厄尔多斯奖（Paul Erdős Award）

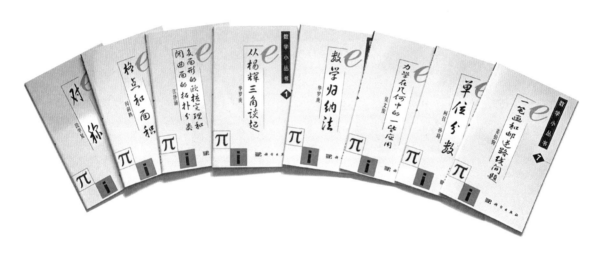

上世纪 50 年代由多家出版社出版的《数学小丛书》，曾是数学竞赛活动的主要读物，于本世纪结集再版

目录 Contents

第三部分　奥数经历与职业发展

第四部分　奥数参赛者心路历程

前　　言

　　时光荏苒，岁月悠悠。数学奥林匹克或称数学竞赛，开展有规模的活动，公认的说法，始于 1894 年的匈牙利，距今，已有 120 多年的历史了。

　　数学竞赛要求在规定的时间内完成有一定难度的问题，参赛者要有毅力，要有拼搏精神。这类似于具有 100 多年历史的现代奥林匹克运动会及奥林匹克精神。所以，1934 年在苏联列宁格勒举行的数学竞赛活动取名为"数学奥林匹克"，而莫斯科则于 1935 年也举行了数学奥林匹克。始于 1959 年、开始时以苏联和东欧国家为主的中学生国际数学奥林匹克（IMO），随着参赛国家和地区的增加，参赛选手的增多，影响力的增大，已成为名副其实的中学生的国际性活动了。至今，已走过了 63 个年头，举行了 62 届。第 62 届的参赛国家和地区有 107 个，参赛人数为 619 人。

　　新中国成立之初，我国的教育受苏联的影响较大。1956 年，在华罗庚等数学家的倡议和积极组织下，我国开始了中学生的数学竞赛活动，首先在北京、上海、天津、武汉等城市独立举行。这一活动吸引了一批优秀的中学生，提高了学习数学的兴趣，增强了从事数学及相关工作的志向。数学竞赛的优胜者，绝大部分进入高校继续深造，不少成为高校教师、科研机构研究人员、中学教师（这有其历史的原因）。不过，这个活动持续的时间并不长。

　　"文革"之后，随着"科学的春天"的到来，科技与教育工作者干劲十足，数学竞赛活动得以恢复，国内的数学竞赛渐渐趋于常规化。

　　1985 年，王寿仁教授和裘宗沪教授率领两名中学生参加在芬兰赫尔辛基举行的第 25 届国际数学奥林匹克，首次实现了与国际数学竞赛的接轨。

1990 年,中国在北京成功举办了第 31 届国际数学奥林匹克,中国队 6 名队员获得五金一银、团体总分第一名的好成绩,引发全社会的广泛关注。可以说,那段时间,数学竞赛的影响力、正面评价率达到了高峰。随着数学竞赛活动不断被扩充、泛化和异化,数学竞赛的获奖证书渐渐被认为是"升学的敲门砖"[①],社会对"数学奥林匹克"(简称为"奥数")的批评声也随之增多。

然而,一些数学家、高校教师、中学教师一直在默默地奉献着,为组织国内的被许可的数学竞赛活动承担了大量的工作。大批人才通过参与数学竞赛脱颖而出,在各行各业取得了令人瞩目的成绩。中国中学生在一年一度的国际数学奥林匹克中屡创佳绩,更是常据团体总分的榜首。

参加数学竞赛的选手中,有些成长为世界级的数学家;有些在物理、化学、生物及计算机专业取得了很大的成就;有些成了明星企业家,还有些成为奥数教练,教书育人,为中国培养了一批又一批的数学人才。令人欣喜的是,更多的人因数学竞赛的经历而增强了逻辑思维能力和数学素养,为今后的学习和工作打下了坚实的基础。

在中国加入国际数学奥林匹克 36 周年并成功举办国际数学奥林匹克 31 周年之际,我们邀请了各年代的数学竞赛参赛选手、数学竞赛培训的专家学者、学生家长等——数学竞赛的密切接触者,对数学竞赛活动本身有深度理解的人士,编写了这本文集,针对数学竞赛的历史与现状、数学竞赛的命题与培训、数学竞赛与数学研究、数学竞赛与职业发展、数学资优生的发现和培养等大家关心的问题,从不同角度分享自己的心得体会,希望能很好地反映数学竞赛活动的方方面面,借此促进数学竞赛的健康发展,为感兴趣的读者提供有益的参考。

全书共分四个部分。第一部分奥数活动与人才培养,该部分介绍了国内竞赛培训活动的开展情况,以及一些优秀竞赛选手的成长成才之路;第二部分数学竞赛命题与赛事,该部分介绍了中国参加 IMO 的相关情况,以及国内各项重要赛事的开展情况;第三部分奥数经历与职业发展,在该部分中,参赛者结合自身经历,探讨奥数经历对职业发展的影响;第四部分奥数参赛者心路历程,在该部分中,参赛者回顾竞赛经历,分享了竞赛心得与感悟。

---

① 熊斌,倪明.“奥数”何以成为升学的“敲门砖”.文汇报,2009 - 07 - 04(5).

中国科学院王元院士,长期担任中国数学奥林匹克委员会主席一职,对我国的数学竞赛活动倾注了不少心血。他曾题写"数学竞赛好",特别关照该题词仅限用于高中生的数学竞赛活动。关于数学竞赛活动,他有一些论述。我们在约稿之时,他年事已高,但还是在原先的论述中做了一些修改,文稿收入本书。遗憾的是,这位长者于 2021 年 5 月 14 日离开了我们,未能见证本书的面世。

我们要感谢所有作者抽出宝贵时间为本书写作。感谢裘宗沪教授的亲自关心,感谢单墫教授、潘承彪教授的大力支持。感谢钟琦雯女士、何忆捷博士在组稿过程中的辛勤努力。因为新冠疫情的影响,本书的出版一再推迟,特此向所有作者与读者致歉。

自然,文集有其局限性,既因各种原因导致收集的文稿未必很全面,又因文稿出自各人之手,叙述出现重复在所难免,也因属于历史回忆,免不了人、事、时方面差错的发生。所以恳请广大读者对书中的差错提出批评意见,以便重印再版时加以更正。

熊斌　库超
2021 年 8 月

第一部分

奥数活动与人才培养

关于数学竞赛的思考

◎ 恽之玮

从 10 岁开始,我接触数学竞赛,到 18 岁取得国际数学奥林匹克金牌,在这期间数学竞赛是我生活的主轴。上大学以后,我逐渐走上数学研究的道路,离开具体的数学竞赛题目越来越远,但还是时不时地听到关于奥数的新闻和争论。现在,我的孩子也开始上学,是否引导他参加数学竞赛,成为一个避不开的问题。借着《数学奥林匹克与数学人才——数学奥林匹克文集》约稿的机会,我开始重新反思数学竞赛对我的学习、研究、做人的影响。由于我已经离开数学竞赛二十年,我的经验和想法很可能在现时已不适用,但我能做到的也只有尽可能忠实地记录下我个人的所见所感。

虽然从成绩上看,我应该属于数学竞赛的优胜者,但是我直到入选国家队之前都不敢奢望哪天能参加国际数学奥林匹克。我也从来不觉得自己属于脑子特别"灵光"的,反而一路上挫折感多于成就感。

小学三年级时我遇到了人生中的第一个伯乐何文老师,在他的诱导下,我的数学兴趣从那时起迅速萌发。从小学四年级到六年级(1993—1995 年),在数学竞赛方面唯一的培训就是我们小学自己办的"数学提高班",每周两次课,如今回想起来,课程的内容也是很系统的。小学阶段我参加数学竞赛,包括《小学生数学报》竞赛和"华罗庚金杯赛",成绩在我们校内数一数二,但是放到全市,也就是前五名的水平,称不上顶尖。我在五年级左右读了一本介绍1990 年国际数学奥林匹克优胜者的书,从此王崧、库超等人成为我的偶像。同时我也有些自卑:王崧他们的高度看起来是不可企及的。

在小学六年级,我结识了两名当时全市数学竞赛水平最高的选手:张竞璀和冯维。我们三人进了最好的初中(常州中学教改班),分在了同一个班,一直到高中毕业,并且成了一辈子的朋友。我们的初中数学老师是刚从大学毕业的周宏老师,他是个解题高手,也愿意花时间和我们这些小孩打成一片。我们三人开始自学初高中数学,向周老师要一些难题来做。我们也相互出题考对方。我在我们三个人中并不是最厉害的,为此我有时也泄气,不过我们的关系一直非常要好。每年暑假,当年的国际数学奥林匹克试题在《中等数学》上一公布,周宏老师就叫我们全班同学回家自己做,不限时间。任何同学,只要能做出其中任何一题,就能得到一个特殊的奖励:周老师自掏腰包请这些同学在肯德基吃一顿。这在我们当时看来是不得了的奖励。记得初一暑假,我能做当年 IMO 中的两题,初二能做三题,每年能多做一题,一直到高二暑假,当我真的参加 IMO 时,刚好赶上能把六个题目全部做对。

高中时我们的班主任是数学特级教师周敏泽老师。其实从小学六年级开始我们就听过周老师讲课,仰慕过他当年的学生入选了国家集训队。我们初中时,周敏泽老师就特别注意我们三个人的学习进展和参赛情况。到了高中,他为我们全面制定了学习、训练计划。我们渐渐成了"专业选手",不过其他的课程也没有荒废。高一我参加完集训队回来,赶上期中考试。我落下了半个学期的课,考得很不好。下半个学期我把各门功课恶补了一下,期末考试考到了全班第二名。周老师两次陪着我参加冬令营,最后还以观察员的身份陪我到韩国参加国际数学奥林匹克。有他在我身边,我觉得很坦然,比赛也发挥出了正常甚至超常水平。

到外地参加比赛、集训的经历,是通常的中学生所没有的。这些旅行经历现在成为我最宝贵的回忆。初一、初三的暑假,我分别在上海和南京参加夏令营,体会到了集体生活的快乐。我记得刚到外地难以忍受粗硬的米饭和菜里面莫名其妙的辣味;记得在大城市里几个少年迷了路还在争论应不应该打车;记得在火车上争相传阅带队老师刚写好的小说并试图把小说中的人物对号入座。高一去北大参加冬令营,是我平生第一次坐飞机,起飞之后我的手心已被冷汗浸湿。高一在首师大参加为期一个月的集训,让我结交了几个好朋友,也知道了常州以外的高中生的生活。高二时,我和张竞雄两人到上海找熊斌教授接受指导,从坐车到住店,我们全程独立行动,抽空还欣赏了外滩夜景。高二在沈阳的集训队,让我第一次见识了什么是鹅毛大雪。最后到韩国参加国际数学奥林匹克,是我第一次出国。我至今仍然对在韩国时品尝的美食记忆犹新,也记得在赛后和别国选手打篮球、交换硬币的情景。

对于有志于从事数学研究,把数学当成自己一生的事业的人,少年时期的数学竞赛经历对今后的数学发展究竟有没有好处?我觉得还是有好处的。一方面,数学竞赛解题的思想技巧与数学研究中遇到的问题有相通之处。另一方面,数学竞赛让学生接触到更深刻、更广泛的数学领域和问题。

从我个人的经验而言,数学竞赛让我受益最多的并非技术层面,而是心理层面。

第一,数学竞赛让我明白天外有天。当我遇到一个竞赛问题一筹莫展的时候,读到或者听到令人拍案叫绝的巧妙解法,在击节之余,也慨叹世界上竟有那么聪明的脑袋。多次下来,慢慢就摆正了自己的位置:世界上(哪怕是身边)比自己聪明的人多得是。在接触到更高等的数学以后,天外有天的感受更加强烈,自己的能力也显得愈加卑微。接受这个现实,并非妄自菲薄,而是用一种欣赏的眼光看数学、看待别人的成就。

第二,数学竞赛让我明白熟能生巧。哪怕刚开始受到各种挫折,经常解不出难题,只要花时间去想,解题能力就能提高,偶尔自己也能想出让别人拍案叫绝的解法。这个过程虽然漫长,但是自己能感觉到自己的进步。渐渐就意识到,原来数学也给平常人留了一席之地,原来大多数的奇思妙想,也是来源于长时间专注的思考。

数学竞赛是对智力的极限挑战,在这种挑战中脱颖而出固然值得自豪,但挑战结果失败也是再正常不过的事。参加数学竞赛的选手们,如果能够从失败中汲取力量,对于今后发展任何事业都是一次宝贵的预演,其意义也就超出了数学竞赛本身。毕竟,失败的几率要比成功大得多,而大多数的课本不会教我们如何应对失败。

作者介绍　恽之玮

美国麻省理工学院数学系教授。1982 年生于江苏省常州市。中学就读于江苏省常州高级中学。2000 年入选数学奥林匹克国家队,参加第 41 届国际数学奥林匹克并获得金牌。2000 年至 2004 年本科就读于北京大学数学科学学院。2004 年至 2009 年在美国普林斯顿大学攻读数学博士学位,师从高等研究院的罗伯特·麦弗逊(Robert MacPherson)教授。2012 年至 2017 年在斯坦福大学、耶鲁大学任助理教授、副教授、教授。2018 年至今在麻省理工学院任教。

研究方向为纯数学中代数几何、表示论和数论的交叉领域。2012年获得国际数论界的SASTRA拉马努金奖。2018年获得科学突破奖之数学新视野奖。2019年获华人数学家大会金奖。2018年应邀在国际数学家大会作45分钟报告。2019年入选美国数学会会士。

我与数学竞赛的三个瞬间

◎ 倪　忆

　　像很多同龄人一样,我第一次听说国际数学奥林匹克(IMO)是在 1990 年夏天。在那个年代,包括数学竞赛在内的很多事物都被赋予了特殊的含义。首次在北京举办的 IMO 得到了政府的重视以及媒体的青睐,这是今天很难再现的盛况:《人民日报》连续数日在头版报道 IMO,江泽民总书记和李鹏总理在中南海接见了四大学科竞赛国家队成员。有两名学生进入数学国家队的黄冈中学尤为风光,王崧、库超这些名字变得家喻户晓。我母亲还把《人民日报》上关于黄冈中学数学教研室的一篇报道剪下来给我看。后来我上了初中,班主任老师借给我一本书《国际数学奥林匹克之光》,书中专门介绍黄冈中学的奥赛历程。那时候我没有接受过系统性的竞赛培训,虽然参加过小学和初中的数学竞赛,但成绩一般。国际数学奥林匹克对我来说显得高不可攀,黄冈中学更是有如神话。我怎么也不会想到,数年后我自己会进入黄冈中学,并师从王崧的指导教练陈鼎常老师。

　　转眼到了 1997 年春天,我进入数学国家集训队。此前我从来没想过自己有能力进入国家队,直到幸运入选集训队才开始认真考虑这一可能。集训队总共要进行十场选拔国家队员的考试,其中最后两场的分量最重,所占分值与前八场分值总和一样多。然而集训队考试成绩并不公布,只能凭感觉猜测自己的成绩排位。我最后一次考试考得并不好,所以考试结束后以为自己落选国家队,一直心情郁郁。公布国家队人选的那天早上,有一位集训队同学说我进入了国家队,我都不相信,坚持以为对方弄错了。直到宣布国家队名单的那一刻,听到自己的名字被念出,才在混杂着狂喜与困惑的情绪中走上台去。事后跟队友一打听,发现我是唯一一个直到宣布时才知道的人。

　　在北大度过六年时光,我于 2003 年秋天来到普林斯顿大学数学系攻读博士学位。有一天在范氏大楼的电梯里,一位外国学生突然问我是不是参加过1997 年的 IMO。原来这位同学名叫埃曼·埃特克哈里(Eaman Eftekhary),

也参加过那年的 IMO,还是当届四名满分之一。我当时背着那年 IMO 所发的书包,引起了他的注意。尽管我们两人素不相识,但共同的经历让我们有他乡遇故知之感。几天以后,我终于有机会与埃曼做了一次长谈,他向我介绍了他研究的领域 Heegaard Floer 同调论。我此前从未听说过这一领域,但听到埃曼的介绍,马上觉得这是一个非常有前途的方向。那年冬天,我便开始读相关的论文,后来在这一领域工作至今。巧合的是,1997 年 IMO 还有一位满分的同学西普里安·马诺莱斯库(Ciprian Manolescu)也是我的同行,我们经常在一起组织讨论班。

回想起来,数学竞赛给我个人打上了深深的烙印,在我早年的几个关键节点改变了我人生的轨迹。时至今日,在很多认识我的人眼中,奥数金牌还是我的个人标签。或许在大众想象中,奥数金牌就像奥运金牌一样,是一个人事业的巅峰。然而奥数金牌跟奥运金牌有着本质的不同,奥运金牌可以称为事业的巅峰,奥数金牌则仅仅是开始,连事业都谈不上。

今天,中国在许多方面都与二十世纪九十年代有很多变化,不论是奥数金牌还是奥运金牌都没有那时那么牵动人心。中国在 IMO 中夺得第一已经很难称得上是新闻,反而连续数年没有第一才会引起了媒体的关注。再就是每四年一度颁发菲尔兹奖时,新闻评论员就会想起 IMO,并发出"中国这么多奥数金牌,为什么一个菲尔兹奖都没有?"之类的疑问。数学对于普罗大众来说可能过于高冷,所以大家都听说过的数学成就只有奥数金牌和菲尔兹奖,尽管这两者之间有着巨大的鸿沟。打个比方,如果菲尔兹奖算是省高考状元的话,奥数金牌也就相当于小学一年级考了全班第一。奥数金牌充其量只说明一个人初等数学掌握得好,但初等数学跟高等数学比起来只是沧海一粟。中学竞赛所需要的全部数学知识,有一定天赋的高一学生半年工夫就可以用课余时间学完。但是这些知识对于前沿数学研究来说远远不够。大学数学专业的学生,本科四年仅仅是打下数学学习的基础,再花四五年获得博士学位,也只能说是对数学某个子领域中一个特殊的专题略窥门径。而这只是一个人数学生涯的开始。另一方面,解奥数题跟做数学研究完全不是一回事。奥数是要在短短几个小时里解决一个已有答案的问题;而做数学研究是要解决没有现成答案的问题,不知道答案是什么,不知道用什么方法能做出,甚至有没有答案都不知道。在数学研究上,一个问题要花费的时间往往以年计。

尽管奥数不是数学研究,但它比传统的中小学教育更接近科研。传统的数学教育覆盖的知识面很狭窄,通过海量的练习让学生掌握少数几个解题套路。这种教学方式可能适合大多数人,但对于有数学天赋的学生来说无疑是浪费时间。在这种情况下,奥数无疑给这些学生提供了一个了解更多数学的窗口。一方面像初等数论、不等式、函数方程、组合数学等常见奥数主题都是传统教育中很少涉及的,系统学习这些内容能够让人更多领略到数学的美,还能打下一定学习高等数学的基础。另一方面,比起普通数学题,奥数问题的答案更开放,更少套路,更构成对智力的挑战。让少数有天赋的学生超前学习,参与数学竞赛,正符合孔子因材施教的精神。

奥数不承担也承担不了培养数学家的任务。在我看来,奥数最大的作用就是发现具有数学能力的人才。仅从这个角度看,中国的数学竞赛是成功的。以我个人的经验,尽管我从小比较喜欢数学,成绩也比较好,但如果不是奥数获奖,我可能根本不会选择数学专业,从而走上数学研究的道路。我的很多同辈中国数学家也都有参加数学竞赛的经历,通过竞赛保送至大学,其中像许晨阳、恽之玮、张伟等人都已成为蜚声世界的一流数学家。

由于媒体的影响,大众对于数学家这一职业总有各种不切实际的想象,进而期待优秀的奥数选手都能成为优秀的数学家,一旦达不到这个要求就是"堕落"。然而,如前所说,奥数跟数学研究差别很大,优秀的奥数选手跟优秀的数学家之间还有很大的差距。另外一方面,社会也并不需要那么多从事理论数学研究的人。这个社会所需要的,是包括奥数在内的数学教育所培养出来的大批有着数学思维的人。跟我同年的国家队选手中,有人成为计算机领域的拔尖人才,有人创建了著名教育培训品牌,有人担任顶级基金高管,他们各自以不同方式为这个社会作出贡献。优秀奥数选手在各行各业的成功,不正说明奥数在发现人才方面的优势吗?

于我而言,奥数不只是荣誉簿和升学的"敲门砖",更多的是青春和情怀。我衷心希望中国数学竞赛能够平稳发展,继续发挥其应有作用。

作者介绍　倪　忆

1997 年参加第 38 届 IMO 并获得金牌。1997 年至 2003 年在北京大学数学系学习,先后获得学士和硕士学位。2003 年至 2007 年在普林斯顿大学数学系学习,获得博士学位。曾任教于哥伦比亚大学和麻省理工学院。2009 年至今在加州理工学院工作,现为该校数学系教授,研究方向为低维拓扑。曾获美国数学研究所五年奖、斯隆研究奖、美国国家科学基金会职业生涯奖。

我的数学奥赛经历

◎ 刘若川

　　我是 1998 年高二的时候第一次进入国家队,但那一年因为在中国台湾举办 IMO,大陆没有派队参加。我很幸运第二年再次入选了国家队,参加了 1999 年的第 40 届 IMO。追溯往事,我能走上数学竞赛的道路完全是拜当时优良的基础教育体系所赐。小学三年级的时候,我所在的沈阳市沈河区选拔数学优秀的小学生到"区奥校"(就是所在区的奥林匹克学校)集中学习。我所在的小学推荐了包括我在内的几个学生去参加考试。印象中考试的题目就是鸡兔同笼之类的问题。我之前完全没有接触过这类问题,自然不知道标准的解法。我采用的是最笨的办法,首先大概估计一个答案去试,然后根据误差再进行调整,因为题目里的数字并不大,所以好像大部分题目也成功得到了解答,总之最后是通过了考试。

　　区奥校的学习是一周一次,有标准的教材,有期中期末考试。我第一次在数学学习中脱颖而出是在区奥校的第二学期,那一学期我大部分时间住院,所以只能靠自学教材。我还清楚地记得期末考试成绩发布之后老师专门把我叫起来,在同学们面前表扬了我,说我一个学期没上课,仍然考了全班第二名。当时还有所谓的"市奥校",一般是招收高年级的小学生,四年级的时候我抱着试试看的心理去参加选拔,也通过了。当时没有今天普遍存在的事事争先的紧迫感,所以我在上完了市奥校一年的课程之后又重新上了一遍。因为已经学过了一遍,再学的时候自然比其他人有优势,除了加强了自信心,也让我意识到反复思考同一件事会得到更深入的理解。现在回过头来看,这个体悟应该是我走上数学研究这条路的最初的一个因素。

　　小学时代参加过的最重要的数学竞赛应该是六年级时的华杯赛全国总决赛。比赛的地点是在四川的彭县(现在叫彭州),以当时的交通条件从沈阳到彭县颇费周折,可惜最后的成绩平平,精神也是颇为沮丧。当时我已经在看贝尔(E. T. Bell)的《数学精英》,书里提到高斯(Gauss)只花了很短的时间就证明了费马小定理,于是我在回来的旅途中反复思考如何证明费马小定理以期恢复一下自信心,可惜最后也没有成功。

我中学时代的母校——东北育才学校——如今在国内已经颇为著名。在我刚进入育才的时候,育才还在上升期,当时的葛朝鼎校长倡导"优才教育",也就是今天我们所说的精英教育。这个理念的重要性当然毋庸置疑,但因当时的条件所限应该是没能完全达到葛校长最初的设想,不过至少让育才在学科竞赛方面辉煌一时。我印象中的葛校长仪表堂堂,颇有威严。给学生们讲话时西装革履,仪容整洁,这在那个年代并不常见。

当时育才有所谓的特长班,我进入的是数学特长班,与此同时还有计算机特长班、英语特长班等。初中的几年时间,我对数学的兴趣与能力都有爆发式的发展。上课之余,好多时间都花在学习新的数学知识和解题目上。特别是对数论很感兴趣,初中时已经自学过杜德利(U. Dudley)的《基础数论》以及潘承洞与潘承彪的《初等数论》的大部分内容。我还记得《初等数论》有一个附录是历年 IMO 中与初等数论相关的题目,当时花了不少时间去想这些题目。当时的《中等数学》杂志上也有不少题目,尤其是最新的冬令营和 IMO 的题目,每当新的一期到手,我都会马上翻看,迫不及待地开始思考求解上面的问题,尤其是那些最困难的问题,会极大地激发我的兴趣。当时我做这些题目纯粹出于个人兴趣,完全不是针对数学竞赛的训练,别人也大多不知道我在做什么题目,所以我可以不计时间,尽情思考。我自觉不算是思维非常敏捷的那一种人,但我愿意花上几周甚至是几个月的时间思考这些问题。记得有一道苏联的竞赛题,我断断续续地思考了至少有一年时间,突然在某个时刻领悟到该如何解答。此外,印象很深的是在一本莫斯科数学竞赛题集的前言里读到"重大的科学发现,同解答一道好的奥林匹克试题的区别,仅仅在于解一道奥林匹克试题需要花 5 小时,而取得一项重大科研成果需要 5 000 小时"。所以我也刻意地锻炼自己长程思考的能力,还有一个原因是我当时有一种心理,觉得看答案会影响自己的创造力。现在回想起来,这些废寝忘食而又毫无功利心地思考数学难题的体验构成了我少年时代精神生活中最深刻也最愉快的部分。

但我初中时在数学竞赛方面却并不顺利,最初几次参加各类竞赛都铩羽而归。我当时解难题的能力应该远超过初中竞赛的水平,但考试的能力却不稳定,尤其是在规定时间内圆满解决问题的能力。平时自己做题目都是慢慢琢磨,喜欢广开思路,后来慢慢开窍,也懂得在考试中套用各种成熟的技巧,再加上解难题的能力,成绩也就显现出来。上了高中之后参加数学竞赛的过程就比较顺利了,不再赘言。老实说我解数学竞赛难题的能力在初中阶段就已经打下根基,高中时虽然也花了不少时间,但更多的是尽可能多地接触各类题目,完善应付考试的能力,现在看来,某种意义上浪费了不少时间。

1999 年 IMO 第一天的第二题,我记得大概花了 15 分钟做了出来,解法非常简单,当时也没有太当回事,因为第三题没有做出来,心情也比较一般。但后来才发现我的解法跟别人都不一样,后来我在麻省理工学院读博士时碰到冯祖鸣,他还特意问起我这件事。其实出成绩的当天有其他国家的选手跑过来跟我说,我因为第二题的解答获得了特别奖,组委会已经把这个消息贴出来了,我当时还很兴奋,因为已故的张筑生老师特别在乎这个事。但那届比赛最后并没有颁发特别奖,我还因为第二题把求和符号写错而扣了一分,非常遗憾。

我记得有一次参加南开大学的数学夏令营,有一位著名大学的数学教授在开幕式发言时说了一段令我印象深刻的话,大意是高等数学晚一点学没关系,但数学竞赛的训练很重要,要早练多练。以我今天做数学研究的经验看这些话完全是误导,可惜当时深信不疑。中学时沈阳市的图书馆离我家不远,我在那里翻到过不少与数学相关的书籍。印象比较深刻的是菲尔兹奖得主广中平祐写的《创造之门》,从中也知道了代数几何与格罗腾迪克(Alexander Grothendieck)。也曾经找到群论的书,可惜搞懂定义后未曾深入下去。当时觉得自己很厉害,现在当然知道这根本不算什么。港大莫毅明教授中学时候就已经自学了很多高阶的数学,所以中学毕业后两年就可以去耶鲁读硕士,更不要提德利涅(Deligne)跟舒尔茨(Peter Scholze)这些天才。但我当时没能继续钻研下去,跟那位教授的讲话不无关系。

俄罗斯数学家弗伦克尔(Edward Frenkel)在《爱与数学》里提到他在中学时因为想了解粒子物理学而被他父母的一位朋友——一位大学的数学教授——去引导学习表示论(这个是粒子物理学的数学基础)、p 进数以及拓扑学。弗伦克尔当时生活在莫斯科边上的一个小镇上,当他考大学的时候,因为犹太人的身份而无法进入莫斯科大学学习,只能转而进入莫斯科石油天然气学院的应用数学专业。但即使在那里也有优秀的数学家引导他进入数学的前沿,大学三年级的时候他就已经在福克斯(Dimitri Fuchs)的指导下完成了一篇关于辫群的漂亮的论文,苏联数学家群体的厚度可见一斑。在数学竞赛这个层面上我们跟苏联以及后来的俄罗斯不分轩轾甚至更胜一筹,但你不能指望一个中学生只通过初等数学的技巧练习就获得点亮数学真理的魔杖。

谈起数学竞赛,一个绕不开的话题是中国队在IMO中的辉煌成绩与中国的数学竞赛选手们在数学研究中的后续发展的对比。很多人觉得这两者看似不相匹配,尤其是中国的数学研究水平并没有因此获得飞跃,失望之余,进而上升到对中国的教育制度与竞赛体制的批判。其实,现代数学已经形成了一个浩如烟海的庞大体系,能够只凭借一己之力在其中翻江倒海的武侠小说式的天才是不存在的。以我了解的算术几何这门学科而言,一个初出茅庐的年轻人要想有所成就,除了自身的天分跟努力,前辈与同侪的帮助也是相当重要的。所以数学的代际传承是一个关键,我们需要努力在本土作出真正好的工作并慢慢形成自己的学派。目前海外的中国青年数学家有所谓的黄金一代,国内也有韦东奕这样的天才式的人物,未来是可以期待的。

二十几年来国家发展、时代变迁,所谓的奥数教育渐渐有漫山遍野之势,又倏忽间变得人人喊打,几经轮回,莫可言状。作为人类思维的体操,在渐渐到来的人工智能时代,我相信数学教育仍然是基础教育不可或缺的一部分,甚至会变得更重要。而对于那些在数学上有更高兴趣和天分的青少年,确实也需要因材施教,构建能够发掘他们数学潜力的渠道。从这个角度看,数学竞赛这样一种传统的教育方式有着不可替代的作用。但另一方面,我也期待当国内优秀的数学研究人员慢慢充实之后,能够更多地下沉到中学生的数学精英教育上,使得学生们的数学潜能能够更好地被发掘出来。

作者介绍 刘若川

　　1998 年、1999 年国家队成员,获得 1999 年 40 届 IMO 金牌。2004 年毕业于北京大学数学科学学院,获硕士学位。2008 年毕业于麻省理工学院,获数学博士学位。毕业后曾在巴黎大学、麦吉尔大学、普林斯顿高等研究院、密歇根大学等进行博士后研究工作。现居北京,任职于北京大学数学科学学院。主要工作领域为算术几何与代数数论。

平衡　成长　识别——数学竞赛与数学研究

◎ 许晨阳

　　在刚刚过去的 2015 和 2016 年,IMO 总分第一被美国队取得。连续两年中国未获第一,这是从 1989 年 IMO 以来的第一次,引起了不小的讨论。从一个没有很强数学竞赛传统的中学里出来,和很多人比起来,我对数学竞赛的了解并不算非常深,进入大学之后的近 20 年,我对数学竞赛也基本只是一名旁观者。我唯一一次参加全国级别的数学竞赛是在 1999 年,作为入选冬令营的四川队最后一名通过冬令营考试,幸运地被选进入了国家集训队。那一年我在为进入冬令营的准备中认识了朱歆文,然后在冬令营四川队中认识了张伟,之后又在集训队里认识了陈大卫、刘若川和恽之玮。我之后和他们中的许多人成为数学研究路上的挚友。在北京大学的同学中,有不少人也从参与数学竞赛开始,成长为优秀的数学家。一个不完全的名单里包括了安金鹏、何旭华、倪忆、于品、袁新意、肖梁、余君等。其中的一些人在今天的国际数学界也已经成长为各自领域的中流砥柱。这个名单很清楚地说明,数学研究和数学竞赛有很强的正相关性,怎么解读这个相关性,就是这篇文章的目的。

　　关于数学竞赛的理解,有两个层面:一是从参与者自身的经验;二是从作为整个国家教育的一部分。我将主要从数学研究的角度切入这两个方面。但是我首先想要强调,尽管我在这里主要讨论数学竞赛为数学研究所做的准备,但这只是数学竞赛的效用之一。实际上每年参加数学竞赛的佼佼者中,最后从事数学研究的绝对数量并不高。很多人选择了其他工作,并作出了优秀的成绩,而在他们取得成就的各种素质中,数学竞赛培养出来的能力占有一个显著的位置。一个令我感兴趣的比较是在不同文化下那些没有选择数学研究的人最后所从事的工作:一个未经查证的说法是中国人多选择了金融,而美国人多选择了高科技。

　　我见过一个比喻把数学竞赛和数学研究比作"百米短跑和马拉松"。我认为这个比喻具有一定的误导性。也许数学竞赛和百米短跑确有相似之处,因为他们都需要短时间内的爆发力——一个是身体上的,一个是数学技巧上的;但是数学研究的成功所依赖的能力却丰富得多。好的马拉松运动员大致有着相似的能力,但是让人成为好的数学家的能力却可能大相径庭。戴森著名的关于"青蛙和鸟"的划分在数学里一般被视为关于问题解决者(青蛙)和理论构建者(鸟)的区别。单从解决问题的思维类型上而言,既有那种能迅速进入问题,并靠连续不断的爆发力掀翻一个又一个障碍的数学家[柯尔莫哥洛夫(A. N. Kolmogorov)曾说他考虑解决一个问题的时间通常不超过一个星期];也有另外一种数学家,他们擅长一点点深入,持续不断地在同一个问题上稳定前行[怀尔斯(Wiles)花了 7 年证明了费马大定理]。所以从这里不难看出,数学竞赛能够培养出的能力类型,只是做数学研究的各种能力类型中的一(小)部分。我认识的一些优秀数学竞赛参加者,他们的共同之处是在某个时间节点上,自觉或者不自觉地认识到了数学竞赛的这种局限性,而选择了扩大自己的能力范围,为后来成长为杰出数学家奠定了关键的一步。所以对于那些有兴趣参与数学竞赛的年轻人,一定的训练对于数学研究是有益的,但是过度的训练就往往过犹不及,事倍功半,在能力和心理上阻碍了其他数学能力的发展。在我自己的经验中,我很清晰地记得,自己正是在 1999 年的国家集训队一个月的训练里,逐渐开始意识到那个时候的我,已经获得了数学竞赛能给予我的所有东西,需要朝着下一个目标前进。而我的导师科拉(Kollár)曾经两度取得IMO 金牌,但他却是匈牙利 IMO 队里为数不多的来自非"特殊数学班"的选手。相信这种更加平衡的教育对他日后数学研究上的成功有很大益处。因此,我建议对数学竞赛佼佼者进行更全面的教育,把数学竞赛视为整个科学甚至文化教育的一部分,相信这对他们漫长的人生之路而言,是更有益的教育方式。自然这也对数学竞赛教育者提出了更高的要求,但我想如果把数学竞赛教育的目的定位在取得成绩的同时,让学生通过数学竞赛的学习,而最终跳出数学竞赛,逐渐理解数学作为人类文化里"自由的艺术"的价值,那么这种教育才不会陷入功利的责难而让自身更有生命力。

关于数学竞赛经常被讨论的另一个问题是,我们应该在其中投入多少社会资源。如前面所说,培养数学研究人才只是数学竞赛的社会效用之一。因为只从这个角度切入,尽管这里很多讨论也可以被推广到其他情形,但我也并不试图完整地回答这个问题。数学竞赛作为一种社会组织教育模式,最积极的一点是让很多对数学有兴趣的志趣相投的孩子,很早地共同处于一个团体之中,相互影响,产生良性竞争。而这个模式的形成,也为整个社会选才提供了一个有效的渠道。现代社会的迅速发展,往往在于充分发展属于每个人的最强能力。而怎么识别这种能力然后加以培养,无论对每个个体还是对整个社会的发展都有基本的意义,也是教育的核心主题之一。在这一点上数学竞赛有不可替代的特殊价值。以我自己的经验而言,我在数学竞赛中获得最珍贵的经历,便是通过交流,看清了自己的情况,并且走上了一条适合自己的路:一方面我因为数学竞赛,免试进入了北京大学;另外一方面我也因为在这个成长过程中认识了我前面提到的那些后来和我一起从事数学研究的好友,而丰富了自己。有时候我甚至想,如果能早一点结识他们,也许我会更早下决心从事数学研究。另外一个有趣的数据是,2000 年以后获得菲尔兹奖的数学家当中,IMO 奖牌获得者的比例显著增高,14 名获奖者当中有至少 8 名分别代表各自的国家获得了奖牌。这一方面同这几十年来数学内各学科影响力的变化有一定关系,同时也反映了在全世界数学的精英教育中,有一种日渐增强的趋势,即把数学竞赛尤其是 IMO 作为选拔培养数学家的一个环节。而 2015、2016 两年美国 IMO 队教练罗博深是我在普林斯顿读博士时的同学。他现在是卡耐基梅隆大学的副教授,也是组合数学研究领域的年轻专家。他参与进IMO 美国队,也许标志着美国的数学精英教育界在长期重视著名的普特南大学数学竞赛之外,现在也把他们的目光更进一步聚焦在了 IMO 这样的中学数学竞赛之上。我想这对于过去二三十年统治了 IMO 的中国队,应该是一个很有益的挑战。

作者介绍　许晨阳

1999 年进入国家集训队,并保送北京大学数学科学学院。于 2002 年、2004 年先后获得北京大学学士、硕士学位,2008 年于普林斯顿大学获得博士学位。现就职于美国普林斯顿大学,曾先后任北京国际数学研究中心、美国麻省理工学院教授,从事代数几何方向研究。曾获 2016 年度"ICTP 拉马努金奖"、2017 年未来科学大奖、2021 年度科尔代数学奖,并曾于 2018 年受邀在国际数学家大会上作报告。

从奥数生涯到科研人生

◎ 张瑞祥

我很幸运地出生在一个重视教育的家庭。印象中我与数学结缘的岁月，大概可以追溯到幼儿园甚至更早。自从学会了阅读，好奇心浓重的我就痴迷于学者们和有关他们研究的学问的一件件趣事。我慢慢发现只要是一件关于数学的事情（后来我了解到，这叫一个数学命题），通过大脑的活动就可以验证或推翻，并渐渐对这种"纯粹的脑力活动"产生了浓厚的兴趣。

后来的我顺理成章地阅读了越来越多的科普书，参加了学校的兴趣小组，最终参加了数学竞赛（又名数学奥林匹克）。数学竞赛生涯贯穿了我的部分小学时光和整个中学年代。我很庆幸有这样一项活动，能让成千上万像我这样热爱数学的少年在其中相识，并且以一种颇为独特而有教益的方式度过许许多多的美好时光。

光阴如白驹过隙，弹指瞬间，我已经从当初的懵懂少年，变成了在美国加州大学伯克利校区数学系八楼电梯对面办公室里工作的一名数学工作者。现在我的主要研究方向是调和分析。这个学科又称傅立叶分析，是定量研究不同的简单波如何合成一个复杂的波，以及这样的现象在其他数学问题里有何种应用的学问。总体而言，做数学是一个非常棒的职业。

几个月前，喜闻熊斌老师和库超老师在策划《数学奥林匹克与数学人才——数学奥林匹克文集》，而我亦有机会贡献一篇小文，聊聊自己关于数学竞赛的见解。想到自己是如何从竞赛一路走来，现在又是如何日常在数学研究的前线与正在困扰人类的数学问题斗智斗勇，我便决定写下这篇文章，谈谈自己对搞数学竞赛和做数学研究的体会，也从我个人的角度比较一下二者的异同。如果正在读这篇文章的你是一名"现役"或前数学竞赛选手，而你正在严肃考虑未来从事数学研究的可能，也希望这篇文章能带给你一定的思考。

由于"数学竞赛"一词的内涵太过丰富，本文将其范围定位为最有代表性的高中数学竞赛。以下提到"数学竞赛"均指"高中数学竞赛"。

特　　点

数学竞赛和数学研究都是有关于数学的，极富创造性的活动。这两项活动本身的比较也是很有意思的。

我们先来看看二者的主要特点——

数学竞赛以比较有代表性的中国、国际数学奥林匹克为例，要求选手们在两天各四个半小时内分别闭卷解决三道有一定（甚至是相当）难度的问题。这些问题形式初等，解答多已知且应至少有一种初等解答。考试后专家阅卷组分别评定选手每题的得分，以此决定当次比赛选手的荣誉（金牌、银牌，等等）。

数学研究的世界十分开放，数学工作者们通常挑选自己感兴趣的研究方向并在上面付出成年累月的努力：这往往是一次向着未知的旅程，目标可能是在一个问题上取得从前没人能做到的进展甚至把它完全解决，也可能是发现一些未为人知的数学现象或结构，甚至有可能是根据丰富的经验和深刻的洞察力，提出几个有前瞻性的猜想，它们的解决将带给我们看待特定数学现象的全新角度。为了这个目标，你通常需要接受大学本科的训练，然后从一名博士生开始，跟着导师用知识和经验武装自己，可能需要与你信任的合作者一同讨论思考。如果运气不错，某几个灵光一现的瞬间可能会在你完全没有预料的时候突然出现。而你会把自己的阶段性研究成果写成论文，投稿到杂志上发表。大多数数学工作者需要用自己的研究成果"证明自己"，从而最终在自己心仪的科研机构里获得一份稳定的工作。

数　　学

我们已经看到，数学竞赛和数学研究的形式、性质甚至目的都有一定的相似和更多的不同。因此，两者的"数学"部分也有着很有趣的异同。

数学竞赛和数学研究都是高度创造性的工作。要想直观地感受这一点，任何人都可以把竞赛或研究与我们常常接触的另一类问题相对比——数学课本后的习题。一个普通的习题往往是课本上所讲知识或技巧的直接应用，而解决竞赛题和研究问题都需要一个、两个，甚至是许许多多个灵光一闪的瞬间。如果解一道习题是让你走去隔壁房间取来桌上的文件,那么数学竞赛或数学研究的感觉就像是把你关进了一间密室——你得凭自己的聪明才智找到钥匙,打开房门——当然,也许等待着你的是下一间更困难的密室。无论是竞赛还是研究,理解问题往往都比取得进展要容易得多。如果你平时喜欢开动脑筋解决有挑战性的问题,或是向往用自己的思考开启人类未知的领域,那么不妨在数学竞赛里小试牛刀,或是前往数学研究的汹涌大海,用自己独特的眼光和娴熟的技巧来一段激动人心的航程。

数学上的创造性工作也是有一定共性的:当你不知道一个一般的命题是对是错,如何证明时,常用的方法是考察最简单的一些例子;如果对一个命题毫无头绪,可以先想想构造反例;如果你想证明一个关于正整数 n 的命题,那么可以考虑用归纳法……如此种种,既是竞赛里你重要的法宝,也是你做研究的好朋友。回想起来,我在数学竞赛阶段最有用的经历,除了锻炼了数学思维和素养以外,便是积累了如上种种面对未知问题如何下手的实战经验。到现在为止我在科研上经历的好几次硬仗,都是多亏了这些"战场经验"提供的"武器库"才最终取得胜利。

数学竞赛的选手们通过参赛,也在不知不觉中多少培养了自己的数学思维和数学素养。逻辑思考的能力、空间想象力、对整数的感觉、对数学证明的范式的熟悉等等都可以在竞赛中得到锻炼。它们虽然不会直接帮助你在数学研究中取得成功,但这些能力会为你的研究生活保驾护航,让它始终运行在安全的轨道上。

是时候谈谈数学竞赛和数学研究在"数学"本身层面的不同了。数学竞赛里的问题大都是初等的,选手们在其中培养的也是关于初等问题的嗅觉。不过,数学研究的范围可远不止初等数学。如果你在现代数学的前沿工作过,你几乎肯定会为近几个世纪以来数学的发展所叹服。在过去的几个世纪中,人们发现了许多数学现象背后的大量结构,并且反过来用这些结构大大推动了数学的发展。种种深刻而复杂的结构已经在对素数,对多项式,对解方程,对球面这样最简单的几何对象的研究中起到了深远的影响。我们会发现,有时候初等技巧就像一把铁锹,而现代技巧常常是那个厉害又有效率的挖掘机。很多时候用铁锹的专家固然可敬,但一个正常人只要操作得当,便能在多数场合把挖掘机用出数以千万倍的效率。由于这个原因,一般我们在做科研时,起码要对当前最先进的"挖掘机"有充分的了解。如果它能够为我所用,这样的了解就是值得的。当然,我们决不能说初等的问题都是简单的,更不能说初等的办法都是不值一提的。很多时候一个科研问题的最主要难点正是一个非常初等的问题。

参加竞赛时,大家都知道题目是有标准答案的。这好比事先明确了目的地的市内旅游,倒几趟车两三个小时一般总能到。然而数学研究的世界里充满了变数,有时候一个预料之外的反例甚至会迫使你全盘修改自己的计划,而一个无法补救的错误有可能导致很长的证明整个被推翻。当你发现自己的船已经无法去到想要的彼岸,你就必须寻求改变。至于是改坐飞机,是挖个海底隧道,还是等到严冬来临之际从冰面上小心翼翼一步步走过去,每个人都需要给出属于自己的答案。

数学竞赛的泰斗单墫老师曾说过:"数学研究是数学竞赛的源头活水。"的确,好的研究问题往往是数学中最富有生命力的部分,它们常和数学的前沿关系密切。而其中很多的思想和方法都正在经历蓬勃的发展,可谓是全人类的心智和未知的数学世界进行着最强烈、最激动人心的互动的所在。如果这些研究问题有一些方面包含了很有趣的初等数学思想,那么就可能由此产生一道非常棒的竞赛题。好的竞赛题几乎都有一定的研究背景。

数学竞赛涵盖了代数、几何、数论、组合四个分支。一个好的竞赛选手必定是通晓这四项的全能型选手。相比之下,如今的数学研究已经相当专业化。分析、代数、数论、几何、拓扑、组合……许许多多的领域不一而足。以我最熟悉的分析为例,它又包含了调和分析、各类微分方程、复分析、泛函分析、某些解析数论、某些动力系统、一部分表示论、几何测度论等五花八门的方向。就像它们的名字所揭示的那样,有很多方向甚至和其他看似相去甚远的分支有着深刻的联系。也许当今时代,已经鲜有人能通晓所有数学分支的十分之一,但我们大可放心,与竞赛不同的是,即使你只熟悉一个方向,仍然有机会做出顶级的研究。因此,在初窥数学研究门径的阶段,找准自己最有感觉的数学类型是非常重要的。多了解其他的方向,尤其是和自己相关的方向没有坏处。不过人生路漫漫,这件事也不必着急。

如上所述,我们看到数学研究和数学竞赛是两件不太一样的事情:前者从根本上是一种源于对数学世界未知的好奇心而由此带来的探索,在这个目的下只要是有帮助揭开真相的东西都是值得了解的;而后者从根本上是一项基于数学创造性设计的短时间竞技活动,因此对范围、形式等都有很明确的规定。二者都是以探索数学未知为主题,充满创造性的活动,这大概是它们最主要的共同点。

做数学

说完了数学本身,来谈一谈竞赛和研究中,我们自己都是怎么"做"数学的。

回首我的数学竞赛之路,依稀记得自己喜欢上数学竞赛最开始是因为我在竞赛的世界里找到了解谜的乐趣。如果数学是思维的体操,那么数学竞赛就像思维的奥运会。不过随着自己逐渐成长为一名"职业"竞赛选手,我也体会到为了能在赛场上尽情享受,平时严格而有系统性的训练是必不可少的。和体育比赛类似,数学竞赛里的训练也包括基本功(比如长年累月的平面几何训练),专项训练(比如数论里的"阶"这一话题)和经验、感觉的培养(比如组合题目相对而言比较没有固定的章法,但是通过解决形形色色的谜题,组合的感觉是可以被培养的)。在训练中,有几个志同道合的好朋友一同讨论常常会事半功倍。我自己参加数学竞赛时,也喜欢自己命竞赛题。我曾经在高中的班级里举办班级数学竞赛,鼓励同学们向班上的"组委会"供题,而由我牵头的组委会则负责题目的遴选和改编。同学们提交的题目常常让我受益匪浅。有一次,一位同学给了我一个他自己也不会做的问题,我想了半年才把它想出来,后来对这个问题的进一步思考居然变成了我自己的第一篇数学研究论文。

从那时的初识数学研究到现在,已经过去十多年了。我慢慢地体会到,数学研究可以是一种生活方式而不仅仅是一种职业。作为一名数学工作者,数学研究将是你清醒时间里很重要的一部分。对于曾经参加过竞赛的数学工作者,如前所述,他们参赛时的基本功对于研究是非常有帮助的,正如职业的体育训练对运动员作为一个人的身体素质具有正面的影响。竞赛对于数学研究所需要的意志品质的培养,也有不错的作用。至少它让我变得更勇敢、更有耐心、更善于坚持了。

不过数学研究里有很多更重要的东西。它们也许在数学竞赛的世界里有所萌芽,但通常只有科研阶段才会变得特别重要。例如在科研中,提出好的问题和欣赏好的问题(好的工作)的能力是非常重要的。又如好的科研习惯(如何整理自己的思路和手稿,如何安排自己的时间)也十分重要。

数学研究的根本出发点,是人类对未知数学世界的向往与好奇。探索未知是件难上加难的事,要做出一流的工作,单凭再好的基本功也是不够的。对一个数学工作者来说,最理想的工作状态也许就是发现自己最有兴趣的数学方向,在已有的工作基础上做充分多的思考和经验的积累,最终形成自己强有力的独到见解并以此推动自己感兴趣的数学的发展。

我们又一次提到了经验,不过这次的积累比我们在竞赛生涯时期更具挑战性。我的体会是:不同的数学研究甚至可以给人完全不同的感觉。有些研究让你感觉自己在进行发明创造;而有些研究更像是去原始森林里的一场冒险;有些研究让人激动;有些研究更像是心灵的净化。你需要正确地发挥自己的潜能,了解自己数学上真正的激情所在,然后通过博士级别的训练到达科研的前线。那里有人类刚刚知道和非常渴望知道的东西。运气足够好的话,你会在这里找到一个突破口,打开自己的一片天。

作为一名数学工作者,我许多次被朋友问到:你们平时的生活是什么样子的,就天天用纸和笔计算公式、推导定理吗? 我会说,我们的生活还是很丰富的。一般来说,做数学研究以了解世界数学的动态(听报告,看文章,听别人讲数学)和自己从事创新性工作(思考如何证明问题,试图提出问题或猜想,用例子检验一个命题,与人合作)为主。两者的结合可以千变万化,例如一场报告激发了某位听众的灵感,在其后的饭桌上 TA 就可能与报告人进行交流,也许这就是一场美妙的合作的开始;又如我们常常会在看一篇文章或做一个问题时,偶然联想到一个表面上不相关的问题,从而引发了预料之外的研究。当我们的研究取得了阶段性的成果,我们一般会把它写成论文,提交给由专业人士负责评审的杂志,最终得到专业评委的认可后才可以发表。

数学工作者之间的交流是非常重要的,访问(去外校做报告或是访问合作者)和参加学术会议是我们最主要的两种交流方式。不同的访问或会议的具体目标和安排往往各有特色:学术报告可以是对自己在几个相关问题上工作的综述,也可以是对一个问题方方面面的深入讨论;合作可能是很开放性的头脑风暴,也可能是大家一起来寻寻觅觅定理的证明;会议可能是为了庆祝一位学者的生日而邀请许多和他工作相关的人作报告,可能是为了解决一个问题而把不同方面的专家聚集到一起,还可能是对最近的一个重要工作的解读和学习。

服务数学工作者的集体、服务社会也是我们生活的一部分,期刊的审稿、会议和讲座的组织、数学课程的讲授、系里的日常工作和学生的培养,都需要数学工作者来负责。总体来说,年长的前辈们更有经验,责任也相对较大。我有幸遇到了不少愿意耐心指点我的长辈们。虽然自己经验仍然不足,但在他们的帮助下,我也得以渐渐承担起更多的责任。

既然是自己的生活,你就要认真思考,好好设计一种对得起自己的生活方式。要不要从事一些研究以外的工作?要不要放弃自己喜欢的业余爱好?生活在哪座城市比较好?我的生命里还有什么是很重要的?如何控制自己身上的压力?我该怎么保持健康?我该怎么保持对生活的热情?这些问题我们都最好认真回答。每个数学工作者都有着不同的生活方式,最棒的感觉莫过于突然从他人身上得到你喜欢但还未曾悟到的生活智慧。

我要向喜欢数学,爱挑战思维极限的同学们大力推荐数学竞赛的两个原因,一是在竞赛中我们可以结交到一群志同道合的朋友,这将是自己人生的一笔宝贵财富;二是数学竞赛提供给我们一些去外地甚至出国看看的机会,不同地方可以给自己留下宝贵的回忆和丰富的阅历,我个人十分享受这样的体验,并且在多年以后才深知它的可贵。

如今我从事的职业数学研究,吸引我的同样有这两点。在与同行的交流中,我结识了许许多多同样喜欢数学的朋友;而学术会议、访问不仅是我和同行交流的机会,也从各方面丰富了我的人生阅历。

数学竞赛和数学研究于我而言的第三个共同好处,在于它们都让我寻到了任思维翱翔驰骋的自由。在数学竞赛时期,我会在一个周六上午来到学校,找一张没有干扰的桌子,专心地思考一个数学问题。如果毫无进展,不妨在静静的校园里缓步一圈,听听鹊戏枝头,也许灵感便会不期而至。而如今我从事着数学研究,也会只身一人前往珍藏大师手迹的图书馆,翻开我想看的一本书细细品读,体悟数学之奥妙;看着窗外飞机长长的尾巴把晴空分开两半,想象如何前往未知的天空,不觉夕阳西下,夜色已深。这些都是我生命中最美好的时光。

朋　友

前面说了,数学竞赛让喜欢思考、爱好冒险的我们有机会结识一群志同道合的朋友。大家在一起讨论数学,交流人生。可能是因为这是一个和我兴趣相投的"朋友圈",甚至在十多年以后的今天我和当年的许多朋友都还保持着联系。已经在各行各业崭露头角的他们,人生已经千差万别。而当年因为数学竞赛而起的这一段缘,也永远成了我生命中很重要的一部分。

现在从事数学研究的我,也因为科研结识了许许多多的朋友。现代数学越来越困难、技术化和专门化,也许个人英雄主义仍然存在于我们这个时代中,但人与人的交流与合作无疑是当今数学健康发展的重要推动力。工作上的益友常常亦是良师。和朋友们的交流曾无数次减轻甚至是化解我的迷茫、痛苦和悲伤。而忙里偷闲去寻访一位远在千里之外的朋友,开始一段新的讨论与合作,对我来讲总是妙不可言的经历。

结　语

作为数学研究的"迷你版",衷心希望我们的数学竞赛能越办越好,让每个参与其中的数学爱好者都能玩得尽兴、有所收获。也许并不是每位参加竞赛的同学将来都适合数学研究这条光荣却又险峻的道路,不过我相信,其中一定有不乏能在数学研究中做出成就的明日之星。如果你也有兴趣了解数学研究是什么样子,希望本文能对你有所启发,也希望向往于数学研究的你能够多一点耐心,多一点毅力。任何职业都是不容易的,数学研究也一样。如果你在三思之后还是义无反顾地迈出了第一步,那么请收下我充满敬意和衷心的祝福:好运,我的朋友。

作者介绍　张瑞祥

现居美国伯克利,2008 年获得国际数学奥林匹克金牌,2006 年至 2008 年三次入选中国数学奥林匹克国家集训队,曾在中小学数学竞赛中多次获奖。在北京大学数学科学学院本科毕业后,于美国普林斯顿大学获得博士学位,师从沃尔夫(Wolf)奖得主彼得·萨奈克(Peter Sarnak)。现任美国加州大学伯克利校区助理教授,曾任美国普林斯顿高等研究院和美国威斯康星大学麦迪逊校区博士后。研究方向包含调和分析、解析数论、关联几何和加性组合等。与他人合作在 Schrodinger 方程解的逐点收敛问题,Fourier 限制性问题和 Kakeya 猜想,平移伸缩不变方程组的整数解,Falconer 距离问题,分数维集合的不确定关系,波动方程的局部光滑效应,二次型曲面的去耦合(decoupling),非交换群上的 Brunn-Minkowski 不等式,高维 Tarry 问题的收敛指标等问题上做出了一系列重要结果。其三篇论文已在顶级数学期刊 Annals of Mathematics 和 Inventiones Mathematicae 上发表。

奥数问答

◎ 单　墫

对有关奥数的一些问题,谈谈自己的想法。不一定正确,仅供参考。这些问题是:

1. 什么是奥数?

2. 奥数的目的是什么?

3. 中国在 IMO 中屡获金牌,为什么至今没有人得菲尔兹奖?

4. 为什么很多人反对奥数?

5. 有人说"奥数与升学挂钩,增加了学生负担"。是不是这样? 小孩子要不要学奥数?

6. 中国有很多年在 IMO 中团体第一,但近三年却失去第一把交椅,而韩国却在 2016 年拿了第二,在 2017 年拿了第一,为什么?

1. 什么是奥数?

奥数已流行了很多年,这个问题似乎不必回答。然而很多误解与责难,往往是由于不明白奥数是什么而产生的。所以还得说一说奥数是什么。

奥数,当然是奥林匹克数学的简称。

随着数学奥林匹克的开展,产生了奥林匹克数学这个词。

不知道国外什么时候出现这个词。国内在文献上见到奥林匹克数学可能是我于 1987 年发表的一篇文章《数学奥林匹克与奥林匹克数学》(《曲阜师范大学学报》第 8 卷第 2 期,60～63 页,1987 年 4 月)。

简称"奥数",可能是从华东师范大学出版社出版的《奥数教程》的第一版(2000 年)开始流行起来。

奥林匹克数学是数学。

奥林匹克数学不是脑筋急转弯。

树上有 10 只鸟,一枪打死 1 只鸟,树上还有几只鸟? 这样的问题,不是数学,也不是奥数。

当然,奥数只是数学中的一个部分。

通常教材中的数学内容并不是奥数。奥数应当是数学中最有趣的、最需要思考、最能体现创造性的内容。奥数也往往有深刻的背景与卓越的思想。

例如,一笔画的问题。

这个问题就适合于课外讲座与数学奥林匹克。

奥数的问题需要的知识并不多,更需要的是能力:阅读能力、理解能力、解决问题的能力……

奥数的问题应有一定的竞争性,这样才能激发学习兴趣。竞争性的题当然较有难度,开始时难度不宜过大,但不一定能想得到,而一旦看到答案,又觉得其实不难,是可以做出来的,只是有那么一层窗户纸未能被捅破。总之,就像悬在头上的苹果,得踮起脚才能够到。当然,随着比赛级别的增长,问题的难度也会逐步增大。全国联赛的难度应高于省内竞赛,冬令营(CMO)又高于全国联赛。

有人将知识下移,例如在小学讲排列组合公式,这并非奥数。加法原理、乘法原理可以在小学课外讲,因为有趣而且不难,但硬将高中知识搬到小学就不合适了。就像小学生跑步,一般不宜距离太长,跑马拉松显然得身体更成熟些。奥数也是如此。所以,过分下移的知识也不属于奥数内容。

有些问题,例如较复杂的应用题,若用初中知识不难解决,不要塞进小学奥数。同样,若用高中知识容易解决的问题,也不要塞进初中奥数。

目前,人们说到奥数,往往不仅是指奥林匹克数学,而是包括了一切与之有关的内容,如竞赛活动、培训学校(奥校),等等。为了说起来方便,下面的奥数也多作这种广义的理解,应当不会造成歧义。

2. 奥数的目的是什么?

奥数的目的很清楚。

首先是发现有数学天赋的人才,加以培养。

这一方面,数学奥林匹克的成绩显著,2000 年后,菲尔兹奖的 14 位得主中,至少 8 位在 IMO 中得过奖。如澳大利亚的陶哲轩(Terence Tao)、越南的吴宝珠(Ngô Bào Châu)、英国的高尔斯(Timothy Gowers)、俄罗斯的佩雷尔曼(Grigori Perelman)、法国的拉福格(Laurent Lafforgue)、伊朗的米尔札哈尼(Maryam Mirzakhani)等,都是 IMO 的奖牌获得者。还有一位舒尔茨(Peter Scholze,1987—),真是天才,连续参加四届 IMO(2004 年至 2007 年),先后获得一银三金,然后读了三年大学两年硕士。硕士毕业时写的论文创建了一种新的理论,因而直接获得博士学位。再后来当了波恩大学教授,先后获得拉马努金奖、克雷研究奖、柯尔奖、奥斯特洛斯基奖、费马奖、莱布尼茨奖、欧洲数学会奖等大奖。四年一颁的菲尔兹奖,2018 年也已落入他的囊中。

当然,有数学天赋的人不一定都从事数学研究。因为他们面前的世界很广宽,而数学研究只是一方天地。

我们参加 IMO 的选手,有很多从事数学研究,如颜华菲、高峡、王崧、恽之玮、姚一隽等,也有很多转入其他行业,如从事软件开发的李平立、蒋步星等,从事金融业的库超、张朝晖、姚健钢等,更有从事奥数教育的,如王锋、邹瑾等。

总之,奥数培养了大批人才。奥数的另一个目的是普及数学。

因为奥数,数学方面的书籍增加了很多。我国的出版物就是很好的证据。其中上海教育出版社、华东师范大学出版社、中国科学技术大学出版社、哈尔滨工业大学出版社等成绩尤为显著。

又有很多数学期刊,如《中等数学》等,也随着奥数繁荣。

不仅有很多青少年学习奥数,他们的家长有不少也学习奥数,甚至有不少爷爷辅导孙子学习奥数。形成老中青少全民学习奥数的热潮,促进了数学的传播。

讲奥数的培训机构与学校,更是遍地开花。很多已是纳税大户,为 GDP 的增长作出贡献。

奥数也促进了数学教材的改革,不少数学教材中引入了奥数的问题,特别是教材中的思考题或"想一想"等内容。

数学教师的数学水平更因奥数得到提高。

3. 中国在 IMO 中屡获金牌,为什么至今没有人得菲尔兹奖?

国际数学家大会每四年评选一次,选出数学研究工作出色的、年龄不超过 40 岁的数学家(通常不超过 4 名),授予菲尔兹奖。

数学研究与数学竞赛相差很大。

如用体育比赛来作不很准确的比方，从事数学研究的是专业选手，参加IMO的只是业余选手。

参加IMO的选手是中、小学生（大学生不能参加）。他们通常还要上四年大学，再读研究生。这才进入研究工作的领域。因此，在知识方面，他们尚欠缺许多，亟须增长。

更重要的是，数学研究需要创造性，独一无二的独创性。

做IMO的题目，当然也需要创造性，但那些题目都是别人拟就的，并且已有了现成的解答。

而从事研究，往往需要自己去寻找问题，更要寻求一条从未有人走过的路径去解决问题。有时，虽然有前人的足迹，而却是指向错误方向的，小心上当。

做IMO的题，需要一两个小时，而做研究，花几千个小时也未必能有结果。甚至会赔上整整一生。张益唐六十岁才出成果。没有成功的当然远比成功的为多。

做研究，要熬得住寂寞，长时间的寂寞。在数学这象牙塔里待久了，不免会觉"蓬莱宫里日月长""世界那么大，想出去看看"。于是，很多人与数学研究拜拜了。

人各有志。数学这块地方，也不需要太多的人。所以很多人，尤其是我国IMO的选手，不从事数学研究，而去做其他事，甚至当和尚，也都是正常的，未可厚非。

当然，数学竞赛与数学研究并非毫无关系。

肯定是正相关。

数学竞赛的问题，虽然是已经解决了的问题，但对年轻人来说，正是很好的练习，就好像学徒一样，先学习前人的思想、方法，逐步提高。数学竞赛就是提高的基础。

创造能力，未必都是天生的，多半是一步一步，从小的创造开始，到中等级别的创造。如果努力，又有机遇，也许会作出大的创造。

数学竞赛是一块试金石，培养了兴趣、毅力，提高了眼界，养成了品味（知道什么是好的数学）。

数学竞赛将广袤的数学天地展现在年轻人的面前。

当然，竞赛只是入门，后面修行需要很长很长的时间。

其实，我国 IMO 的选手有不少从事数学研究，而且也取得不少成就（反过来说，我国从事数学研究、获得成果的人，不少都参加过数学竞赛，学过奥数），如许晨阳、何旭华、倪忆、袁新意、肖梁、余君等。其中有多人成为各自领域中的砥柱，得过各种奖项，如恽之玮就获得过拉马努金奖。

或许，在不久的将来，我国就有人获得菲尔兹奖。

此外，从事其他行业的也有多人取得不俗的成果。前面已举过一些，很希望有人能做跟踪的调查与报道。

我国至今无人获得菲尔兹奖的一个原因就是我国至今无人获得菲尔兹奖。美、俄、法、德等数学强国早就有多人获得菲尔兹奖。就是日本，也先后有小平邦彦、广中平祐、森重文等三人获得过菲尔兹奖。有名师，自然易出高徒。

我国的数学研究，在 1949 年后，由于种种原因，已经脱离了主流数学。即使像吴文俊这样当时在法国极有可能获得菲尔兹奖的，回国后也不再继续做相关的研究。多年来，我国数学远远落后于世界先进国家。要赶上去当然需要相当长的时间，不可能一蹴而就。

数学竞赛的兴起，有可能为中国数学赶超世界先进水平创造出良好的条件。

数学研究是一座金字塔。不仅需要顶尖的人才，也需要各个层级的人才。目前中国的数学竞赛正为各个层级提供了不少人才，顶尖的人才应当就在其中。

相信时间会证明这一点，但不能操之过急。

一旦中国有了一流的导师，一流的人才就会不断涌现。

4. 为什么有很多人反对奥数?

有一些人反对奥数，不一定很多，没有做过统计。

反对的原因，恐怕不尽相同，得由他们自己作答才更准确。我只能根据他们的言论，揣测他们的想法。

反对的人中，大部分只是人云亦云，赶时髦，随风倒。近日甚至看到有位"高考状元"也与"奥数"划清界限，说自己从未学过奥数。结果有人搜索，发现她不但从小上奥数学校，而且还在竞赛中得过奖。

一次见到一位不很熟的朋友，他说："对不起，昨天我又骂奥数了。"我不等于奥数,骂奥数并非骂我,用不着对我说"对不起"。但这位朋友是书法家,根本不懂奥数。骂奥数的人中,这样的人比例不小。他们在学生时代不喜欢甚至厌恶数学。年龄大了,就把对数学的恨意发泄到奥数上。

更有些家长,因为不会做家中小孩的奥数题,觉得太丢面子,于是也加入到骂奥数的人中。

骂奥数,其实就是骂数学,是一种反智的表现。

而数学则强调不要盲从,要怀疑,要思索。即使是师长或权威的话,也要看看能否证明是正确的,确凿无疑的方可相信。这大概就是一些人反对奥数的原因。

有人举出几位数学家,说他们也反对奥数。

一位是陈省身先生。他说过,"对于研究,数学竞赛的题目都不是好题目"。

陈先生的话没错,研究需要创新,而竞赛题都是别人做过的,当然不能作为研究的问题。反过来,已有结果的研究问题,倒可以取出其中的初等部分作为竞赛题。

但陈省身先生从未反对数学竞赛。相反地,他听到我国连续在 IMO 中夺魁的消息非常高兴,"今年一件值得庆祝的事,是中国在国际数学竞赛中获得第一……去年也是第一名"(陈省身 1990 年 10 月在中国台湾成功大学的讲演"怎样把中国建为数学大国")。

另一位是华罗庚先生。有人撰文说华先生曾经因为支持竞赛做过检查。这是"文革"中的事。显然不能作为华先生不支持竞赛的证明。相反地,华先生一贯支持竞赛。"文革"前倡导过,"文革"结束后,立即组织了 1978 年的全国联赛,亲自做报告、讲解答。

第三位是丘成桐先生。丘先生的确抱怨过手下有几个人奥数得过奖,但研究能力却未必突出。但这只表明竞赛与研究是有区别的,并不表明丘先生反对数学竞赛。随着很多金牌选手获得菲尔兹奖,丘先生似也不再继续抱怨了。

5. 有人说"奥数与升学挂钩,增加了学生负担"。 是不是这样? 小孩子要不要学奥数?

"奥数与升学挂钩",作为奥数的一条罪状,十分可笑。因为与升学挂钩,需要一定的权力。至少是一校之长或某教育部门的负责人才有此权力,奥数哪里有呢？所以,奥数显然不该承担这一罪名。

当然,有不少中学或大学看重奥数成绩,愿意优先录取奥数的获奖生。这是因为奥数获奖的学生确实优秀,而且奖牌可靠。

奥数声誉好,是光荣,不是罪过。

说到学生负担,称一下书包就清楚：负担太重了。这些年,小升初的考试取消了,但小升初、初中升高中、高中升大学的政策却常常变动,令学生、教师、家长均丈二金刚摸不着头脑,不知该怎么做为好。其实,"文革"前后的十余年,学生负担均远比现在轻(称称书包立即分晓)。学生并不怕考试,而是怕不明白的考试,不知考什么。张景中院士说得好："如果平时学得多,考得少,负担就轻。反之平时学得少,考得多,负担就重。"

奥数与学生负担的加重毫无关系。

要不要学奥数？

这应当由学生自己决定。如果有兴趣,就可以学。如果学了一段时间,兴趣没有了,也可以停止不学。家长不需要强迫学生学奥数。

学奥数当然有好处,可以拓宽眼界、培养能力(如观察、猜测、推理、论证的能力)。即使遇到困难,也可受到挫折教育。通常学奥数,应当是数学学习较好的同学。有些家长因为学生数学差,逼他去学奥数,那是不对的,将奥数当成补习班了。不过,也有学生数学并不很好(当然也不能很差),去学奥数,发现自己在数学学习方面很有潜力的。

有些家长与学生一道学奥数,这是值得提倡的。一是学习可以增进亲情,知道进度与难易。对很多家长来说,也是再学习(继续学习)的好机会。最使我感动的是有七十多岁的爷爷与孙子一起学奥数,其实老人学小学奥数是避免阿尔兹海默症的好方法,这一点在很多国家(如日本)都得到证实。

6. 中国有很多年在 IMO 中团体第一,但近三年却失去了第一把交椅,而韩国却在 2017 年拿了第一,为什么？

首先,奥数是一种比赛,比赛总会有变化,不可能永远占据第一,所以得第二或第三也是正常的。

当然,亚洲国家与地区的 IMO 成绩突飞猛进也是有道理的(2017 年,前10 名参赛队依次为韩国、中国、越南、美国、伊朗、日本、新加坡、泰国、中国台湾、英国。其中亚洲的国家与地区有 8 个）。

东亚受儒家文化影响很深，历来重视学习。但近几十年，一些"教育家"受西方教育思想的影响，放弃了传统的教、学方式。如：强调学习的平等性，韩国实行平准教育；强调减轻学生负担、快乐学习，日本实行宽松教育；强调素质反对应试，中国大陆与中国台湾都推行所谓教育改革，减少甚至取消考试（包括升学考试）。其结果是教学质量下降，优秀的学生没有获得应有的培养，较差的学生仍然较差。但韩国率先扭转了这种局面，重新提出精英教育，努力提高教师的专业水平。对于奥数，以举国体制加以支持（就像中国对待某些体育项目一样）。不少数学家参加奥数的指导。我在第 30 届（1989 年）IMO 时，见到韩国的领队，他就是一位代数数论的专家。

日本已在纠正宽松教育，中国台湾也对前一阵李远哲领导的教育进行反思。

还是孔子的因材施教正确。对不同的人，应施行不同的教育，让他们各自发展自己的长处，获得不同的发展。

奥数就是一种英才教育。

重视培养英才的区域，奥数的成绩就好。

我国"文革"后的十几年，对各科竞赛比较重视，除升学有优惠政策外，历届参加国家队训练的教练员也都颁发教委（教育部）与科协的奖状。1986 年，我国选手第一次获得金牌。河南省的领导亲自到火车站迎接河南省的金牌选手方为民，并颁发三千元奖金（在当时是笔不小的钱）。1990 年，第 31 届 IMO 在中国举行。后来，当时的党政主要领导接见了各学科的竞赛选手与教练。

近年来，我国对学科竞赛的关注不如以前。当然，选手与教练们并不因此而放松。但若有方方面面的鼓励与支持（哪怕是精神方面），当然有所促进。

数学家的参与，是我国奥数取得好成绩的一个重要原因。

尤其华罗庚先生，在"文革"结束不久，就亲自主持、组织了第一届全国高中数学联赛。

中科院数学所与一些高校，如中国科学技术大学、北京大学、复旦大学、南开大学，都有很多专家教授，为热爱数学的学生举办讲座，选拔培训 IMO 的选手。曾肯成、龚昇、史济怀、常庚哲、李炯生、严镇军、姜伯驹、舒五昌、黄玉民、杜锡录、苏淳、单墫、余红兵、张筑生、熊斌、李伟固、姚一隽等都为中国的数学奥林匹克事业作出自己的贡献（限于篇幅，只列出一部分名单，请原谅）。

数学家的参与,使得奥数的质量与品味有很大的提高。学生们受到熏陶,对数学的内容、方法、意义有了更深入的理解,有的学生从此立志当数学家或科学家。

近年来,数学界对奥数的关注不如以前,数学家参加奥数活动的人次也不多。不谈解题的讲座几乎没有。冬令营也好,集训队也好,基本上就是考试。对题目的解法也较少讨论。过分的功利可能反而会起一些负作用,影响竞赛时的发挥。

中国数学奥林匹克委员会多次换届,对人事的安排颇费心事,但对集训等具体工作似未多研究讨论。最初是有一个教练组(还有一个命题组),后来教练组取消了。其实,有一个四五人的教练组(人员可有变更,但不要换得太频繁),对历年的试题、集训内容、当年集训选手的优缺点等进行研究与讨论,对提高成绩或许有所帮助。

例如,2017年我国选手在第1、第4两题拿了满分,表明我国选手有实力,在做最容易的IMO试题方面十分稳定。最难的是第3、第6两题,第6题数论内容又是中国的强项,拿到31分,比韩国多7分(前8名得分见下表),充分展现了中国队的实力。但第3题太难,似只有俄罗斯1人满分。绝大多数选手颗粒无收,我国选手也与其他国家差不多,不占优势。这一年负于韩国的原因是我们的选手在第2、第5两题得分不理想。第2、第5、第6三题前8名的成绩如下:

	第2题	第5题	第6题	总分
韩国	39	22	24	170
中国	25	19	31	159
越南	36	21	14	155
美国	29	23	12	148
伊朗	32	17	9	142
日本	21	23	7	134
新加坡	26	22	4	131
泰国	30	17	1	131

可见,我国选手做 IMO 的中等难度的题,能力并非特强,甚至还在一些国家之下,未可盲目乐观。第 2 题,我国在前八名中得分倒数第二,比韩国整整差了 14 分,这也正是 2017 年韩国压倒中国的原因所在。其实,这一题与 2015 年的第 2 题极为类似,都是要将变量增加 1,把 $f(f(x)f(y))$,$f(x+y)$,$f(xy)$ 分别变为 $f(f(x)f(y)+1)$,$f(x+y+1)$,$f(xy+1)$。如果研究过 2015 年的那道题,或者请熟悉函数方程的专家,如广州大学吴伟朝教授作一讲座,兴许这道题的成绩会大幅度提高,第一名也就是中国了。

第 5 题考得不好,很出我意外,因为这题可从简单的情况 $N=2$ 做起,$N=2$ 做好了再推广至一般(见《国际数学竞赛解题方法》第 53 节,上海教育出版社)。或许选手太爱直接解决一般问题,不屑做特殊情况。这种想法不太妥当。

总之,奥数希望有更多人参加,特别希望我国的数学家能够投入更多的关注,保持我国奥数长盛不衰,为我国乃至世界的数学事业作出贡献。

作者介绍　单　墫

我国著名的数学传播、普及和数学竞赛专家。1964 年毕业于扬州师范学院数学系,在中学、大学任教 40 多年。1983 年获理学博士学位(我国首批 18 名博士之一),1991 年获全国优秀教师称号,1991 年 7 月起享受政府特殊津贴,1992 年评为国家有突出贡献的中青年专家,1995 年评为省"优秀学科带头人"。曾任南京师范大学数学系主任,中国数学奥林匹克委员会委员、教练组组长,国家教委理科试验班专家组组长,南京数学学会理事长。主要从事数论与组合方面的研究,很多成果达到国际先进水平。1989 年作为中国数学奥林匹克代表队副领队、主教练,1990 年作为领队,率队参赛 IMO 均获总分第一。为我国数学竞赛事业作出很大贡献。

我与数学竞赛

◎ 潘承彪

　　大概是在 1984 年末,因为我国准备派学生参加 1985 年的国际数学奥林匹克(IMO),裘宗沪和陶晓永来找我,要我为准备参赛人员讲一点初等数论知识。数论课我会教,但我从未接触过数学竞赛,不知该讲些什么,如何讲。然而,我对中学数学竞赛有些好奇和兴趣,想接触一下。他们给了我指导,特别是晓永给了我到当时为止的历届 IMO 试题和有关资料,对我帮助极大。从此,我开始参加了二十余年的数学竞赛活动,在王元老师担任中国数学奥林匹克委员会主席时,要我当了两届委员,对开展中学数学竞赛活动的重要性逐步有了较深入的认识。我觉得这是中学教育中不可缺少、不可替代的一项最重要最基本的课外兴趣活动,对教师的水平提高,吸引学生的学习兴趣和培养他们的科学思维素质,及发现有数学天赋的幼苗都有巨大作用。

　　我参加的活动有:多次为准备参加 IMO 的国家集训队讲解与初等数论有关的竞赛题和必要的初等数论知识,并挑选参加 IMO 的队员。前后参加了四次(两次在北京,一次在济南,一次在上海)数学冬令营(CMO)并挑选国家集训队。由于各地区中学生,及男女中学生的情况差异,为了更好地发挥数学竞赛对提高不同水平的喜爱数学的学生的学习积极性和兴趣的作用,并更切合实际地提高不同地区的数学教育和教师水平,举办了不同类型的中学数学竞赛。我参加了第一、第二届西部数学奥林匹克,以及第一届女子数学奥林匹克,均担任了命题组组长。1994 年内地应邀参加了在中国香港举行的第 34 届 IMO 的选题工作,我也一起去了。为了加强两岸中学生学科竞赛交流,1997 年初我参加了中国科协组织的第一届五学科(数学、物理、化学、生物、计算机)代表团赴宝岛台湾访问。为了中学生数学竞赛可持续健康发展,我十分欣赏裘宗沪倡导成立,至今发挥了重要作用的,由各地中学组成的中国数学奥林匹克协作体,以及为培养数学奥林匹克教练员而组织优秀中学教师参加的研讨班,我有幸为研讨班讲过几次课。此外,应晓永之邀,多年为北京准备参加 CMO 的学生做竞赛的辅导。应黄玉民之邀,在南开大学举办的中学生数学夏令营讲了数年数学竞赛与初等数论的课。这就是我参加的全部数学竞赛活动。参加这样的活动对提高我自己的数论教学水平和不断改进我们的教材《初等数论》(北京大学出版社)起了良好作用。

数学竞赛作为一项重要的课外兴趣活动,在其发展过程中受到社会因素和认识水平的影响,必然会有一些不足、曲折、困难甚至错误。大家知道,长期以来我国教育资源分布极不均衡,优质中小学校更是很少,能进好学校的学生很少很少。但随着人们生活水平的不断提高,对送孩子上优质学校的愿望日益强烈,因此,三十多年来全国范围的小学、初中、高中的择校热一年比一年加剧。相应地就自然产生了优质学校如何挑选优质生源的问题。不幸的是所有学校都把数学的好坏作为挑选学生的最重要标准,而考试、比赛几乎是区别数学水平的唯一方法。因而数学竞赛在中小学疯狂蔓延,在许多地方造成了几乎大多数小学生都要上"数学奥校"和参加"数学奥赛",这不仅违反了少年儿童学习成长的规律,严重增加了学习负担,损害了身心健康,而且严重干扰了中小学教育,逐步产生了极为负面的社会影响。甚至有些人以此为谋利手段,更为恶劣。二十世纪九十年代,我曾三次向北京有关方面建议禁止举行小学生数学竞赛,但在当时环境中是不可能纠正这些方向偏差和错误的。随之而来的是全社会、境内外对我国的数学竞赛进行了一场大讨论。应该指出,这些偏差和错误绝不是"中学数学竞赛"本身造成的。可是在讨论中,部分社会人士,特别是极少数数学界人士,对数学竞赛进行了不负责任的攻击甚至是谩骂,这是对广大热爱这一事业、认真踏实从事中学数学竞赛的教师的极大伤害,严重挫伤了他们的工作积极性。鉴于这种情况,我想我该为肯定他们的工作做些事。在 2007 年底我请王元老师给我写一幅题词"数学竞赛好",他答应了并以此作为对我从事中学生数学竞赛二十年的纪念。我把它转送给了2008 年冬在哈尔滨师大附中举行的冬令营。这一题词可以看作是对这一大讨论的一个总结,随着近年中小学教育的不断改革,上学条件的大幅改善,和禁止小学数学竞赛,大家对中学数学竞赛逐步有了正确的认识,这一场争论就趋于平息了。

为纪念我国参加 IMO 三十五周年,记下我的一些经历,以表达我对她的喜爱,并衷心祝愿我国中学数学竞赛和各种课外兴趣活动不断健康发展,取得优异成就。

作者介绍　潘承彪

　　江苏苏州人。1960 年北京大学数学力学系数学专业毕业。中国农业大学教授(退休),1977 年起同时从教于北京大学数学系,从事数论教学与研究。曾任中国数学奥林匹克委员会委员。

高度、善跑、有招——关于竞赛培训的一些思考

◎ 冯志刚

机缘巧合，1990 年，从华东师范大学数学系毕业后，我有幸成为上海中学的一位老师，任教数学班，直到现在。即使 2013 年成为上中的校长后，依然可以有机会，每周给高一数学小班的同学上一个下午的课，为他们打基础、引方向、培养好的习惯。

由于长期从事数学竞赛方面的教学工作，培养了一批批学生。在我指导过的学生中，已有 11 名同学为上中获得了 12 枚国际数学奥林匹克（IMO）的金牌，他们中有人为上中实现了 IMO 金牌零的突破，有 3 人是满分金牌。他们从上中毕业后，都选择继续在数学上深造，一直从事着数学（或与数学非常接近的领域）方面的学习与研究，很好地诠释了上海中学"聚焦志趣、激发潜能"的办学目标。不仅如此，他们也逐渐成为各领域的专家、学者。

应邀写一篇关于数学竞赛培训方面的文章，我想还是结合自己的教学，谈一些体会吧。

一、高度

学科竞赛的培训工作由于其受教对象的特殊性（我的受教对象是每一届上海的初中毕业生中最具数学天赋的孩子），对教练的素养有很高的要求。每一位教练在平时的教学中都应不断反思，在专业素养、眼光和自身人格修养方面不断提高，要有比一般优秀数学教师更高的高度。

1. 业务高度。我们都知道做一名好老师需要在业务上不断提高，但往往停留在口号上，如何提高并没有"通法"。作为数学竞赛的指导老师，其实是有一些"刚性指标"的，这些指标依递进的方式排序如下（尽管没有人会去检测"你是否做到了"，但"学生的期待"会依老师的水平高低有明显的不同）。

会做题：联赛、CMO、IMO中不是最难的题应该可以很快做出来(拿着答案教书的老师不可能成为好老师)。

会讲题：解题教学是竞赛培训中的一个重要部分,判断一名数学老师水平的高度,有时只需去听他的一节课,从他上课时的"例题选择"即可以看出其水平。我们要对每节课上所选的例题,知道该问题的由来和本质,了解其在"最自然的思路"引导下得到的解法(一般而言,讲解的解答应是针对该题的最佳解答。当然,是否"最佳"基于老师自己的素养,自认即可)。

会把握：能从整体上把握所教知识与内容,每一节课都只是"一个点",但老师的教学设计中应该有"一根线",要有通过"潜移默化"的方式让学生体会到"知识脉络"的能力。

误区：深度决定高度? 两者之间有一些相关度,但不能为了"高度"去猛挖"深度",要防止"偏"和"怪"。"数学班"不是数学系,何为"好的数学问题"是一个难题,老师应尽量去追求"好"和"自然"。

2. 眼光高度。一般要求教练都练就慧眼识才的本领,有时可能通过一个题、一次测试就会看出一匹千里马。一般而言,经过一个学期的接触,对每个学生所能达到的高度应有一个正确的评估、有一个定位。

在看一个小孩是否能到顶(这是每个教练的梦想)时,智商和情商都很重要(前者的权重大一些)。

举一个例子。证明：每一个正整数都可以表示两个正整数之差,这两个正整数的素因子个数相同。

我有一个学生在初一时给出了一个漂亮的解答,数论的感觉很好。我们一直认为她可能最终能进国家队,高中时她也是年级中最好的。可惜大家都认为女孩子做事,到一定程度就行了,尤其是学数学,最终她没有"冲到顶",甚为遗憾。我作为IMO中国国家队的副领队,所带队伍中曾经有两位女生获得了IMO金牌,而上海中学还没有女生获得IMO金牌。

还有一次,我给初中学生做选拔练习,分数最高的居然是一个初一学生,此后,我特意到他所在的年级去看他(我一直教高中),就说了一句：你很厉害,好好干。没想到他一直记着,高二时他进入了国家队并获得IMO金牌,是我校第一位金牌获得者。

3. 人格高度。教练自己要有一颗冠军的心,应把诚信视为最基本的价值观,要有智慧,做事公平、淡定,耐得住寂寞。只有这样人格魅力的人才能够将学生团结在自己周围,一茬一茬的优秀学生才会投奔你、信任你、跟着走。

二、 善跑

竞赛培训有一个基本出发点:受教学生中大部分学生比老师聪明(或者说小聪明更多些,也可以理解为创新、质疑的意识更强些),他们学习数学的模仿能力强、理解速度快、做题方法新,相对于其他学生而言,他们是"跑着学"的。

我们可以将学生水平的提升看成一个开区间$(0,100)$,教师的竞赛培训可以理解为三段$(0,1)$,$[1,10)$,$[10,100)$。

1. 处于$(0,1)$时,老师的角色是"领跑":强调作业书写的规范与完整、解题思路的自然、学习习惯的形成等等。

2. 处于$[1,10)$时,老师的角色是"陪跑":强调一定数量的练习、方法技巧的宣讲、知识自学后的消化等等。

3. 处于$[10,100)$时,老师的角色是"看着学生跑":不是每个学生都能进入这个区间,这个区间又可以分为若干个小区间,每一个小区间往上一个都是水平层次的提升。老师的作用是:把好方向、适当引导,不让学生只痴迷在一个很狭窄的方向上。

三、 有招

竞赛培训过程中,由于受教对象非常聪明,一教就会,因此,只要教师有高度而且善跑,在一年时间内,学生该掌握的基本知识(与学科竞赛相关的)都能教完,水平也会明显见涨。

这时如何让学生从高原期迅速突破迷茫期,顺利进入下一个飞跃期(这三个期是唐盛昌先生的总结),教练就必须有招。

例子1:2004年随科协的团到中国台湾交流,高雄师大附中一位老师向我提了这样的一个问题:"学生达到某个水平后,他想干,但总觉得没法再提高了,开始不肯学了,怎么办?"我的回答是:"你陪着!"(听众中响起一片掌声),然后,我介绍了如何"陪着"的实际做法。会后,我才知道提问的老师是台湾的一位著名教练,他带出的 IMO 获奖者人数比我多(或许,任何时候"谦虚"才是最重要的),更深地交流发现:理念一致,招生也差不多。

例子 2:我一个学生高一就表现出超人一等的水平,目标很早就定位为进国家队拿金牌,尽管高一没进入冬令营也不气馁,但是高二在冬令营上没考好(一个水平不如他的同学进了集训队),非常沮丧,有一种放弃的念头,你会有什么招?

其实,很多时候,孩子已经尽力了,只是"运气"差一点而已。适度的关心每个人都会,但"让时间去抚平"的定力与气度不是每个人都有的。过程中,既要让学生感受到你对他的信任,又不至于去过分"打扰"他。相信"花会开的",从学术上去打消"沮丧"的情绪,挫折是竞赛过程中"让人长大"最好的老师,跨过去就会达成所愿。该同学高三成为国家队队员,并在 IMO 上获得金牌。

学科竞赛培训工作对中学阶段兴趣浓厚、天分高的学生是真正的素质教育,各级竞赛是他们展示自己才华的平台,教练通过教他们获得一些名气是正常的。但不要把学生看成自己的"财产",老师应有更多的"去功利化"思想,每一个教练都会在"教学相长"中获得乐趣。

淡定才会"有招",宁静才能致远!

四、 一些感悟

1. 机遇造就名师,目标决定高度,价值自我认定。
2. 放手是最大的信任,合理利用环境条件,寂寞是一种幸福。
3. 成功是多元的,何谓"最好的老师"每个人都可以有自己的理解。
4. 身份可以变化,为人做事的原则不变,喜欢与"喜欢数学的人"在一起。
……

作者介绍 冯志刚

    国家督学,享受国务院政府特殊津贴专家。上海市特级教师、正高级教师,上海中学校长,上海市数学会副理事长。1990 年起,在上海中学工作至今,长期从事数学奥林匹克教学工作。发表数十篇论文,撰写了近 300 万字的专著,所著《奥数教程》《初等数论》等数学奥林匹克图书深受学生和老师的欢迎。教过的学生中,有超过 100 人次进入中国数学奥林匹克国家集训队,其中有 12 人次获得 IMO 金牌,曾连续 9 年有学生获得 IMO 金牌。热心数学奥林匹克普及工作,是中国西部数学邀请赛执委会委员,曾 5 次出任 IMO 中国国家队副领队,数次担任罗马尼亚大师杯数学奥林匹克(RMM)中国队副领队、领队。

IMO——灵犀畅达之门

◎ 陈鼎常

数学是科学的基础,是技术的灵魂,深邃而不失直观,抽象而应用广泛。

一、 数学——高度概括与广泛应用

宇宙之大,粒子之微,数学无处不在。例如,我们每天都在使用的搜索引擎,面对浩如烟海且不断更新的信息,如何能够做到快捷而准确地搜索出所需结果?"工欲善其事,必先利其器。"谷歌(Google)公司创始人拉里·佩奇(Larry Page)和谢尔盖·布林(Sergey Brin)通过一个创意——运用排序算法,把对网页的重要程度排序变成一个数学问题。这就是被誉为"出类拔萃"的排序算法。这一创意极大地提高了搜索的速度和准确度,甚至被认为改变了整个互联网生态。可见数学的应用能够带来核心技术的突破。

第三次科技革命的重要标志是计算机的发明和应用,计算机最基础的数制则是二进制。在德国图灵根著名的郭塔王宫图书馆,还保存着一份弥足珍贵的关于二进制的手稿。这份手稿落款日期是 1679 年 3 月 15 日,作者是被称为"穿越时空"的德国数学家莱布尼茨。对其观点,中国的一位学者给了一个带有禅意的翻译:用一,从无,可生万物,意思是由 1 和 0 组成二进制代码,经过不同方式、不同序列的组合,可打造出千变万化的数字世界。可以这样说,广泛应用的数学是推动信息技术发展的强劲动力。

二、 奥赛——生命的稚嫩与智慧的成熟

国际数学奥林匹克(简称 IMO),是一项面向中学生的国际大赛。这项竞赛,寻求科学的真谛,追求梦想与超越,弘扬积极参与、公平竞争、勇于拼搏的奥林匹克精神。这项赛事,能够起到激发学生兴趣、开发其潜能、促进国际交

流的作用,让一个个数学英才脱颖而出,初露锋芒。

数学竞赛和体育比赛一样,不仅竞争激烈、扣人心弦,还需勇于拼搏、机智应对,都因其不确定性而充满悬念、具有魅力。但数学竞赛和体育比赛不同:一个是智力角逐,一个侧重体能比赛;一个静如处子,一个动若脱兔。数学竞赛的独特之处还在于,参赛者只需要一张纸、一支笔、一个充满创意的头脑,就可以写出最新最奥妙的文字,绘出最美最魔幻的图画。

参加国际数学奥赛的学生,恰同学少年,风华正茂。但他们面对的试题难度,与他们稚嫩的年龄形成强烈的反差。解答 IMO 试题,几乎没有现成的套路可循,需要另辟蹊径;并不那么常规,需要出奇制胜。而这一切都有赖于对数学知识的积累和敏锐的洞察力。充满遐想的 IMO——一个梦想开始的地方。

一年一度的 IMO,是青年才俊的盛会,是数学英才的竞技场。第 31 届 IMO 更是在 IMO 历史上留下了浓墨重彩的一笔。本届 IMO,第一次在中国举办,第一次在亚洲举办,联合国教科文组织和 IMO 常设委员会派出要员参加,党和国家领导人接见了中国代表队的全体成员。其规格之高、规模之大,在中国的教育界、数学界产生了广泛而深远的影响,也为 IMO 增添了中国色彩,留下了中国印记。

美国数学家特尔勒曾预言,在 IMO 的优胜者中,极有可能产生新一代数学领袖。两届 IMO 主席雅科夫列夫(G. N. Jakovlev)院士在参加第 31 届 IMO 时,信心满满地说,现在参赛的选手,10 年后将是数学王国的智者,未来属于他们。

IMO主席拉扎尔·雅科夫列夫夫和 IMO 中国代表队副领队陈鼎常校长在一起

事实恰如所料。当年那些参赛选手,许多人已是闻名遐迩。如第 31、32 届两届 IMO 金牌获得者王崧,1991 年保送北京大学,2001 年 7 月获 Scott-Russell 优秀博士论文奖(Caltech)。2010 年,在世界华人数学家大会上,王崧就他的论文《关于维数数据、局部共轭和整数共轭(On Dimension Data, Local Vs Global Conjugacy)》作了 45 分钟的报告,其结论被世界著名数学大师朗兰兹(Langlands)(朗兰兹纲领提出者)和菲尔兹奖得主吴宝珠先生同时引用。第 31 届 IMO 另一获奖选手库超,当年黄冈中学学生会主席,1990 年保送北京大学,1999 年获加州理工学院博士学位,现为美国九章资本管理公司创始人、CEO。他把数学应用于投资管理,同样取得了不菲的业绩。这些天之骄子,不仅赢在人生起点,而且还在继续书写人生新的篇章。

三、 成才——外部环境与内生动力

一次 IMO,一支由 6 人组成的国家代表队,竟有两人来自同一所学校——黄冈中学,这在 IMO 历史上并不多见。当年中央电视台引用一个成语评价这所学校:卧虎藏龙。

黄冈中学坐落在历史文化古城黄州,"人道是三国周郎赤壁"的地方。学校里面有一小山丘,人称"高妙山";山上有一亭,名曰"临皋亭",亭上有一联:

江水奔流,流不尽峨嵋清泉,巴陵秀色,雪浪绕黄州,漫道此地灵人杰;

临皋眺望,望无边蓬莱紫气,庐阜晴岚,祥云护赤壁,争传她虎踞龙盘。

地灵人杰的黄冈中学创办于 1904 年,办学历史悠久,文化底蕴深厚。历史上,从这里走出过国家主席、文学大家、两院院士、嫦娥工程运载火箭系统总设计师……改革开放以来,又收获了 17 块国际科学奥林匹克奖牌,并多次培养出省高考状元,升起了一颗颗希望之星。正是他们,天赋不凡、基础扎实,更有一股学习热情、一种乐观向上的精神。其热情互相感染,精神互相激励,出现了你追我赶、争先恐后的态势,形成了良好的校风和学风。学校可谓名师荟萃,人才辈出。

这些青少年的成长,除了外因——一个好的成长环境,还有内因——内生动力起了关键作用。

前排左起：倪忆（获第37届IMO金牌）王崧（获第31届、32届IMO金牌）
陈鼎常（本文作者）袁新意（获第40届IMO金牌）王桥（国际宇航科学院通讯院士）

（一）自立　成长　自信　成功

黄冈中学校友倪忆,13 岁上高中,16 岁摘取 IMO 金牌,26 岁获普林斯顿大学博士学位,31 岁获美国"斯隆研究奖",34 岁成为加州理工学院终身教授,现为拓扑领域知名专家。

一个 13 岁的小不点儿,不远千里来黄冈上学,三个寒暑,几度春秋,奔波于学校与家庭之间,换乘火车和汽车,折腾 20 个小时,没有家长陪伴,三年来去平安,毫发无损。三年的学校生活,收入和支出,清清楚楚,分毫不差。其独立生活能力可见一斑。

倪忆初来乍到时,数学知识可没那么丰富,与同学相比还有差距,问他有没有压力,他说:"年轻围棋选手常昊和马晓春,开始差距也很大,不是后来居上了吗?"数学竞赛在某种意义上也像百米赛跑,离 10 秒越近,淘汰的人越多;进入 10 秒内之后,每加快 0.01 秒,就可能产生新的世界冠军。其实,一开始的差距并不要紧,要紧的是信心,信心比成绩重要,高手的竞争往往在最后关头。后来倪忆果然如愿以偿,夺得 IMO 金牌。

前文提到的王崧,参加第 31 届 IMO 时,其中第 3 题难度不小,他冥思苦想,花了 3 个多小时,费了九牛二虎之力,直到最后 5 分钟,才大功告成。他采用的解题方法并不那么"初等",用到数论中"原根""二次剩余"等知识。人们常说:"杀鸡焉用牛刀?"然而,牛刀杀鸡,不亦快哉！考试结束,记者询问王崧的获胜秘诀,他回答:"信心取胜。"

（二）自学　超前　自奋　超越

自学具有主观能动性、独立性、异步性和超前性，有别于传统教学的"齐步走""一刀切"。应当让那些学有余力的学生超前学习、抢占先机，先人一步、快人一拍，一步领先、步步领先，迅速步入成长的快车道。

那些 IMO 的参赛者，在初中就自学了高中数学，在高中就自学了大学的部分课程。其中王崧，一到北京大学，就申请《高等代数》《数论》《近代代数》等课程的免修，并通过严格考试，全部准予免修。另一金牌获得者袁新意，在北大只待了三年，提前一年毕业，就拿到了哥伦比亚大学的录取通知书，到纽约攻读博士学位。

（三）求同　传承　求异　创新

没有传承，创新缺乏根基；没有创新，传统难以突破。做学问，就应该敏于观察、勤于思考、善于总结、勇于创新。

第 40 届 IMO 金牌得主袁新意——山里的孩子、农民的儿子，2000 年毕业于黄冈中学，2003 年秀出班行，提前一年北大毕业。2008 年获哥伦比亚大学博士学位，同年获美国克雷研究所"克雷研究奖"，成为第一位获得该奖的华人。2015 年，他与北大三位校友一起，奏响了"数学四重奏"的华美乐章，以期在朗兰兹纲领上有所突破。袁新意不仅才思敏捷，记忆力也相当惊人。大三时有位同学向他请教一个问题，大二就考完了这门功课的他不假思索，指出这个问题出自哪本书、哪一页、哪一题，连编号都记得清清楚楚。看来，坚实的知识功底、突出的创新能力，是取得成功的重要因素。

同是金牌得主的倪忆，参加第 12 届中国数学奥林匹克时，年方十六，初出茅庐的他就表现得可圈可点。且看当年试题：

求证：存在无穷多个正整数 n，使得可将 $1, 2, \cdots, 3n$ 列成数表

$$
\begin{array}{cccc}
a_1 & a_2 & \cdots & a_n \\
b_1 & b_2 & \cdots & b_n \\
c_1 & c_2 & \cdots & c_n
\end{array}
$$

满足如下两个条件：

(1) $a_1 + b_1 + c_1 = a_2 + b_2 + c_2 = \cdots = a_n + b_n + c_n$ 且为 6 的倍数；

(2) $a_1 + a_2 + \cdots + a_n = b_1 + b_2 + \cdots + b_n = c_1 + c_2 + \cdots + c_n$ 且为 6 的倍数。

命题人提供的答案和其他参赛者的解答全部采用十进制，而倪忆则不同，不是按常规出牌，而采用"独门绝技"，用九进制给予证明。采用九进制的好处在于：分类清晰、表达简捷、单刀直入、切中要害。为什么会想到用九进制呢？德国哲学家萨特说："如果试图改变一些东西，先得接受许多东西。"如果你想用九进制解答此题，你得对九进制有透彻的领悟，还得玩转三阶幻方。因为 1 到 9 的数字可以组成三阶幻方，采用九进制后，可以让每一位数字都按照三阶幻方的规律排列，这样，每一位数加起来都是常数。这就是解答此题的特异魔方，其思维品质就是创新思维。在此附上倪忆的解答，愿与有兴趣者一起分享。

我们用九进制证明：当 $n = 9^k$ 时，存在所要求的表格。我们从以下的基础表格出发。

0	7	5
8	3	1
4	2	6

假设 m 是 1 到 n 之间的一个整数，令 $m-1$ 的九进制表示为 $m-1 = m_0 + m_1 9^1 + m_2 9^2 + \cdots + m_{k-1} 9^{k-1}$。其中每一个 m_i 是 0 到 8 之间的数。令 a_i，b_i，c_i 为表格 A 中 m_i 所在列的三个数字。例如当 $m_i = 3$ 时，a_i，b_i，c_i 分别是 7，3，2。同时令 a_k，b_k，c_k 为 0，1，2 的一个排列，使得 $a_k \equiv b_k - 1 \equiv c_k - 2 \equiv m \pmod{3}$。我们构造一个 $3 \times n$ 表格，使得第 m 列的三个数分别是

$$1 + a_0 + a_1 9^1 + a_2 9^2 + \cdots + a_{k-1} 9^{k-1} + a_k 9^k,$$
$$1 + b_0 + b_1 9^1 + b_2 9^2 + \cdots + b_{k-1} 9^{k-1} + b_k 9^k,$$
$$1 + c_0 + c_1 9^1 + c_2 9^2 + \cdots + c_{k-1} 9^{k-1} + c_k 9^k。$$

这个表格中的数都在 1 到 $3n$ 之间，且互不相同，所以它们是 1 到 $3n$ 的全

部整数。

从我们的构造可看出当 $i<k$ 时 $a_i+b_i+c_i=12$，而 $a_k+b_k+c_k=3$，所以每列的三个数的和是一个跟 m 无关的常数。当 m 跑遍从 1 到 n 的整数时，$\{0,1,2\}$ 中每一个数在 a_k 中恰好出现 $\dfrac{n}{3}$ 次，$\{0,7,5\}$ 中每一个数在每一个 a_i 中恰好出现 $\dfrac{n}{3}$ 次，$i<k$。类似地，$\{0,1,2\}$ 中每一个数在 b_k 中恰好出现 $\dfrac{n}{3}$ 次，$\{8,3,1\}$ 中每一个数在每一个 b_i 中恰好出现 $\dfrac{n}{3}$ 次，$i<k$；$\{0,1,2\}$ 中每一个数在 c_k 中恰好出现 $\dfrac{n}{3}$ 次，$\{4,2,6\}$ 中每一个数在每一个 c_i 中恰好出现 $\dfrac{n}{3}$ 次，$i<k$，所以每一行的 n 个数之和相等，容易算出每行和及每列和都是 6 的倍数。

数学是一把钥匙，开启的是智慧之门，令人心驰神往。

IMO 是一个平台，让英才脱颖而出，放飞青春梦想。

教育是一种责任，传承文明、致力创新，让受教育者认识自我、挑战自我、战胜自我、超越自我。唯有创新，才能超越；唯有创新，才能赢得未来。

作者介绍 **陈鼎常**

第九届全国政协委员，第十届、第十一届全国人大代表。原黄冈中学校长，数学特级教师。

曾任中国数学奥林匹克湖北省领队（率队夺得"陈省身杯"），国家集训队班主任、国家队教练。2011 年任俄罗斯数学奥林匹克中国代表队副领队。

省部级、国家级有突出贡献中青年专家，被国务院授予"全国先进工作者"称号，享受国务院政府特殊津贴，获"苏步青数学教育奖"一等奖。

中华人民共和国成立 50 周年被人事部记"一等功"，中华人民共和国成立 60 周年被评为"中国教育最具影响力 60 人"，中华人民共和国成立 70 周年荣获中共中央、国务院、中央军委颁发的"庆祝中华人民共和国成立 70 周年纪念章"。

一个数学竞赛普及工作者的分享

◎ 张　甲

　　作为一个从小就喜欢各种智力故事和解谜游戏的人,中学阶段我顺理成章地燃起了对数学竞赛的热爱。虽然我上学比较早,但是竞赛学习起步算晚的,真正开始学习竞赛知识是高中进入郑州一中,2年后我获得全国高中数学联赛一等奖,2001年保送南开大学数学试点班,毕业后回到母校郑州一中"战斗"至今。

　　我认为奥林匹克数学,秉承的正是奥林匹克精神,追求更好更快更强。奥林匹克数学的教学,对于发现数学人才,培养学生的数学素养,能起到很大的作用。

　　我国的高中数学联赛其实有很好的普及作用,一试贴近高考,而题目更加灵活;加试贴近CMO,要求学生有较高的解题能力和语言表达能力。大多数资优生都可以通过数学竞赛的学习在数学素养方面得到不同程度的提高。竞赛教练不仅要教授知识,还需要指导学生什么阶段做什么事情,给学生提供有训练作用的难度合适的题目。另外,教练还需要做好学生的心理疏导工作,及时发现学生的知识层面和心理层面的问题,与家长配合引导学生不断进步。

　　我通过给初中部的孩子们做讲座,发现喜欢并适合学习数学竞赛的孩子们,然后根据孩子们的情况制定规划,给他们做一些合适的有意思的题目,锻炼他们的思维,鼓励他们讲出自己的方法,让对此有浓厚兴趣的他们有展示自己的舞台。

　　下面分享几个我的学生的案例:

　　任卓涵。初学高中数学竞赛的时候,很多题目都是等着我来做,他等着听,对于一些复杂的题目也缺乏耐心。但是经过我的陪伴和引导之后,他进步神速,解题过程的书写也有了很大的改善,解题能力也超过了我,遇到有意思的题目,他也会主动跟我分享。他曾经说过:"甲哥,其他人也许不能体会,做出难题的感觉真是太棒了!"在高二高三时,他两次获CMO金牌,并进入国家集训队,保送北大数学系。他高中毕业后,也时不时跟我交流:"甲哥,这个题超有意思,你看,我们先考虑这个式子……"大二暑假,他回学校看我,当时正好是当年IMO第一天试题出炉,他在饭桌上就忍不住开始做,一会儿的工夫就搞定了前两道题。第二天,意犹未尽的他又在宾馆里把第四、第五题做出来了。

常弋阳。在他读初一的时候,我曾经给兴趣班的同学们留了一道组合题,只有他很快做出来而且把思路讲得非常清楚。我当时就觉得他挺适合学竞赛的。5年后他获得CMO金牌并进入了国家集训队第二轮,保送北大数学系。他妈妈说他小时候就特别喜欢数字,喜欢思考。他大一的时候,我去北京出差跟他一起吃饭,他在饭桌上用餐巾纸跟我分享他最近思考的一些大学接触到的有意思的问题,以及学习到的新的数学知识。

郭语涵。他初二的时候到我高中班上旁听,我给他发了几张演草纸(其实是多余的联赛一试卷子,背面空白)。晚上回家后他发现演草纸的背面是题目,二话不说花了一个半小时把题目做完了,并拍照发给我。他热爱思考,一些有难度的题目,他总能想出有意思的解答,对于高等数学中数学分析类的题目,往往有比较强的直觉。目前在读高二的他如愿以偿获得CMO金牌并进入国家集训队,保送北大数学系。

之前我教过的数学竞赛班学生,在高中毕业甚至大学毕业后,都很怀念学习竞赛的时光,有一个女生李聪好毕业回母校看我时说:"老师,我虽然竞赛成绩一般,但是我从小到大的学习方式都是听课、写作业、写教辅,只有当我学习数学竞赛的时候,我才会主动买本几何书钻研一下,买本数论小册子琢磨琢磨,这培养了我的自学能力,对我读大学有很大的帮助。"

可见学习数学竞赛,并不是纯粹为了保送上大学,通过对中学智力巅峰的挑战,学生们树立了目标,培养了学习能力,磨炼了意志品质。正是有这么多学生表现出来对数学竞赛学习的"真爱",让我感觉我的工作很有意义,数学竞赛的分层次教学也使我享受因材施教的乐趣。

中学教学任务繁重,但是我对数学竞赛的热爱不曾减退,买各种书,收集各种资料,跟学生一起探索、成长。学无止境,对数学竞赛,我始终有颗敬畏的心。虽不曾拿过金牌,但求培养金牌选手,为了数学竞赛的普及工作我会继续奋斗!

作者介绍 张 甲

　　郑州一中数学竞赛教练,竞赛部主任,教龄 14 年,中学中级职称,郑州市优秀教师,郑州市文明班级班主任。初中毕业于郑州外国语中学,高中考入郑州一中,2000 年获得全国高中数学联赛一等奖并保送南开大学数学试点班,毕业后回母校郑州一中教书至今。教过初中常规班、高中常规班、高中数学竞赛班,当过 6 年高中数学竞赛班班主任,11 年高中竞赛教练。2019 年入选中国数学奥林匹克国家集训队中学组教练,2017、2018、2019 年任中国西部数学邀请赛命题委员会成员。所带的 2011 届 5 班,2014 届 16 班所有学生高考过一本线,90% 进入 985 高校,20 多人进入北大清华。培养的竞赛学生获省一等奖近百人次,每年均有 5—6 人进入河南省代表队,多人次进入国家集训队。

奥数的学习与误区

◎ 孙懿欧

奥数，一个神奇而神秘的字眼，犹如西方人眼中的东方，神秘而充满了未知。对于不了解奥数的人来说，奥数也正如同西方人眼中的中国一样，一切都显得那么不可思议，一个题需要几个小时乃至几天去研究，一场考试可能大多数人不及格……正因为种种的不理解，许多人对奥数有了畏惧乃至偏见。那么奥数究竟是好是坏，我们究竟应不应该学奥数，奥数应该怎么学，学奥数有些什么误区呢？

奥数，顾名思义，就是奥林匹克数学的简称，也就是数学竞赛的中西合璧式名称。和我们在学校内所接触的数学不同，奥数会采用更简洁、更巧妙、更有趣的思维方式来解决问题，除此之外，奥数和校内数学没有任何区别。如果一定要说区别的话，那么就是：学校考你有没有学会，有没有记住；奥数考你能不能理解，有没有自己的想法。大约三十多年以前，那时根本没有奥数这个名词，只有数学竞赛，当时的数学竞赛从没有人把它当做和校内数学割裂的东西，只是学校数学的强化和加深而已。

但是和普通校内数学相比，**奥数对于孩子的思维能力有着更高的要求**，有一个故事，其实很好地说明了这个问题，高斯小时候计算 $1+2+3+\cdots+100$。这个故事不少人都听过，高斯是怎么做的呢？把这个数列倒过来写一遍，写成 $100+99+98+\cdots+2+1$，两个数列对应项相加，$1+100=2+99=3+98=\cdots=100+1=101$，得到 100 组 101，$100\times101=10\,100$，由于两个数列和相等，因此还需要除以 2，$10\,100\div2=5\,050$。这就是等差数列求和公式的由来，那么这个公式难？从知识点上来说，有没有超过小学四年级的内容呢？显然没有，但是校内学习等差数列求和，大约是在高一，如果说提前，没错，确实提前了很多，然而从思维角度，这个构造其实还是比较基础的，对于一个正常能力的三四年级学生，是完全可以掌握的。而且，掌握了这种思维方式，明白了为什么可以用这个方法解决等差数列求和问题，那么所有的知识点也就融会贯通，不需要死记硬背。当然，如果无法真正掌握本质，仅仅背诵了等差数列求和的公式，显然也可以得到相同的结果，但是很容易得出奥数仅仅是套路和提前学的结论。

同时，**学习奥数对培养孩子的钻研精神是很有帮助的。**奥数路漫漫，学习奥数的孩子，几乎一直在和难题搏斗，在不断的挑战自我的极限，在这种高难度的学习中，没有一点钻研精神，没有一点恒心和毅力是绝对做不到的。当你看到，那些学习奥数的孩子，在为了一个难题苦思冥想绞尽脑汁的时候，你会发现，这不就是我们所说的钻研精神么！

那么，奥数究竟应该怎么学，如何才能学好奥数，如何才能够不拔苗助长，让孩子喜欢上奥数，喜欢上思考呢？

首先，**培养孩子的兴趣一定是最重要的。**孩子学任何东西，都是根据自己兴趣来的，对自己不喜欢的科目，没有任何一个孩子能学好。所以我们应该尽量让孩子喜欢上数学，喜欢上思考。为了培养孩子的兴趣，建议大家尽量告别那种传统而枯燥的教育方式，一说到学习，我们往往就想到书桌课本作业，其实学习完全可以比这个有趣 100 倍。想象一下，陪着孩子在湖边散步时，数一下岸边的树，和孩子一起讨论植树问题；陪着孩子上下楼梯时，和孩子研究楼层和台阶的关系；陪孩子搭积木时可以让孩子了解不同的几何体以及面积体积的概念……把学习融入生活，在玩中学，只有这样才能让孩子始终保持兴趣，更好地学习。

是的，学习奥数第一就是兴趣！选择奥数，必然是选择了兴趣！强扭的瓜不甜，对奥数没兴趣的孩子学习奥数是痛苦，但是，对那些真正热爱思考、喜欢奥数的孩子来说，这是一种快乐，这种快乐是对奥数没兴趣的人无法理解的！面对一个难题，从完全不理解，到自己找到思路，到最后用一种巧妙的方法解出，这种快乐，只有真正体会过的人才能明白。

其次，**我们要尽量引导孩子主动思考。**所谓主动思考，就是让孩子不仅仅被动学习，而是更加自觉地自主思考。我们在教育孩子时往往过于重视成绩，而忽视了孩子自身的情况，然而从长远来看，一个能够自己学习的孩子，一定会比只能被动接受的孩子走得更远。很多奥数题，尤其是低年级奥数题，其实就是一些思维训练，那么，让孩子在低幼阶段更多地接受思维训练，让孩子的思路更加开阔，让孩子的思维更加敏捷，不仅仅对孩子的成绩，对孩子的整个人生都会有很大的帮助！

和学会了什么相比，我们应该更加看重孩子的思维能力。同样两个孩子，一个可能提早学了很多知识，另一个没有学，只能靠自己的思维能力和逻辑推理解决那些难题，当然在早期考试中，很有可能前一个孩子会取得更好的成绩，但是着眼未来，后边那个孩子一定会更加出色，因为他的学习是思维训练的过程，而不仅仅是机械的背公式。所以第三条，**就是加强孩子的思维训练。**

第四条，就是希望孩子能够接触更多的东西，而不仅仅只考虑学习。一个什么样的孩子思路才会更加开阔？肯定是见识了各种各样形形色色的东西之后，孩子才会具有更加灵活的思维，一心埋头书本的孩子，思维能力会受到局限。尤其是数学，那是一个包罗万象的命题，包括逻辑思维、计算能力、空间能力、想象力等很多很多能力，而幼年玩过更多积木的孩子，空间想象能力肯定会得到更好的锻炼，说一句很俗气的话：决定奥数成绩的，其实在奥数之外。

第五条，尽量培养孩子自己独特的看法和见解。学习不是简单的重复，仅仅照搬标准答案，也许可以得分，但这绝对不是我们的目的，我们培养的，应该是能够独立思考，有着仅仅属于自己的思维和方法的孩子。也许短期看不出成果，但是从长远来看，一个有着自己看法，能够自己思考的孩子，必然比那些，只会照搬"标准答案"的孩子更有潜力。

最后一点，是要让大家尽量避免的，关于奥数学习的很多误区。有很多家长抱怨：我家孩子很努力，我也付出了无数的心血，为啥孩子学不好奥数呢？那么我们来看看，有哪些对孩子学奥数会产生不良影响的错误。

误区一：家长对奥数的负面情绪转嫁给孩子。好多家长本身就很怕数学，时不时地说几句：奥数太难了，或者奥数学了干嘛，学那么多累不累，学奥数又没用之类的话。如果家长时时刻刻传达给孩子这种信息，孩子还能学好奥数么？要知道，小孩子是依靠经验来理解世界的，他最初对世界的认识就来自家长传达的信息，如果孩子一直听到家长传达这类负面信息，孩子会如何看待奥数？他会不会把奥数学习当做一件很可怕的事？

误区二：把奥数学习仅仅看作提前学数学。没错，奥数需要提前学习，但是提前学习绝对不是奥数的全部。一个奥数优秀的孩子，绝对不会是一个仅仅提前学了一大堆理论和知识的书呆子，奥数更需要的是强大的思维能力和分析能力。如果孩子在这方面锻炼不到位，仅仅很极端地提前学习，那么对今后的成长是没什么好处的。就实际操作而言,是否提前学,不应该是强制的选择,应该是自然而然发生的,孩子能够接受。已有的知识掌握得很熟练了,提前学习完全没有问题,如果现有的东西掌握得都很勉强了,还提前,那只是给孩子增加压力,不会有什么太大的好处。

误区三:**把会做题当作学习的目标**。很多人,并不清楚奥数要学到什么程度,觉得反正会做题,就是学会了,但是事实上,很多孩子的所谓会做,只是一个虚假的表面现象,孩子是不是真的理解了? 对同类问题的变化是不是真的能够了然于胸? 如果题目变化,或者内在逻辑关系发生变化,孩子还能不能理解? 真正的学习不应该只是会做一个或者几个题,而是应该理解题目中所蕴含的逻辑关系,遇到题目也好,遇到问题也好,尽量多问孩子几个为什么,看看孩子的理解是否真正到位,这才是正确的学习奥数的方式。

误区四:**就是所谓的打开方式不对**。很多家长只是逼迫孩子刷题,在他们心中,奥数学习仅仅只是做题,记方法。事实上,这是把学文科的方式用到了数学学习上。我们经常能听到家长问孩子:记住方法了吗? 这句话其实很要命,因为你告诉了孩子,他只需要记住方法就行。而事实上,我们更推荐大家问一问孩子,为什么要用这个方法,只有想通了为什么,才能明白这些方法背后所隐藏的数学本质。至于刷题,那只是增加熟练度的手段,和奥数水平的提高没有半毛钱关系。刷题多,只是让孩子在会做的题上更不容易犯错误,但是不会的……依然不会。所以希望大家把单纯的刷题,转变为研究题,花很多时间把一个难题的内在关系、隐藏的数学逻辑研究清楚,远远比做了一大堆的简单题更有效果……当然,在杯赛前刷题提高熟练度,以减少不必要的错误,肯定也是必须的。

误区五:**让孩子过于依赖家长**。我们经常看到有家长对于辅导孩子不遗余力,只要孩子有任何不理解立刻开始指点。从短期来看,我们很佩服这样的家长,但是从长期来看,这样会让孩子丧失独立学习的能力,家长能陪伴到几时呢? 最后孩子还是要走自己的路,尤其是奥数,这个对于独立思考能力要求很高。家长的过多干预,很可能让孩子丧失了自己思考的习惯,在今后的道路上越走越艰难。

误区六:**片面追求效率**。往往听到有些家长说:我家半个小时才做了两题,效率太低了。遇到这种情况,我们应该先搞清楚,孩子是真的思考了半个小时,还是浪费了时间。只要孩子真的在思考,而且确实有所收获,那不要说半个小时做两题,哪怕一个小时做一题,也是值得赞扬的。在这种时候,我们不应该批评孩子,反而应该夸奖、鼓励,让孩子知道,他依靠自己思考所得,是非常了不起的,这样孩子才会在以后更加喜欢思考,喜欢奥数。

奥数之路,艰辛而险阻,不亚于九九八十一难,然而,这条路的终点,却未必一定是成功和胜利,也有可能是无奈和失落。但是这条路上也有着无穷的乐趣吸引着我们每一位热爱奥数的孩子们,但愿我们每个学习奥数的孩子,能够在艰难险阻中成长,找到属于自己的快乐!

作者介绍 孙懿欧

毕业于同济大学,中学就读于上海市延安中学,中学阶段就是数学和物理爱好者,并且参加竞赛得了不少奖项。网上人称"岛主",是 QQ 群侠客岛的群主。算是一个小网红,只不过出名的方式,是在家长群中帮大家解题。从孩子学奥数开始,"岛主"就建立了侠客岛家长群,在群内和家长一起讨论一起研究奥数题,后转行开始了小学奥数培训的工作,"岛主"的奥数学习的理念"兴趣第一,思维先行",也得到了广大家长和孩子的认可。作为当年的奥赛选手,如今从事小学奥数培训更是得心应手。

第二部分

数学竞赛命题与赛事

回忆第三十一届 IMO

◎ 王 元

一

数学竞赛与体育竞赛相类似,它是青少年的一种智力竞赛,所以苏联数学家首创了"数学奥林匹克"这个名词。在类似的以基础科学为竞赛内容的智力竞赛中,数学竞赛历史最久,举办竞赛国家最多,影响也最大。

数学竞赛是 1894 年在匈牙利开始的。以后举办数学竞赛的国家愈来愈多,苏联的数学竞赛开始于 1934 年,美国的数学竞赛则是 1938 年开始的,法国、德国等也举办了数学竞赛活动,至此世界上的数学强国都举办过中学生的数学竞赛活动。

1956 年,苏联与东欧国家正式确定了国际数学奥林匹克计划,并于 1959 年在罗马尼亚布拉索夫举行了第一届国际数学奥林匹克(International Mathematics Olympiad,简称 IMO),以后基本上每年举行一次。

二

我国的数学竞赛始于 1956 年,当时北京、上海、天津、武汉四城市举办了高中数学竞赛,华罗庚、苏步青、江泽涵、吴大任、李国平等我国最有威望的数学家都积极出面领导并参与了这项工作。

作为理事长的华罗庚,除积极倡导并亲自参与数学竞赛活动外,还撰写了《从杨辉三角谈起》《从祖冲之的圆周率谈起》《从孙子的"神奇妙算"谈起》《数学归纳法》《谈谈与蜂房结构有关的数学问题》五本小册子,这些都是由竞赛前,他为中学生做的数学普及报告整理而成的。其他数学家也写了一些小册子。例如段学复的《对称》、闵嗣鹤的《格点与面积》、姜伯驹的《一笔画和邮递路线问题》等。这里要提到王寿仁,他协助华罗庚做了大量有关竞赛的组织协调工作。

由于"左"的冲击,数学竞赛只是小规模地进行,并未举办过全国性的比赛与活动。1956 年至 1965 年这十年间,只零零星星举办过六届数学竞赛。"文革"开始后,数学竞赛更被戴上"封、资、修"的帽子,被完全加以禁止了。

三

1976 年,"文革"结束。我国的数学竞赛活动才重新开始,并从此走上了迅速发展的大道。1978 年夏,在方毅与华罗庚的主持下,教育部、中国科协、团中央与中国数学会共同举办了八省市中学数学竞赛,由北京、上海、天津、辽宁、湖北、陕西、安徽、广东八省市组织代表队参加。

1979 年,八省市的数学竞赛扩大为全国数学竞赛,除当时尚未建省的海南省之外,全国各省、市、自治区都参加了比赛。然而,由于人力、物力消耗过大,效果不够理想,国务院有关领导批示决定五年之内不再举办类似的全国竞赛活动。

1980 年 8 月在大连黑石礁举行会议,简称为"大连会议"。中国数学会委托理事孙树本和刘世泽负责组织成立"中国数学会普及工作委员会(普委会)",中国数学会秘书长孙克立与会,中科院数学所的罗声雄、裘宗沪与袁向东受聘为会议工作人员。

大连会议肯定了数学竞赛的积极意义,认为数学竞赛应该由中国数学会来组织实施,并确立了数学竞赛的性质、原则与目的。

性质:数学竞赛是一个群众性的课外活动,属于民间活动而不是政府的教育项目。

原则:(1)民办公助。全国数学竞赛由中国数学会主办,争取行政部门的适当支持及教育行政部门与各地方科协资助。(2)精简节约。以 1979 年全国数学竞赛为鉴,以精神奖励为主。(3)自愿参加。学生完全凭兴趣参加比赛,不予强求。

目的:(1)提高学生学习数学的兴趣;(2)促进数学教育改革;(3)发现和培养人才;(4)为参加国际数学竞赛做准备。

1995 年,中国科协召开了全国学科竞赛研讨会,会议讨论了竞赛的目的,其结果与大连会议确立的数学竞赛目的是完全一致的。

大连会议确定的数学竞赛性质、原则与目的,始终为我国数学竞赛的领导所遵循,而且还在各种集会,例如竞赛的颁奖仪式上加以强调。

1981 年 5 月,大连会议的大部分与会者在北京师范学院集会讨论数学竞赛的具体事宜。由于有国务院有关领导关于暂不搞全国竞赛的批示,所以决定搞"省、市、自治区联合竞赛(数学联赛)",各省、市、自治区自愿参加,轮流主办。还明确不搞层层选拔,不组织代表队,不组织集训的所谓"三不原则"。中国科协与教育部一些中层领导也支持这一活动,1981 年 10 月,25 个省、市、自治区的一万六千多名高中学生参加了这一活动。从那时起,高中数学联赛活动一直延续至今。

四

早在 1978 年八省市数学竞赛的考场上,教育部刘副部长曾来视察考场。他告诉裘宗沪,我国刚刚接到罗马尼亚主办的 IMO 的邀请信,问我们能否带学生前去参赛。裘宗沪是第一次得知有个 IMO,虽然 IMO 已举办过二十多届。因 IMO 定于 1978 年 7 月,时间过于仓促,所以未参加。但 IMO 逐渐在中国数学家及中学数学老师中传开,被大家知晓。

1980 年春,邓小平办公室的工作人员询问中科院院部负责人,我国可不可以组队参加 IMO。中科院有关领导询问王寿仁与裘宗沪的意见,他们表示中国可以参加而且应该参加。

1980 年,在大连会议进行的过程中,中国科协的郝晓玲已经得到消息:1981 年的 IMO 在美国举行,很可能邀请中国参加。这是 IMO 第一次在欧洲以外的地方举行,所以美国很重视,从 1980 年夏天开始,中国前后共收到四封邀请信。

面对美国 IMO 组委员会的盛情邀请,我们决定参赛,并请科协郝晓玲来负责参赛的相关事宜。不料在 1980 年 11 月,中国科协的负责人未予批准参赛,大家感到异常沮丧,郝晓玲甚至哭了一场,令人难忘。

这一次与 IMO 失之交臂也许不完全是坏事,1981 年、1982 年、1983 年三届高中数学联赛开展得都很好，并决定 1984 年举办全国高中数学联赛。1984
年中国数学会在宁波召开普委会及学会工作会议。会议决定每年 10 月中旬
的第一个星期天举行高中数学联赛，每年 4 月的第一个星期天举行全国初中
数学联赛，这样国内的竞赛就制度化与程序化了。

同时，一些数学家在这四年中，密切地关注着 IMO 的竞赛情况，分析考题
与开拓思路，为终究会到来的中国参加 IMO 一事做各项准备。

五

我国自从 1981 年与 IMO 失之交臂后，以后每年都申请参赛，只是未得到
正面答复。

1985 年 4 月，联合国教科文组织在巴黎召开会议。有关人员询问中国代
表团：几乎所有大国都参加的 IMO，中国作为安理会常任理事国却为什么一
直不参加？ 这个问话极具震撼。4 月 30 日代表团回国即向领导汇报。领导
当即决定：就在 1985 年参加 IMO，并委派王寿仁与裘宗沪以观察员身份率学
生去试试。这件事在中国数学界引起了相当的关注。

5 月 7 日，参赛的准备工作开始启动。首先要选拔参赛的中学生，王寿仁
与裘宗沪决定用当年美国数学邀请赛（AIME）的考题作为选拔考试的题目。
结果选出了两名学生：北京大学附属中学的王锋与上海向明中学的吴思皓。
由他们二人组成代表队，立即开始集训。

数学会邀请中国科技大学数学系老师单墫来负责培训与指导。地点就在
中科院数学所，单墫找来很多题目给学生做，让他们熟悉 IMO 的题型及解题
技巧。裘宗沪则忙于办理出国手续，与 IMO 组委会的联系工作，及申请参赛
经费等各样事务。

1985 年 6 月 20 日，刚组建的中国数学竞赛代表队在王寿仁与裘宗沪率领
下，提早两天到达芬兰赫尔辛基，第三天才正式到 IMO 组委会报到。中国队
的出现引起了普遍的关注与好奇。两名队员中，吴思皓获铜牌，实现了中国
IMO 奖牌零的突破。

虽然正式比赛只有两天，代表团在赫尔辛基却停留了三周。他们在中国
驻芬兰大使馆的协助下，进行了很多参观与交流，特别了解了各国的数学

教育。

王寿仁与裘宗沪多次谈起 IMO 除竞赛之外,很像一个小型的世界青年联欢节,而且 IMO 只计算个人成绩,没有国与国之间成绩较量的"火药味",大家相处和睦。其次,中国代表队是仓促上阵的,队员人数满员可达六人,我们只有两人,还拿了一枚铜牌,若认真准备,成绩当会更好。第三,中国应该争取举办 IMO,让 IMO 这一活动首次走进亚洲。

六

代表团回国后立即处理两件事,一是为参加下一届 IMO 做准备,再一个就是考虑如何将 IMO 引入中国。

1985 年 12 月,中国数学会在上海召开成立 50 周年纪念会,借此机会,北京大学邓东皋、南开大学胡国定、中国科技大学龚昇、复旦大学谷超豪及中科院王寿仁与裘宗沪一起聚会讨论中国参加 IMO 的最关键的问题,即如何选拔参赛选手的问题。会上提出并决定举办"数学冬令营"的问题。

1986 年 1 月,首届冬令营在南开大学举办,为期 6 天,共 81 名学生参加,为迎战 IMO 而进行了选拔考试。通过冬令营选拔出国家集训队员 21 名。集训从 3 月 8 日开始至 5 月 10 日结束,由裘宗沪任主教练,在北京一零一中学集训,最后选出 6 名队员代表中国参加 IMO。

1986 年 7 月,在波兰华沙举办第 27 届 IMO,中国第二次,也是首次正式组队参加 IMO,王寿仁与裘宗沪分别被任命为正副领队,率队前往华沙。

中国队提前一周到达华沙,以便对环境有充分熟悉。考试成绩很好,6 名队员共获 5 枚奖牌,其中 3 块金牌、1 块银牌、1 块铜牌,以 177 的总分位居团体第四,仅次于美国、苏联、西德。中国队的优秀成绩,在中国数学界引起很大关注,在国际 IMO 圈子里也很受瞩目。在这次集会中,王寿仁与裘宗沪代表中国向 IMO 常设委员会正式提出在中国举办 IMO 的申请。

1987 年,在古巴哈瓦那举行第 28 届 IMO。中国队获得 2 金、2 银、2 铜和总分第八的成绩,IMO 的常设委员会确认了中国承办 IMO 的要求,并确定由中国举办 1990 年的第 31 届 IMO。

1988 年在澳大利亚举办第 29 届 IMO,中国队获得 2 金 4 银与总分第二的成绩。

1989 年在原德意志联邦共和国举办第 30 届 IMO，中国队获 4 金 2 银，总分第一。

七

自从 1987 年确立 1990 年在中国举办第 31 届 IMO 后，中国数学家与中学老师们都深受鼓舞，从各方面进行了积极的筹备。

1988 年，中国数学奥林匹克委员会成立，王寿仁任主席，严士健任副主席，裘宗沪任秘书长。同时，裘宗沪就任中国数学会普及工作委员会主任，工作出现了新的面貌。

1990 年，数学冬令营开始设立团体奖，授予团体冠军，以陈省身出资制作的流动奖杯"陈省身杯"为奖品。

从 1988 年开始，王寿仁、梅向明与裘宗沪即着手制定第 31 届 IMO 的筹备方案和财政预算。财政预算做得很细，共 10 页纸，申请经费人民币 140 万元。1989 年，财政预算送交国务院财政部审查。随即进行了一个多小时的答辩，答辩完毕 10 天之后，财政部即批准给予经费 120 万元，由国家教委转交给第 31 届 IMO 组委会。在申请经费的过程中，陈省身起了重要作用。

八

1990 年 1 月，第 31 届 IMO 组织委员会正式成立，并在人民大会堂举行了第一次会议，会议确定了以下内容：

第 31 届 IMO 由国家教委、北京市政府、中国科协、国家自然科学基金委及中国数学会五个单位联合举办。

组织委员会主任为李铁映（国务委员兼教委主任），副主任由王元（中国数学会理事长）、柳斌（国家教委副主任）、陆宇澄（北京市副市长）、曹令中（中国科协书记处书记）和王仁（国家自然科学基金委副主任）担任。任命王寿仁为秘书长，裘宗沪为常务副秘书长。

会议的具体领导为柳斌，实际工作由秘书处操作，中国科协青少年部部长项苏云及国家教委基教司副司长马力参加了秘书处的工作。实际上，里里外外各种工作的策划与人事安排都是裘宗沪在抓，至少由他先提出方案，向柳斌与王寿仁汇报后决定、实施。秘书处成立后事务性工作很繁杂：向各国教育部门发邀请信；组织工作班子；选定活动场所；设计与制作会标、奖品与奖牌；至少要集资二十万元，以补经费之缺口；安排参赛中学生在北京的参观与旅游。最重要的是任命主试委员会(Jury)主任；任命负责考题的筛选与整理的选题组人员；任命协调委员会主任及成员与组建中国的参赛代表队。还要安排开幕式、闭幕式及宴会等，我将这些工作简单地在后文中叙述。

九

1月21日，柳斌即以国家教委名义向五十多个国家与地区的教育部长发出邀请信，请这些国家与地区组队参加第31届IMO。同时向我国驻该国使馆发出电传，请他们与驻在国的教育部门取得联系，以便他们能够即时报名。当时香港还未回归，由王元出面写邀请函托新华社香港分社社长周南趁赴任之机带给了港督彭定康。

很快，美国第一个报名。截至4月5日，已有49个国家和地区报了名。在西德举办的第30届IMO共有50个参赛国家与地区，打破了IMO参加队数目的世界纪录。而第31届IMO的参赛队伍达到了54个，在参赛队数量上又一次破了世界纪录。

由于财政部批准的120万元经费比预算少20万元，秘书处委派吴建平与晁洪由北京至广州一路集资，经一个月，集资20万元，其中大部分是由各地教育出版社资助的。

第31届IMO的主要活动场所定为北京语言学院，考场与外国学生的食宿处在此。这是由于那里的食堂可以做西餐，并为语言学院专门装饰了一座楼用来招待外国学生；香山饭店招待参赛国与地区的领队及部分组委会成员。蓟门饭店招待参赛国与地区的副领队（按规定需与领队分开住）。香山别墅招待协调委员会成员。中科院半导体研究所招待所进驻选题组成员。

我国参加第31届IMO的代表队由单墫与刘鸿坤任正副领队，杜锡录协助训练和照顾队员日常生活，赛前安排他们到北戴河集训了一个多月。

IMO 的试题应由东道国之外的参赛国家和地区提供,东道国的数学家负责从中挑选出 30 道题左右供主试委员会讨论筛选。主试委员会委员由各国领队组成。各国代表到达参赛地点后,正领队在与学生不接触的情况下参加命题工作。最后以无记名投票方式决定 6 道比赛试题,一旦发现陈题或与历届竞赛及各国竞赛中的题相类似,该题需立即被撤换。考试分两场进行,每题 7 分,满分为 42 分。

齐民友被确立为主试委员会主席,他的数学与英语均很好,他主持了几次讨论,效果很好。

第 31 届 IMO 的试题的征集工作始于 4 月 30 日,共收到 35 个国家提供的 105 道题目,从 5 月 7 日开始展开试题的筛选和确定工作。我国由许以超、陈培德、李成章、张筑生、张景中、杨路、舒五昌、马传渔、施咸亮、叶景梅、夏兴国组成选题组。这些人都是中科院与各大学的数学业务骨干。这项工作进行了一个多月,大家出色地完成了任务,选题组负责后勤的唐大昌与朱均陶也很尽心。

第 31 届 IMO 的协调委员会的主席由齐东旭担任,共邀请了 53 名协调员,他们是中科院与各大学的骨干数学老师,其中有 18 人是博士生导师。按照他们熟悉的外语语种,分成英文、法文、德文、俄文四个组来协调各学生的分数。如果协调员与负责各队改学生试卷的领队之间有分歧,还要提请主试委员会进行仲裁。

十

1990 年 7 月 11 日,在北京市海淀体育馆里,聚集了 54 个国家和地区的 304 名中学生和他们的领队,及中国著名数学家、教授与北京市各中学的学生代表。

主席台上,雅科夫列夫(IMO 主席)、柳斌、陆宇澄、王元等就座。下午 3 时,北京中学生金帆管乐队演奏起中华人民共和国国歌。大会由柳斌主持,他庄重宣布第 31 届 IMO 隆重开幕。王元等作了简短讲话后,中国杂技团作了精彩表演,大会即结束。这样的安排既简单又很适合中学生的口味。

随后的两天比赛,由北京的中学教师进行监考。比赛顺利结束后,所有考卷都集中到香山饭店进行评阅。按规定各参赛队的考卷先由该队的正副领队评判,然后与东道国安排的协调委员会进行协商,每个协调员负责一道题的评分,待双方的看法一致后方可给分。

中国队的分数则一律由供题国的领队负责协调。第一题是印度提供的,所以由印度队的领队负责协调。15 日下午 3 时,所有的阅卷评分工作基本结束,中国队的全部试卷移交到加拿大队的领队理查德·诺瓦考茨基(Richard Nowakowski)手中,由他做最后的裁定。

审定的结果是中国队以 5 金、1 银及总分 230 分的总成绩获得总分第一。

从比赛结束到闭幕这几天里,大会秘书处为参赛的中学生组织了丰富多彩的参观与游览。秘书处从外语学院请来了几乎覆盖所有参赛国语种的老师与学生,为每一个参赛队安排一位向导,这样可以用本国语言进行交流。

陆宇澄将北京市园林局与文化局领导找来,商定所有参观与游览地点都免收门票,无偿招待。

陶晓永与方运加分别被任命负责活动与后勤。学生们游览了故宫、颐和园、长城、天坛、北海公园与大钟寺等,北京是世界文化古都,这么丰富的游览,给参赛学生留下了终生难忘的美好记忆。很多年后,人们在国外遇到他们时,他们还不时地谈起。

1990 年 7 月 18 日第 31 届 IMO 的闭幕式在中国剧院隆重举行,李铁映参加了大会并致辞,他还给获得金牌的学生颁奖。简短的仪式后,由中央乐团演奏贝多芬第九交响乐的《欢乐颂》和《艾格蒙序曲》,这次演出由严良堃任指挥。闭幕式结束后,在人民大会堂宴会厅举行盛大的宴会,共八百余人参加。

至此第 31 届 IMO 落下了帷幕。

十一

第 31 届 IMO 能在中国成功地举办有多方面的原因。我认为首先应归功于广大的中学老师,他们辛勤地默默劳动,培养出了很多优秀的学生。这一点在数学会领导的讲话中曾多次提到。

其次,第 31 届 IMO 得到了各方面的支持与帮助。除上面提到的之外,还有很多,比如北京表盘厂制作了金、银、铜奖牌;北京工艺品厂为每个学生准备了一个景泰蓝瓶。他们都尽量降低成本，提高产品质量。香山饭店、蓟门饭店、香山宾馆、中科院半导体所招待所与语言学院招待所都给予热情接待及价格上的优惠。北京出租汽车公司也给予了大力协助。新闻媒体进行了大量报道，中央电视台每晚"新闻联播"都有报道。特别要提到香港企业家徐展堂为大会赞助的五十万元港币（基本上没有动用过）。

经过第 31 届 IMO，高中学生的数学竞赛的模式已经程序化、制度化地固定下来，即高中联赛、冬令营、集训队选出参加 IMO 选手。

进行这样一个金字塔式的工作需两方面的人员来进行，即组织工作人员与专业业务人员。高中联赛由各地举办，冬令营与集训队大体上由各省、市、自治区轮流举办，大量的组织后勤工作均分散于各地。中国数学奥委会参与组织工作的是裘宗沪，吴建平协助他做了不少工作。业务骨干相对稳定，他们是裘宗沪、许以超、潘承彪、张筑生、常庚哲、单墫、杜锡录、严镇军、苏淳、黄玉民、李成章、舒五昌、黄宣国、夏兴国、王杰、陈永高等。

作者介绍 王 元

中国科学院院士，曾任中国科学院数学研究所所长，中国数学会理事长，中国数学奥林匹克委员会主席。

中国首次参加 IMO 的前前后后①

◎ 裘宗沪

与 IMO 失之交臂

1980 年三四月份的时候,邓小平办公室的工作人员询问科学院院部,我们国家可不可以组队参加 IMO。科学院院部就找到王寿仁先生和我,我们觉得既然有国外的邀请,国家领导也有所重视,就表示中国是可以参加并且应该参加的。于是在"大连会议"上,我们提到数学竞赛的四个目的时,第四个目的就是为参加国际竞赛做准备。而在"大连会议"的进行过程中,中国科协的郝晓玲已经得到消息:1981 年的国际数学奥林匹克在美国举行,并且可能邀请我们参加。于是"大连会议"结束之后,普委会的工作人员一方面在着手筹备全国联赛,另一方面则开始积极地筹划赴美国参加第 22 届国际数学奥林匹克,当时所有的人都很兴奋。

1980 年的 IMO 本来定在蒙古举行,后来因为经费不足而被迫取消,由于当时没有一个专门的国际数学组织进行协调,1980 年成为 IMO 历史上自开赛以来唯一一停办的一年。紧随其后的一届 IMO 由美国承办,因为这是 IMO 第一次走出欧洲在美洲举行,美国 IMO 组委会对这次比赛相当重视,不仅提前了一年的时间来准备,而且规模也搞得比较大。1980 年的夏天,IMO 组委会就开始给各个国家发邀请函,中国就前后收到了四封邀请函。

面对美国 IMO 组委会如此盛情的邀请,再加上培训班的孩子们给我们的信心,我们最终决定参赛,并特地请郝晓玲来专门负责参赛的相关事宜。在二十世纪 80 年代,出国必须经过很多部门的审查和批准,程序复杂而繁琐。从教育部到外交部,经过重重关卡,该批的部门已经差不多都批了。就在我们跨

---

① 本文摘自《数学奥林匹克之路——我愿意做的事》(开明出版社),略有修改。

踌满志的时候,却没料到 1980 年的 11 月,中国科协的主要负责人却因为意外的事故而不予批准参赛。所有的准备工作轰然成空,已经倾注了很多精力和心血的我们感到非常的沮丧,就像被泼了一大盆冷水。郝晓玲甚至大哭了一场,那个场景直至今日我都记忆犹新。郝晓玲现在应是七十多岁的人了,她为数学竞赛活动作出的努力,我始终铭记不忘。

1981 年的 IMO 就这样和我们失之交臂,郝晓玲还因为这次的事情很不愉快地调离了中国科协。后来我们都在假设,如果在 1981 年参加了这次 IMO,我们的代表队至少会获得一些奖牌,甚至不止一个人得金牌,可是所有的假设都只能仅仅是假设了。

到后来冷静下来,我们也意识到,虽然为了出国参加比赛做了大量的准备工作,但是我们的队员都是从培训班临时挑选出来的,并不是最优人选。于是我们就更加觉得有必要通过全国数学竞赛来选拔人才,这样才有了 1981 年 5 月的"北京会议"和随后的数学联赛。

这一次的"错过"也并不完全是坏事,因为它为我们赢来了更多的准备时间,也为我们在日后的 IMO 竞技场上崭露头角积蓄了更多的力量。同时,那几年 IMO 的赛事也非常的不稳定,参赛国家的数量、竞赛题目的难易程度和题量大小都没有个确定的标准。1981 年在美国举办的第 22 届 IMO 共有 27 个国家参加,比之前的参赛国一下子多了十几个,每个国家派 8 名选手;1982 年在匈牙利举办的第 23 届 IMO 虽然也是 27 个国家参赛,但每个国家只允许派 4 名选手;1983 年在法国举办的第 24 届 IMO,每个国家参赛选手规定为 6 名,自此每个国家参赛选手人数就固定下来了。同时,这几届的 IMO 竞赛试题也不太理想,尤其是法国举办的那一届,因为参赛国提供的题目非常有限,一共只有 15 道,于是从这 15 道题中遴选 6 道出来的竞赛试题局限性也就很大,其中有三道几何题。不过这一年的第六题有一个解法非常漂亮的特别奖。

1981 年到 1984 年,在 IMO 巩固并逐渐稳定的这四年时间里,我们也在做着很多努力,不仅每一年我都要给中国科协写报告,申请参加国际数学竞赛,我们的数学联赛也在积极而有序地开展中。1981 年在北京,1982 年在上海,1983 年在安徽,1984 年在贵州,我们在不断的实践中不断地总结着经验。同时,在 IMO 的感召之下,国内数学竞赛活动的定位也变得更为灵活,并从中涌现出了一大批数学成绩优秀的学生。

1983 年全国联赛在安徽举办时,在安徽黄山脚下的屯溪开了一次数学竞赛研讨会,主要讨论了两个问题:一是把两年制的高中学习改为三年制,这样我们参加国际数学竞赛的可能性会更大一些,更要做好准备;二是联赛的题目难度,就这个问题我们也进行了很激烈的争论。因为如果要向 IMO 靠近,联赛题目的难度就需要增大,但最后得出的结论还是以"普及"为根本目标,联赛是群众性的数学活动,题目难度继续保持适中的原则。

　　在黄山会议召开的过程中,还有一个非常惊险的小插曲。有一天,所有参加会议的人员一起游览黄山,在回住地的路上,我们乘坐的大轿车上被司机放了很多的木头,车身超载。下山的路非常不好走,一面是陡峭的山石,另一面是没有任何安全护栏的悬崖,本来就有些提心吊胆的我们忽然听见后面的车上有人喊"着火了",我们那个司机一下子手忙脚乱,都快把车开到悬崖边上才紧急刹车停下来。我当时坐在司机旁边,眼睁睁看着车往山壁撞去,要知道车上坐着的都是各个省市自治区数学竞赛的负责人,是国内数学竞赛的骨干力量,如果当时司机刹车的速度再稍微慢那么一点点,也许后来的数学竞赛也就会随着这个意外而终止。俗话说,大难不死,必有后福。我国的数学竞赛历程,无论是国内的联赛开展状况还是迎战 IMO 的准备,从这个时候开始,已经渐渐步入正轨和看到了希望。

　　由于 1981、1982、1983 三年的高中数学联赛都开展得非常成功,于是1984 年我们决定搞一次和高中联赛配套的全国初中联赛。第一届初中联赛遵循自愿参加的原则,由天津市数学教研室的刘玉翘老师负责操办,在天津出题。当时邀请了沈阳的崔占山老师、天津的王连笑老师等多名中学老师一起参与竞赛的出题工作,另外,后来担任南开大学校长的侯自新也参加了出题。正是由于大部分命题老师都是中学老师,第一届全国初中联赛的题目难度比较适中,非常适合中学生。虽然只有 14 个省、市、自治区参加,但是反应相当好,因此马上决定第二年在湖北举办第二届初中联赛。第二届初中联赛由华中师范大学的陈森林教授操办,当时还是中学老师的陈传理老师也是主力。从第二届起,初中联赛全国各省、市、自治区就都参加了。

　　1984 年中国数学会在宁波召开了一次普及工作委员会与学会工作会议,鉴于全国高中联赛和初中联赛的成功,竞赛的制度在会上被非常严格地规定下来:高中联赛定于每年 10 月中旬的第一个星期天举行,初中联赛定于每年

4月上旬的第一个星期天举行,两个竞赛的具体考试时间和题目类型都做了非常明确的规定。一直延续到现在,基本上没有改变。

至此,我们国家的数学竞赛就完全步入正轨。不得不说,1981 年与 IMO 的失之交臂为我们赢来了这宝贵的四年时间,让我们不仅把国内的竞赛秩序化、制度化,更通过这四年力量的积蓄而积累了更多的经验。我们也一直在关注着这几年 IMO 的竞赛情况,分析考题,开拓思路,为终究会到来的参赛做着一丝不苟的准备,等待着厚积薄发的那一天。

参加 IMO

国际数学奥林匹克(International Mathematical Olympiad)简称 IMO,是世界上规模和影响最大的中学生学科竞赛活动,是全世界青年学生在智力方面的大比拼。这个赛事不仅推动了各国之间数学教育的交流,促进了数学教育水平的提高,还增加了各国青年学生的相互了解,并激发了广大中学生对学习数学的兴趣。

早在 1894 年,匈牙利为纪念数学会主席 J. 埃特沃什(J. Eötrvös)任教育部长,就举行了以他的名字命名的中学生数学竞赛。一个世纪以来,除了因战乱等原因中断过 7 年以外,数学竞赛在每年的 10 月如期举行。这是世界上最早的,也是世界上时间最长的数学竞赛。1956 年,罗马尼亚的罗曼(Roman)教授倡议举办国际数学奥林匹克,于是 1959 年 7 月,在罗马尼亚的布拉索夫(Brasov)举办了第一届国际数学奥林匹克。起初参赛国只是东欧的一些国家,后来范围逐渐扩大,很多国家先后加入进来,并最终形成了世界范围的中学生数学竞赛。

自从听闻国际数学奥林匹克赛事的那一天起,我们就在翘首以待中国学生参赛的那一天。所以,在与 1981 年那一届的 IMO 失之交臂之后,我们会那么执着地一再申请参赛,只是一直没有得到我们所期望的答复。直到 1985 年 4 月,联合国教科文组织在巴黎召开的会议上,有关人员询问中国代表团,为什么几乎所有大国都参加的国际数学奥林匹克竞赛,中国作为安理会常任理事国却一直不参加。这个话在当时的确非常有震撼力,代表团的成员一回国马上汇报,领导当即决定:就在当年参加 IMO,委派王寿仁教授和我作为观察员带领学生去试试。

4月30日代表团回国向领导汇报情况,5月7日,参赛的准备事宜即开始启动。我们采用当年美国数学邀请赛(AIME)的题目作为选拔考试的题目,从北京和上海挑选出两名学生,一名是北大附中的王锋,另一名是上海向明中学的吴思皓。就这样,临时组成代表队开始集训,并邀请当时中国科技大学的单墫老师来辅导。说是集训,其实连间像样的教室都没有,学生们上课的地点就在中科院我的办公室。办公室的旁边是机房,那个时候,大型计算机的噪音很大,两个学生就天天在那个环境里听课、做题。因为之前并没有任何IMO赛前培训的经验,单墫老师也只能是找来很多题目给学生们做,希望能够在尽可能短的时间里面让他们熟悉IMO的题型和解题技巧。而我作为副领队则开始事无巨细的忙碌于各项准备工作之中:办理出国手续、联系IMO组委会、申请参赛经费,等等。

因为中国科协领导的支持,所有的手续只花了半个多月的时间就全部办理完毕。在1985年6月20日,仓促组成的中国第一支数学奥林匹克代表队踏上了远赴赫尔辛基的征途。

为了熟悉比赛环境,我们特地早到了两天。由于组委会没有提前安排下榻地点,我们在中国驻芬兰使馆的帮助下在当地找旅馆住了两天,在到达赫尔辛基的第三天才正式到IMO组委会报到。当天我还在赫尔辛基大学拜访了当时组委会的秘书长莱赫丁恁(Matti Lehtinen)。当时与会的外国人见到我们来参加都很惊讶,以为我们是日本人,或者是中国台湾人。当我们告诉他们我们是从北京来的时候,他们的不可思议和刮目相看,让我们觉得非常自豪。因为第一次参赛,队员的情绪难免会紧张,而且所有参赛国公认那一届赛题"偏难",两名队员中只有上海向明中学的吴思皓获得了铜牌。这是我国参加IMO历史上的第一块奖牌,当我握到它的时候,那份沉甸甸的感觉让我心绪许久难安。

虽然正式比赛的时间只有两天,我们却在赫尔辛基逗留了差不多3个星期的时间,其间安排了很多的参观和交流活动。很多国家的领队在一起出游的时候互相讨论各自国家的教育情况,上什么样的数学课,注重教哪方面的数学知识。第一次参加IMO,给了我非常强烈的感受。感受之一,就是觉得在所谓"竞赛"的含义之外,当时IMO更像是一个小型的世界青年联欢节,还举行很多学生活动。领队之间、学生之间的广泛交流对推动各国的数学教育改革非常有启发,而且 IMO 是只计算个人成绩的比赛,没有国与国之间成绩较量的火药味,大家的相处都显得和睦而愉快。感受之二,是中国代表队在如此仓促准备的情况下还能有一个学生拿铜牌,足以想见如果参赛之前能有更为系统而全面的训练,中国学生完全有能力取得更好的成绩。感受之三,是觉得中国作为一个大国,也应该举办这样的国际性的数学竞赛活动,应该让 IMO 走进中国。

很感谢中国驻芬兰的大使和使馆的工作人员,在我们在芬兰的期间给予了极大的关怀和帮助,并且还多次来探望我们的队员,新华社驻芬兰的记者朋友还陪同我们游览了很多的名胜。整个芬兰之行直到今天想来,仍然让我觉得非常美好。过去我对芬兰只知道西贝柳斯(Sibelius)的交响曲《芬兰颂》和常胜的长跑选手帕沃·鲁米(Paavo Nurmi),现在是实实在在的感受到了芬兰的美好环境。夏初的赫尔辛基白天的时间很长,晚上 11 点天刚刚黑,不到凌晨 1 点天就又亮了。走在街上,几乎看不到士兵,到处都是笑容温和的人们,需要帮助的时候,随处就会有人过来帮助你。虽然有 38 个国家参赛,却只有很少的工作人员,而且整个活动都安排得井然有序,加上良好的社会服务,让整个比赛都显得非常的宽松和自然。我还记得当时和澳大利亚的一位副领队非常谈得来,做了很多交流,他当时就非常看好中国数学竞赛的前景,这也让我信心倍增。

从赫尔辛基回国之后,我们立即着手两件事情,为参加下一届 IMO 好好做准备和如何把 IMO 引进中国。准备 IMO,选拔学生是关键。1985 年 12 月,在上海召开的中国数学会成立 50 周年纪念大会上,北京大学的邓东皋教授,南开大学的胡国定教授,中国科技大学的龚昇教授,复旦大学的谷超豪教授,还有王寿仁教授和我一起讨论了如何选拔学生的问题,并提出举办"冬令营"。这是我国第一次使用"冬令营"作为活动的名字。在 1986 年 1 月,首次冬令营在南开大学举办,为期六天,一共八十一名学生参加,进行迎战国际数学奥林匹克的选拔考试,并由我负责筹备工作。

冬令营由各省分别组队,所有的省、市、自治区全部参加,培训老师就是各省的领队。命题组一共五位老师,分别是中国科技大学的常庚哲老师,北京大学的张筑生老师,复旦大学的俞文魮老师,南开大学的周性伟老师和我。所有的活动都在天津市委党校里面进行。当时的训练条件比较艰苦,有的时候还会停电,但是取得的活动效果却很显著,通过冬令营选拔出来的国家集训队的二十一名队员都非常出色。从 3 月 8 日起,这些队员开始在北京一零一中学进行集训,由我担任主教练,在 5 月 10 日最后选出六名国家队队员。因为是第一次集训,所以选拔的时间很长,培训内容也很多,还请了很多大学老师来讲课。这是我们的第一次,还是在摸索经验,但是却由此形成了日后冬令营——国家集训队——国家队的选拔模式。当时我们的计划是:国家队的六个选手中能有四个人得奖,并希望起码能有一个人拿到银牌,希望中国队总分进入前十名。至今我还清楚地记得第一批国家队的队员们,他们是河南实验中学的方为民,上海大同中学的张浩,天津南开中学的李平立,江苏泰州姜堰中学的沈健,西安八十五中的荆秦和湖北黄冈中学的林强。

1986 年 4 月底,在西安召开的第三次全国数学普及工作会议上,一谈起 IMO 参加会议的人热情都很高,大家都希望在 5 年之内,中国的 IMO 总成绩能够进入前三名,并且争取 5 年之内由中国举办一次 IMO。在当时,中国队的总分要进入前十并非易事,因为 IMO 已举办过二十多届,前十名的国家已经相对固定——美国、苏联、原东西德、罗马尼亚、英国、法国、捷克、匈牙利,要挤掉哪一个国家都很困难,而且澳大利亚和加拿大也一直在努力跻身前十的行列。所以对于仅参加过一届 IMO 的中国来说,进入前十这个目标似乎有些难以完成。

然而,当年 7 月,在华沙举行的第 27 届国际数学奥林匹克中,中国代表队真的让这样的愿望成了现实。

第二次参赛的中国代表队仍然由王寿仁教授和我作为正副领队,我们也仍然提前到达了华沙,这次提前了一个星期。在这一个星期的时间里,我们让参赛的孩子们在那儿痛痛快快地玩了七天,不让看书、不准做题。在 7 月 8 日要住进 IMO 组委会安排的比赛地时,有的孩子说之前准备的功课几乎都快被忘光了。但也是从这届开始,形成了中国代表队的一个参赛习惯,就是赛前不准临阵磨枪。其实这一习惯也符合数学这个学科的特征,数学素养的形成和数学解题能力的培养单靠临阵磨枪是不可能的,要取得好成绩凭借的完全是平日的积累。

1986 年的华沙,比 1985 年的赫尔辛基更加令人难忘。在这一届 IMO

上，中国队参赛的六名选手取得了非常好的成绩，共获得 5 枚奖牌，其中 3 块金牌，1 块银牌，1 块铜牌，以 177 的总分跃居第四（美国和苏联以 201 分并列第一，西德以 196 分取得第三名）。同时，在这次 IMO 上，王寿仁教授和我向 IMO 常设委员会正式提出 IMO 在中国举行的申请。在获奖的选手中，我特别记得被其他国家的人士称为"小女孩儿"的荆秦，她是华沙这场比赛第一个上台领奖的女孩子，也是我国第一个在国际数学竞赛场上获奖的女孩子。我还记得那天刚好是 7 月 14 日，在法国使馆召开国庆招待会的时候，法国大使夫人向我国大使称赞荆秦，因为她个子小，大使夫人认为她是初中的学生，还亲切地称她是"可爱的小女孩儿"。此外，还让我记忆犹新的是在那届 IMO 闭幕式的休息大厅，我见到了澳大利亚 10 岁的华裔选手陶哲轩，他就是后来在 2006 年获得菲尔兹奖的年轻数学家。

中国队的异军突起，立即成了各个参赛国注目的中心。很多国家的领队都来和我们交流是如何把队员们训练出来的，我记得当时苏联的领队在和我交流时非常诚恳地对我说，中国队肯定会在不久的将来拿到总分第一。在载誉而归的飞机上，在为队员们感到高兴和荣耀的同时，我开始回味那位苏联领队的话，并开始思考现有团队存在的不足。要拿到总分第一，就不能把 IMO 看成是单纯的个人竞赛，因为团队的整体能力是决定总分的关键因素，必须参赛的六名队员都取得非常好的成绩才可能取得总体的高分。因此在回国之后，我们开始总结 1986 年集训工作的不足：一、集训时间拉得太长；二、集训过程只是单纯的讲解，而缺少了学生讨论和做题的环节。从这一年开始，每一年的 1 月 10 号都被规定为冬令营的开营时间。

唯一没有得奖的沈健，也是学生中唯一的预备党员，因为思想负担重了一些，所以临场发挥失常，几何是他强项，却只做对了两道几何题。我有一件事很对不起他，回来后我因为疏忽，没有通知江苏数学会去车站接他，让他孤零零地回到了家乡。后来沈健进入中国科大，第一年学习劲头不大，幸好后来醒悟了，在学习上加紧努力，考上了冯克勤教授的研究生。后来听说毕业论文非常出色，现在在美国。这件事让我懂得，对在成绩上受挫的同学，更要多加鼓励，不要让他因为一次成绩不佳，心灵蒙上阴影。

1987 年，在古巴哈瓦那举办的第 28 届 IMO 竞赛上，中国获得了 2 金 2 银 2 铜和总分第八的成绩。虽然成绩不算理想，但是我国申请举办 IMO 的请求却在这次竞赛上得到确认——第 31 届 IMO 将在中国举行。

1988 年在澳大利亚举行的第 29 届 IMO 竞赛上,中国获得 2 金 4 银,总分第二。

1989 年在原德意志联邦共和国举行的第 30 届 IMO 竞赛上,中国获得 4 金 2 银,总分第一。

1990 年,IMO 来到中国。

作者介绍 裘宗沪

1937 年 8 月出生,浙江宁波人。1960 年山东大学数学系毕业后到中国科学院数学所工作,1985 年转到中国科学院系统科学所先后任副研究员、研究员。1980 年中国数学会成立普及工作委员会(普委会),参与负责全国中学生数学竞赛活动。1981 年起组织全国中学生数学联合竞赛。1986 年起组织全国中学生数学冬令营(1991 年命名为中国数学奥林匹克、英文简写为 CMO),负责至第 19 届。1985 年担任中国队副领队参加第 26 届国际数学奥林匹克,1988 年中国数学奥林匹克委员会(奥委会)成立,任秘书长,负责筹办第 31 届 IMO,以后多年组织中国队参加 IMO。1988 年至 1996 年担任普委会主任,1996 年至 2004 年担任中国数学奥林匹克委员会副主席。

1998 年在广东中山,组织举办了国家数学竞赛世界联盟(WFNMC)会议。2001 年组织中国西部数学竞赛,2002 年组织中国女子数学奥林匹克,2001 年在香港、2004 年在澳门组织 CMO,2020 年建议创办"百年老校数学竞赛"。

1994 年获得国际数学保罗·厄尔多斯奖(Paul Erdős Award)。2008 年出版自传《数学奥林匹克之路——我愿意做的事》。

非典时的参赛经历

◎ 苏　淳

时光如梭,晃眼之间就过去了十七年了,然而萦绕脑际挥之不去的却是 2003 年 4 月份的那次顶着非典阴影的赴俄参赛经历。从 1993 年以来,我国每年都会在 4 月份派出一个代表队参加俄罗斯数学奥林匹克,这是根据两国间的一项协议开展的青少年交流活动,而俄罗斯代表队会在每年的元月份前来参加中国数学奥林匹克。

我国每年由一个省组队赴俄参赛,由在前一年的中国数学奥林匹克中获得优异团体总分的一个省组队,2003 年轮到了湖南省,此次代表队中的 6 名队员来自长沙一中、湖南师大附中和长沙雅礼中学,学生十分优秀,然而组队工作却从一开始就不很顺利,许多工作一误再误,直到出发前两天才拿到签证,我这个领队还是在出发那天,才在首都机场同代表队中的 6 位学生见上面。见面非常有趣,在一一介绍认识之后,我给每个学生发了两张俄文字条,一张写着"我要上厕所",一张写着"我要纸"。这是我根据多次担任领队的经验总结出的学生的两大需求,学生都不会俄语,可是竞赛时每天的考试时间长达 5 个小时,食品和饮料是发到座位上的,因此除了要草稿纸之外,最大的需求就是上厕所了。

我们是 2003 年 4 月 13 日从北京出发的。那天的北京阳光明媚,春风拂煦,暖意洋洋。首都机场内人头攒动,人流如潮,偶尔夹杂在人群中的几个口罩掩面的人并不引人注目。气氛宁静祥和,与正常时节丝毫没有两样,我们乘坐的俄航 SU571 次航班准点起飞。八个小时的空中飞行,我心中想的多是未来几天的考试和活动安排,多数同学没有进行过任何适应性训练,不了解俄罗斯的赛题风格,也不了解俄罗斯的评分特点。每个国家都有自己的评分特点,俄罗斯的评分原则与我国有着不小的差异。如果不了解,会丢冤枉分,因此一路上我不断地给学生介绍俄罗斯的情况,介绍我们过去的参赛经历和经验教训,对于机上的俄航乘务人员个个戴着大口罩并没有太在意,心中多少还觉得他们有些小题大作、神经过敏。

　　下午3时许,飞机平稳地降落在莫斯科谢列梅捷沃国际机场,一年未见,一切依旧。在我们的同机乘客中,中国人占了主体,大家紧张地涌向边检口,等候边检,随即出现了几列长队,队列缓慢地向前移动着,前面开始有中国人被卡下。每一次入境时,都会见到有些人因为这个或是那个原因被拒绝入境或被暂时卡下,见怪不怪,我并未感到有什么异常,多次进出俄罗斯边境了,我还从来没有遇到过麻烦。记得2000年4月,正值俄罗斯大选前夕,加上车臣局势不好,边检特别严格,几乎所有的中国旅客都被带到旁边的小屋里问话,而我们却凭着有俄罗斯教育部第一副部长签署的邀请函一路绿灯。何况2002年我们还凭着这种邀请函享受了优先通关的待遇。轮到我们边检了,我递上自己的护照签证的同时,特地把邀请函原件放在最上面,记得我还说了一句:我们是来参赛的,一共十个人。担任我们边检的是一位英俊的小伙子,他答道:人不少。我心中想道:一切正常,然而,未曾想到的事情发生了:我没有被放行,而是被礼貌地请在一边等候。接着是我们的副领队肖果能教授,他不但被请在一边等候,还被要求出示了机票。被卡下的人越来越多,不但是我们代表队的十个人,还有许许多多的中国人。我们的护照都被送进了边检办公室,桌上的护照已经堆得像一座小山。两个小时过去了,没有人来过问,更没有人来解释,疑团越来越大,谢列梅捷沃机场变得阴沉沉的。旅客中开始骚动不安,作什么样猜测的都有。有人开始想到非典,有人说起空姐把每个人在飞机上是否咳过嗽,是否擤过鼻涕,都做了记录,越说越像是把我们都当成非典嫌疑分子了。时间在一分一秒地流逝,不能再这样胡猜下去了,必须弄清究竟是怎么回事。我看见替我们边检的小伙子在关卷闸门了,便快步走过去问他什么时候放我们进去,他的回答不仅令我惊奇而且十分艺术:"俄罗斯关门了。"这一声关门,使我感到问题的严重,我们怎能就此打道回府? 我们是来参赛的,不能不明不白地被拒绝入境,必须去交涉! 于是我找到边检办公室,告诉他们:我们是按照俄罗斯教育部的邀请,前来参加全俄数学奥林匹克决赛的中国代表队,竞赛明天就开始,我们却被拦在这里。你们究竟让不让我们入境? 得到的回答是:我们请示一下,20分钟以后给你们答复。谢天谢地,俄罗斯没有向我们关上大门,20分钟后,边检负责人跟我要走代表队名单,从堆积如山的护照中把我们代表队十个人的护照一一挑了出来还给我们,我们被放行了。

一步出机场,就看到了一行大大的中国字:"欢迎中国代表队",这在我多年的经历中还是第一次,以前举的都是英文牌子,真是太亲切了,刚才的不快顿时减少了许多。夕阳辉耀下的谢列梅捷沃机场也顿时变得明快起来。俄罗斯教育部和竞赛主办地的有关人员已经在机场外面等候我们几个小时了,举着欢迎牌的还是一位地道的老乡——来自安徽大学的留俄访问学者石洪生先生,他将在竞赛期间担任我们代表队的生活翻译和陪同。我心中涌起了一股暖意,今年的安排太周到了,我将可以集中精力处理考务,而我们的队员也将会方便许多。

然而,四月的俄罗斯是气候多变的,刚才还阳光灿烂,一转眼就会大雪纷飞。1991 年 4 月,我在斯姆棱斯克观摩苏联历史上的最后一届数学奥林匹克时就遇到过这种情况,莫非今天还会历史重演,而且不仅是天气上的? 果不出所料,正当我们的汽车开出不到十分钟,就被一道栏杆拦了下来,两个医生登上汽车,一一询问起我们的身体情况,询问我们的体温,登记我们来自中国何处,谢天谢地,当我说明我们已经在边境被卡了两个小时后,医生们算是开了恩,没有拿听诊器一个个听取肺部,这时我才明白,为什么我们的汽车上只有我们的同胞石洪生先生陪同,而所有迎接我们的俄罗斯人全都上了另一辆汽车,原来他们是怕我们带来了非典病毒。石洪生先生告诉我们,世卫组织早在 3 月 27 日就把中国的一些地区宣布为非典疫区,俄罗斯政府决心把非典堵在国门之外,所以卫生部门采取了一系列防卫措施。

汽车没有进入莫斯科城,而是从绕城公路由西北直插东南直奔竞赛地点奥廖尔而去。一路颠簸,6 个小时后达到了目的地,奥廖尔市是奥廖尔州的首府,是一个人口约 30 万人的小城市,我们被安排在市中心的礼炮旅馆下榻,这是很好的礼遇。"礼炮"是奥廖尔的光荣,是奥廖尔的骄傲。奥廖尔是二战时期苏军从德国法西斯占领下解放出来的第一个城市,莫斯科红场上的第一声庆祝礼炮就是为奥廖尔鸣放的,所以礼炮旅馆是奥廖尔的象征。礼炮旅馆外观颇具现代风格,大幅壁画十分豪放,还有一个豪华的大餐厅。但是内部依然如故,小小的电梯行走起来吱吱嘎嘎,停顿时猛烈振动;两个人一个房间,房门的钥匙带着一个木头的大坨坨,房间的布局和设施中,除了有一台新式彩电之外,一切都与我 17 年前第一次到苏联时住的旅馆一模一样。

奥廖尔在俄语中是雄鹰的意思,奥廖尔还是著名俄罗斯作家屠格涅夫的故乡,城市虽小,但整齐干净,文化气息很浓。离礼炮旅馆不远就是一个公园,耸立的圆柱顶端是一只展翅欲飞的雄鹰,静静的小河边矗立着屠格涅夫的青铜塑像。解冻不久的河水夹带着泥沙缓缓流动,混浊的水面偶尔泛起几丝波纹。我和肖果能教授都曾经在苏联做过访问学者,非常喜欢这里宁静优雅的环境和浓厚的文化氛围。第二天一大早,我们就冒着严寒外出漫步,尽情领略着清新的空气和令人陶醉的良辰美景。虽然已经是4月中旬了,清晨的气温却依然在零下四五度,鼻子冻得红红的,可是心情却极为舒畅,昨天入境时的不畅一扫而空。

可是,非典的阴影并未离我们而去。就在我们兴致勃勃地回到旅馆时,两位医生早已等候在旅馆大厅里了。"您就是中国领队苏淳教授? 我们是市防疫站的,请您跟我们来一下。"于是,一系列问话开始了,她们一一登记代表队成员所在的地区,并且还拿出世卫组织的通报一一对照,上面有着中国各地发现的非典患病人数和死亡人数。接下来便是为我们每个人听取肺部,询问各人的自我感觉。临了还告诉我,以后每天早晨7点钟她们都会来询问情况,并且要我随时报告代表队成员中有无异常情况。我的妈呀,我们简直就是非典嫌疑分子。

是日下午,隆重的开幕式在市少年宫举行。一进入少年宫大厅,用中文书写的"热烈欢迎中国代表队"的大幅标语便映入眼帘,令人感觉温暖。更加使人感到高兴的是:会场主席台的两侧分别悬挂着俄罗斯国旗和中国国旗,这在我多次参加俄罗斯数学奥林匹克的经历中还是头一次,心中不由得腾起兴奋之情。然而不同的是,这一次没有邀请我们代表队或者我登台,我当然理解他们:又是非典之过。

接下来的两天是考试。俄罗斯的数学奥林匹克分年级进行,此次我们的6个学生中有两个高一的,四个高二的,分别参加俄罗斯的九年级和十年级的竞赛。两天中每天考4道题,每天考5个小时,从早晨九点考到下午两点。题目是我预先译成中文的,学生用中文答题,由我和副领队先改,再将学生的解答和我们的评分意见用俄语介绍给俄方评分人员,协调一致后打出学生的得分。

此次考场设在当地的一所中学内,步行过去大约只要20分钟。以往我们的学生都不单独设考场,而是分插在俄罗斯的考生之中,我只有30分钟的答疑时间,回答学生与题意有关的问题。然后就可以处理自己的事情,可以和代表队中的老师们一起看看街景,还有富裕的时间翻译第二天的试题和当天的试题解答。但是这一次不同,我们的学生不分年级,被安排在一个单独的小教室里考试,除了俄方的一个监考人员外,我和副领队肖果能教授都被留下监考,这无疑增加了我们的工作量。这当然又是非典之过,避免我方学生与俄罗斯学生长时间的接触。于是我只能拜托肖果能教授多看看考场,自己抽空去翻译第二天的试题和当天的试题解答。

第二天的经历更加奇特。本来,按照惯例,早上九点半以后,我和副领队就可以批阅第一天的答卷了,因此我同肖果能商定,让代表队中的两位观察员监考,以便我们腾出身来阅卷,可是直到登车前往考场时也没有见到两位观察员的身影,没有空去找他们了,我和肖果能只好继续担任监考。十点半钟前后,离奇的事情发生了,主试委员会的人员急急忙忙找到我,让我立即到办公室去,说是有紧急的事情要我去处理。一进办公室,好不热闹,满屋子都是人,看见我来了,立刻把脸都转向我。两个身着白大褂的女士急急忙忙地告诉我:"你们的两个观察员发烧,现在正在市医院呢,由于语言不通,我们无法沟通。"我顿时头都大了,两个人同时发烧,莫非真是非典?如果我跟他们去医院,那么卷子谁来改?解答谁来翻译?我们此次来参赛不就半途而废了吗?于是我问他们,你们不是为我们配备专职生活翻译了吗?为什么不能找他去呢?好说歹说,总算说服了他们,他们去找石洪生先生了,可是我和肖果能再也不能平静下来。如果他们真是非典,那么我们不就成了把非典带入俄罗斯的千古罪人了吗?这个娄子可捅大了。我们把监考任务委托给俄罗斯同行,决定回旅馆去看个究竟,可是等我们三步并成两步,气喘吁吁地赶回旅馆,却怎么也找不到人。正当我们靠在门口,无可奈何之际,来了一位楼道清洁工,我问她看到我们的同胞了吗?她连声说道:"没事儿,没事儿,一场虚惊,一场虚惊。"好哇,原来是虚惊一场!但是我们的两位同胞呢?他们去哪里了?那位清洁工说,说不定溜街去了,弄得我们又好气又好笑。不一会儿,主试委员会的负责人员都过来了,听说没事,才都松了口气。正当大家在旅馆大厅里议论纷纷时,两位观察员出现了,他们带着满肚子的气,直说冤枉。直到晚上,见到石洪生先生,我才把事情弄明白。原来,两位观察员先生认为无事可做,待在屋里睡懒觉。清洁工看见他们十点钟还没有起床,敲了门也不见动静,就去报告了。结果层层上报,以至于报到了市防疫站。一下子来了四位医生,看见我们的一位观察员还躺在床上,语言又不通,只好把他们带到医院再说,并且还惊动了州防疫部门,以为真的发现了非典疑似病人,并且他们那里还有我们这些人的健康记录,说是其中一位观察员头天晚上在参观一所中学时曾经咳嗽两声。这时我才明白,原来他们给每个人都布置了监视我们的任务,而且运转十分有效。好在我们的同胞一切正常,获得"无罪释放"。不仅如此,旅馆还发还了我们的护照,疑团虽是解开了,可是在俄罗斯学生中却传开了中国代表队中有非典疑似病人的消息,一些学生在经过我们的房间门口时,都捂着鼻子快步跑开,真是让人感到心中不是滋味。

一天的搅扰,把我们阅卷的时间全耽误了,接下来的一天,本来是参观100多公里以外的屠格涅夫庄园,多么想去感受感受文学大师的家园气息,领略领略美好的田园风光,松弛松弛紧张了几天的神经。可是,我和肖果能教授却无福去消受这美好时光,我们必须留下阅卷。学生的杰出成绩总算是给了我们莫大的安慰,弥补了我们心中的遗憾。这一次的学生成绩特别优异,湖南师大附中的两位同学都获得了金牌,李先颖同学的成绩还在所有考生中名列第二名,长沙一中的三位同学也获得了一块金牌和两个三等奖。俄罗斯的金牌发放标准非常严格,在我国赴俄参赛史上还是第一次得到三块金牌。

由于我们还想到莫斯科参观两天,赶不上闭幕式了。4 月 18 日,组委会请我们到当地的中餐馆吃了一顿晚餐,吃饭前,就在中餐馆门前为我们举办了一个俭朴的发奖仪式,全俄数学奥林匹克委员会主席雅科夫列夫亲自为我们的学生发奖。既避免了与俄罗斯学生的过多接触,又不失礼仪。雅科夫列夫是一位可亲的老人,担任过国际数学奥林匹克组委会主席,到过中国,我们的私交很好,我在莫斯科大学当访问学者期间,他还到我的住处看我,给我带了一瓶白兰地,可惜这次竞赛的四年之后,他就溘然长逝了。

4 月 19 日一早,组委会就用汽车送我们前往莫斯科,但就是在这一天的早晨,他们也没有忘记询问我们的体温。在奥廖尔的整整一个星期中,每天一早都要汇报各自的自我感觉,回答他们的各种各样的问题,这已经成了我们必修的功课。路途中,在路过一个集市时,我们有同学提出要上厕所,司机就像没听见一样,明明近处就有厕所,却狠狠地往前开了一大截路,到了一个行人稀少的地方才停下来,让我们就厕。在莫斯科安排住宿,让我们再次感到俄方的谨慎。同以往一样,我们仍然下榻在俄教育部的一个招待所。以往都是安排两套房间给我们,四位教师一套,六位学生一套,每套有一个卫生间和两大一小三个房间,除了就寝,还有一个客厅。可是这次把我们塞在一套房间里面,我们的六位学生中还有一位女生,因此只能五位男生挤一个房间,四位教师挤一个房间,非常拥挤,尽管我跟教育部接待我们的拉莉莎说了情况,希望调整一下,他们也支支吾吾没有下文,当然这只能理解为非典时期的非常措施,不是没有房间,只是他们要把风险限制在最小的范围内。

4月19日和20日,我们在莫斯科参观了克里姆林宫、列宁墓,在红场上摄了影,拉莉莎一直陪着我们。20日晚,该离开莫斯科了,依旧是谢列梅捷沃国际机场,只不过前往北京的旅客异乎寻常地改在三号口出境,过关时往日的程序都免了,没有人问话,更没有人受到行李检查,啪啪啪地一个劲地盖章放行。偌大的一架波音767飞机上没有几个乘客,许多座位空着,除了返乡的中国人之外,已经很少有人前往北京了。

21日早晨9时,飞机按时抵达北京,首都机场与我们离境时全然不同,没有了那时的熙熙攘攘,全然一副临战状态。一步入机场大厅,迎面站着三个医务人员,身上穿着防护衣,大大的口罩几乎盖住了整张脸,边检人员也都戴着口罩,全国人民已经投入抵御非典的紧张战斗。

作者介绍 苏 淳

1945年10月出生,中国科学技术大学教授,博士生导师。我国第一批获得博士学位的十八人之一,1983年5月在全国人民大会堂领取博士学位证书。从事概率论及其极限理论的教学与研究工作,曾任中国概率统计学会常务理事、副秘书长等职,发表学术论文110多篇,著有《现代极限理论及其在随机结构中的应用》等专著。1993年起享受国务院政府特殊津贴,1998年被评为中国科学院优秀研究生导师,2009年获安徽省教学名师奖。曾任中国数学奥林匹克委员会委员,为数学奥林匹克国家级教练,多次受到国家教委和中国科协联合表彰。1992年担任中国国家队领队兼主教练,在第33届国际数学奥林匹克中首次创下一个队6名队员全获金牌的历史性纪录,不仅团体总分第一,而且比第二名的美国队高出51分,差距之大,至今无有能破,成为IMO竞赛史上空前绝后的纪录。自从1990年访苏期间被中国数学奥林匹克委员会任命为驻苏代表以来,长期从事对苏对俄数学奥林匹克方面的合作与交流工作。

有意义的工作，难忘的岁月
——我和中学数学奥林匹克

◎ 黄宣国

2019 年 11 月，裘宗沪老师用手机与我联系，告诉我不幸的消息：南开大学的黄玉民老师已远行。作为当年的一个小老弟，裘老师希望我写一篇文章，回忆那段有意义的工作和难忘的岁月。

我 1986 年 4 月在复旦大学获理学博士学位。1987 年的春末，复旦大学数学系主管教学的副主任要我到河南省商城去参加 1987 年全国高中数学联赛的试题审查会。就是在这次会议上，我第一次见到了热情洋溢的裘宗沪老师。在会议结束后，我发现加试的第一题平面几何题目本身有一个瑕疵。那天中午的告别宴我匆匆地吃了点饭，回房后用平面解析几何计算了此题，并指出了这个瑕疵，然后我将自己计算的两页纸交给了送我上长途汽车的老师。

1988 年初的全国中学生数学冬令营在复旦大学举行，大概觉得我做事较认真，在冬令营两场考试后，我参加了阅卷工作，见到了命题组的李成章、张筑生、常庚哲老师。

1988 年 11 月我到意大利的边境城市的里雅斯特联合国教科文组织下的理论物理研究所访问四个月，当时南开大学的黄玉民老师也在那里，就是在这段时间内，我俩相识，成了朋友。

万事开头难。从资料上看，1985 年 7 月中国第一次参加国际数学奥林匹克，两名队员仅一人获得铜牌。

从 1986 年起，全国每年举办一届冬令营，从中选拔国家集训队队员，再从中选出 6 名国家队队员。每年的冬令营由北京大学、南开大学、中国科学技术大学、复旦大学轮流举办。冬令营的命题组老师也由这四所大学的数学系推荐。从国际比赛的成绩看，这是裘宗沪老师作为组织者、领导者的一个非常正确的决策。立竿见影，1986 年 7 月中国第二次参加国际数学奥林匹克，6 名队员就获得了三枚金牌、一枚银牌和一枚铜牌的好成绩，团体总分在 37 支队伍中获得第 4 名。从 1986 年 7 月至 2003 年 7 月（2004 年以后的相关工作由年轻化的新一届中国数学奥林匹克委员会负责)一共 18 届国际数学奥林匹克,中国队参加了其中的 17 届比赛。从资料上看,中国队一共获得了十届团体总分第一名,四届团体总分第二名的辉煌成绩。

从我参加命题组的第五届冬令营开始,数学冬令营的命题组一般由 8 至12 名大学老师组成。复旦大学数学系一般由舒五昌老师和我轮流参加命题组工作(也有几届舒五昌老师和我共同参加)。从 1990 年至 2003 年,我参加了其中的 10 届命题工作。每位参加冬令营命题组的老师都预先要自编一个题目,这样就至少有 8 个题目可供选择。在供题方面,李成章、黄玉民两位老师只要参加冬令营命题组,必有题目被一致推选作为考题。而张筑生老师每次参加冬令营命题组,经常有一句话:你们先说,我最后讲,缺什么题补什么题。我国冬令营考试是模仿国际中学生数学奥林匹克,考两个上午,每个上午四个半小时,三个题目。几何、代数、数论、组合数学都至少要一题。张筑生老师一讲完,李成章老师就悄悄地对我讲:你看,他就是显示高我们一头。此情此景,至今仍历历在目。每次冬令营命题,一般都较顺利,临时编题的事很少见。在 1998 年的冬令营,我带的一个题目被否定,缺一个平面几何题,我临时用了一个晚上,将一个成题改造,编了一个题目,在题目的叙述上,张筑生老师做了一个修改。由于是成题改造,又放在试卷的第一题,我相信有不少同学认为很容易,不认真思索,结果很多人在这题上只得了 9 分(每题满分 21 分。这是仿照国际数学奥林匹克,每题满分 7 分,两场考试共 6 题,满分 42 分。此法引入国内后,每题得分乘 3,两场考试总分满分 126 分)。

在裘宗沪老师的组织领导下,当年参加中国数学奥林匹克委员会工作的老师人才济济,许以超老师是代数专家,潘承彪老师是数论专家,舒五昌老师解题能力特强……我个人认为,就业务方面的贡献而言,张筑生、李成章、黄玉民三位老师是这一群老师中的杰出代表。他们三人在冬令营命题和国家队的选拔命题中,每个人都自编了不少让人耳目一新的题目。特别是张筑生老师,他患癌症后,在北京大学数学系的大力支持下,他一心扑在国家集训队的训练和选拔上。我记得在 1995 年、1997 年、1999 年和 2000 年四年中,他都担任主教练(1995 年还担任领队)。中国国家队在这四届国际数学奥林匹克中都获得团体总分第一名。有人告诉我,张筑生老师没有子女,他将国家集训队的每位学生当自己的子女一样对待,这是一般老师做不到的。

张老师、黄老师两位前辈已逝世,就像鲜花已谢,但花香仍在。现在在国内主管数学奥林匹克的老师们中,其中很多人当年都是老一辈奥委会成员们的学生,听过老一辈老师们的课,做过他们拟的考题。

参加数学竞赛有什么意义?有什么用?这是一个必须回答的问题。下面是我个人的一些看法。

第一个意义是为国争光。每年 7 月举行一届国际中学生数学奥林匹克,前几名团体的成绩和获得金银牌的数目受到世界关注。2018 年中国队团体总分获第三名,近年有一届罗马尼亚大师杯数学奥林匹克中国队无人得金牌,电视台立刻采访资深中学校长作直播,探究其中原因。可见国人还是关注国际数学比赛成绩的。

第二个意义和作用比较复杂,涉及一个中学生的志向。如果一个中学生想长大后,找一份职业,赚很多钱,请远离数学竞赛。如果一个中学生热爱数学,想一辈子从事有关数学的研究工作,我建议他可以根据自己的精力和能力,适度参加高中阶段的数学竞赛活动。对绝大多数热爱数学而且学有余力的中学生而言,开拓视野,参加全国高中数学联赛还是很有意义的。网络上有篇文章,讲施一公院士当年是全国高中数学联赛河南赛区的第一名,现在他是国际上著名的生物学家。曾有一个记者问我,一个中学生在国际数学奥林匹克中得了金牌,他是否具有一个数学博士的水平。我明确回答这没有可比性。因为国际数学奥林匹克是中学生数学智力竞赛,出题的知识范围没有超出中学生的理解水平,得金牌与获得数学博士是完全不同的两件事。例如我是研究基础数学微分几何方向的,要获得博士学位,必须阅读大量的数学文献(包括书籍与文章),要做出一些在微分几何领域有一定质量的创新成果,才能通过博士论文答辩,取得博士学位。现代数学与中学生数学竞赛两者知识点完全不同。

一个人的成才就像跑马拉松,中学阶段充其量是其中几公里。中学阶段数学竞赛得奖者就是在这几公里中跑得较快的人而已。没有进国家集训队、没有进国家队的中学生完全没有必要灰心丧气,历史上大数学家高斯、欧拉(Euler)等人参加过什么数学竞赛?类似的,在国际数学奥林匹克中获得金牌的同学也不要骄傲,如果你想成为一名国际著名的数学家,还有漫长的艰辛的路要走。质疑中学生数学奥林匹克的人有一个共同的疑问:这三十多年来,得了那么多金牌,出了哪个人才? 这个问题的回答较沉重。在 2018 年的《环球时报》主编单仁平的文章中有答案,有兴趣的读者可以自行阅读他的文章。简言之,由于历史的原因,我们整个民族的创造力不足。这在国际数学奥林匹克中也可以看出,如有个别题目是非常规题,需要学生发挥创造力来解题,在这种题上,我国学生的得分率就较低。因而在数学领域,中国国内尚无人得菲尔兹奖,也无人得沃尔夫奖(在海外有华人得奖的)。我坚信,再过三十年左右,中国国内必有人得菲尔兹奖,也必有人得沃尔夫奖。为什么是三十年左右,因为从中国历史上看,建国一百年左右必有一个文化灿烂的时期。

我在 1994 年担任过一届中国国家队的领队。我记得在半年左右的时间内,除了学校上课,我几乎放弃了其他一切事情。我查阅了复旦大学数学系图书馆所藏《美国数学月刊》中的全部资料,也自编了一些题目,我既要给国家集训队上课,又要出测验试卷。这届国家集训队九次测验,其中四次试题是我提供的。往事如烟,现在这一切辛劳都汇集在我的数学竞赛书籍《数学奥林匹克大集新编》(《数学奥林匹克大集 1994》的增订本)中。当过一届领队,我知其味苦涩,由衷地佩服张筑生老师的工作成绩和辛勤付出。

现在数学的应用越来越广泛。这几年人们谈论最多的是芯片,据华为老总任正非讲,芯片设计需要大量的数学家与物理学家的共同工作。热爱祖国的中学生没有理由不学好数学。

作者介绍　黄宣国

1947 年 11 月出生于浙江鄞县。1978 年 2 月考入复旦大学数学研究所,师从苏步青、胡和生先生,学习微分几何。1981 年获硕士学位,并留校任教,1986 年获博士学位。1995 年评为教授,1999 年评为博士生导师。共发表微分几何学术论文约 20 篇。独立署名出版图书《空间解析几何》《空间解析几何和微分几何》《李群基础》《微分几何十六讲》《凸函数与琴生不等式》《数学奥林匹克大集新编》。

从 1990 年至 2003 年,多次参加全国中学生数学冬令营(现称中国数学奥林匹克)和中国数学奥林匹克国家集训队的命题、阅卷和选拔工作。1994 年担任中国数学奥林匹克代表队的领队,受到中国科协和国家教委的多次表彰。

2019 年第 60 届 IMO 中国国家队

◎ 熊　斌　何忆捷

　　2019 年第 60 届国际数学奥林匹克于 7 月 11 日至 7 月 22 日在英国巴斯(Bath)举行。来自 112 个国家及地区的 621 名学生参加了这次比赛。中国国家队由领队熊斌教授(华东师范大学)、副领队何忆捷(华东师范大学),观察员瞿振华(华东师范大学)、王广廷(上海中学)、张增(中国科学青少年活动中心)带领,6 名学生是邓明扬(北京市中国人民大学附属中学,高一)、胡苏麟(广东省华南师范大学附属中学,高二)、谢柏庭(浙江省知临中学,高三)、黄嘉俊(上海市上海中学,高一)、袁祉祯(湖北省武钢三中,高二)、俞然枫(江苏省南京师范大学附属中学,高二)。

　　最终,6 名同学全部获得金牌,其中谢柏庭和袁祉祯获得了满分。中国队获得团体总分第一名(总分 227 分),与美国队并列,韩国队获得团体第三名(总分 226 分)。中国队的 6 名队员得分情况是:邓明扬 35 分,胡苏麟 39 分,谢柏庭 42 分,黄嘉俊 34 分,袁祉祯 42 分,俞然枫 35 分。金牌分数线是 31分,银牌分数线是 24 分,铜牌分数线是 17 分。

　　以下我们将从国家队的选拔、集训、参赛经历和收获几方面回顾本届国家队的历程。

一、 国家队的选拔和集训

　　2018 年 9 月 9 日,中国数学会普及工作委员会及奥林匹克委员会举办了2018 年全国高中数学联赛,从中选拔了 370 名左右的学生参加了 2018 年 11月在四川成都举行的中国数学奥林匹克(全国中学生冬令营),从冬令营中选拔出了 60 名优胜者组成了国家集训队。2019 年 3 月 2 日至 3 月 11 日,国家集训队在广东华南师大附中进行了第一轮的集训选拔,从中选出了 19 名队员进入了第二轮的集训。国家集训队第二轮集训选拔于 3 月 18 日至 28 日在上海市上海中学举行,最终从 19 人中确定了 6 名国家队队员的名单。

自 2019 年 3 月底确定国家队名单后,6 名队员返回各自学校,在各校竞赛教练的带领下进行国际比赛的准备以及出国签证材料的准备。

5 月 4 日至 12 日,国家队在南京师范大学附属中学进行了第一次集训,熊斌、余红兵、单墫、陈永高、瞿振华、林天齐、卢圣老师给学生做了专题讲座。

6 月 15 日至 26 日,国家队在上海市上海中学进行了第二次集训,熊斌、瞿振华、余红兵、冷岗松、姚一隽、张思汇、王彬、付云皓、陈晓敏、林博等国家队教练先后给学生进行了讲座和训练。

随后学生返家进行短暂的休整和准备,于 7 月 9 日到北京大学集中,准备出发前的培训和启程。7 月 10 日晚上,中国数学会理事长袁亚湘院士、中国数学会副理事长陈敏教授、北京大学数学科学学院的专家教授给国家队队员饯行,对国家队队员给予了指导和鼓励。

在准备过程中,国家队领队给国家队所有队员量体裁衣,准备了西服、衬衣和领带,定制了有 IMO Logo 的 T 恤衫。我们根据最近几年的经验,给学生准备了富有中国特色的礼品,以便他们与其他国家队员交流时使用。

二、 参赛经历

领队熊斌和观察员 A 瞿振华于 7 月 11 日启程赴英国威尔士参加领队会议,参与选题等工作。副领队何忆捷,观察员 B 王广廷和观察员 C 张增带领 6 名队员于 7 月 14 日启程赴英国。

7 月 14 日凌晨 4 点,队员们从北京大学出发去机场,然后经 10 个小时的航程抵达英国伦敦。办理完入关手续,乘坐组委会准备的巴士经过将近 4 小时后到达巴斯大学(本届 IMO 由巴斯大学承办),此时已是 7 月 14 日下午 5 点许,学生们虽有些兴奋,但是也都已经非常困倦了。本届 IMO 学生全部住在巴斯大学的学生宿舍,房间干净、整洁。

7 月 15 日下午,我们的队员们穿上统一的中国队红色队服,来到开幕式现场。当我们的队员到达场地后,很多代表队和中国队队员合影留念。这届国家队队员比较大方,而且英语较好,能够大方地与其他代表队交流,这也给其他国家的队员留下了深刻的印象,体现了中国国家队新的面貌。

7月16日和17日上午进行了两天各4个半小时的比赛,共6道题目。

今年的试题最难的两个题分别是组合和几何,这是中国学生相对比较薄弱的,但我们的学生还是发挥出了自己的水平,在难题面前敢打敢拼。

自7月17日起,领队、副领队、观察员都投入到了紧张的阅卷、协调、打分过程中,而队员们在组委会的统一安排下,进行了为期两天的参观、游览和听数学家的报告,其中包括到剑桥大学听了著名数学家、菲尔兹奖获得者怀尔斯的报告,给学生们留下了深刻的印象。

在7月21日的闭幕式上,所有的中国队队员都身着西装,非常帅气,上台领奖时落落大方。闭幕式过后,主办方还安排了一场晚宴,在一场有唱有跳的晚会中,把本届IMO带向了高潮,也使人向往着明年再聚。

7月22日一早,全体国家队成员一同从伦敦飞回北京,于7月23日清晨抵达北京首都国际机场。中国数学会副理事长、中国数学会奥林匹克委员会主任陈敏以及各位参赛队员所在学校的老师和家长前来迎接,场面热烈隆重。至此,难忘的第60届IMO之旅就圆满结束了。

三、 成绩和收获

如前所述,本届中国代表队队员全部获得金牌,并且从2015年后再次获得了团体第一名的成绩。中国队保持了自1999年以来在IMO赛场上的良好表现,20年来始终位于前三名,这也体现出了我国的中学数学竞赛教育在国际上的领先地位。

本次比赛最终的团体前十名依次是:

1. 中国   227分

   美国   227分

3. 韩国   226分

4. 朝鲜   187分

5. 泰国   185分

6. 俄罗斯   179分

7. 越南   177分

8. 新加坡   174分

9. 塞尔维亚　171 分

10. 波兰　168 分

从团体成绩上看,有如下趋势:

(1)亚洲队伍表现依然强势:前十名中有六支亚洲队,这与最近几年结果相近。像日本、伊朗、越南等队也曾在近年来获得过前十名。

(2)美国和韩国成为中国队的最主要竞争对手:近十年来中国队和美国队包揽了大多数年份的前两名,美国队已经取代了俄罗斯队成为中国队在团体成绩上的最大对手。韩国队的成绩也比较稳定在前三名,2019 年韩国总分与中国队和美国队仅一分之差。今年前三名形成的第一集团与后面几支队伍的差距也比较大,可以预见未来几年内美国队和韩国队仍将是中国队的主要对手,俄罗斯队也值得注意。

(3)传统欧洲强队逐渐弱势:传统的几支欧洲强队,如罗马尼亚、保加利亚、匈牙利等已经逐渐退出了前十名甚至前二十名。一些经济发达国家随着对数学教育的持续关注,在 IMO 上也逐步崛起,像加拿大、澳大利亚、新加坡都在最近五年里有了巨大而持续的进步。

本次中国代表队的一大亮点是我们展现出了新世纪中国中学生的崭新面貌,如今,IMO 早已不仅仅是数学水平比拼的赛场,更是文化交流的平台,我们的老师和学生通过更踊跃的与来自世界各地的朋友交流,从而更好地融入国际数学大家庭,赢得了更多的理解和尊重。

四、 思考与建议

1. 2019 年我们的学生在书写的规范上做得不够理想,虽然我们在国家队集训期间多次强调并进行了训练,但是我们的高一学生还是显得经验不足。建议今后能有更多的比赛让他们参加,可以锻炼他们的书写表达、大赛的心理调节和抗压能力。我们队员两个几何题都表现不错,这与我们在 5 月份和 6 月份的两次集训中特别加强了几何的训练有一定的关系。但是质量好、区分度高的平面几何是很难命制的,需要我们鼓励老师们平时在这些方面加大投入;另外在集训队培训中也应该增加几何部分高级技巧的培训内容。

2. 鉴于美国队的选拔培训模式,我们在确定国家队成员后,在 3 月底到 7

月初国家队出国参赛前只有两次集中训练，共三周左右，建议可以在这段时间内每月组织一次集训以及模拟考试，时间 10 天左右，让国家队队员保持状态。

3. 美国队为了选拔和锻炼队员，由国家队组织学生参加每年的罗马尼亚大师杯等国际比赛，起到了很好的锻炼队伍、实战模拟的作用。我们也可以考虑组织集训队非高三学生中的优秀选手参加下一年的一些国际比赛，让这些学生积累更多的大赛经验，便于在 IMO 中正常发挥出水平。

总体而言，中国队在 2019 年 IMO 上正常发挥，取得了优异的成绩。与此同时也应看到其他国家的进步和优势，希望中国队在今后 IMO 的舞台上继续展现中国基础教育的强大实力。

中国国家队在闭幕式后的合影

作者介绍　熊　斌　何忆捷

　　熊　斌　华东师范大学数学科学学院教授、博士生导师，上海市核心数学与实践重点实验室主任，国际数学奥林匹克研究中心主任。从事数学方法论、数学普及与应用、数学解题理论、数学资优生的发现和培养方面的教学与研究。多次担任国际数学奥林匹克中国队领队。受邀在第 14 届国际数学教育大会上作 45 分钟报告。在国内外发表有关数学、数学教育和数学普及方面的论文 100 余篇，主编和编著的著作 150 多本。2018 年获得了国际数学保罗·厄尔多斯奖(Paul Erdős Award)。曾获得上海市五一劳动奖章,上海市教书育人楷模称号。

何忆捷　华东师范大学教育学博士,中国数学奥林匹克高级教练。2003年中国数学奥林匹克金牌获得者。自2012年起担任国际数学奥林匹克中国国家集训队教练组教练,并常年参与中国数学奥林匹克、全国高中数学联赛、中国女子数学奥林匹克、中国西部数学邀请赛、中国东南地区数学奥林匹克等国家级与地区级数学竞赛的命题、阅卷工作。在省级以上期刊发表论文近30篇,撰有著作《高中奥数命题研究与训练题集》《高中数学竞赛中的解题方法与策略》,并参与编写《走向IMO:数学奥林匹克试题集锦》丛书。曾担任第56届IMO中国国家队观察员、第59至61届IMO中国国家队副领队,并曾受邀担任第57届IMO选题委员会成员。

中国女子数学奥林匹克

◎ 朱华伟

在国外众多数学奥林匹克中,参赛者中一向男多女少。传统上不少人认为在数学上男生一般比女生强。尽管这种说法缺乏实际研究数据的支持,但数学奥林匹克参赛者男女失衡的事实促使了"中国女子数学奥林匹克"(简称CGMO)的诞生。

2002 年 8 月中国数学奥林匹克委员会在珠海举办了首届女子数学奥林匹克,参加对象是在读高中女生,此项活动的宗旨是为女同学展示数学才华与才能搭设舞台,增加女同学学习数学的兴趣,提高女同学的数学学习水平,促进不同地区女同学相互学习,增进友情。

著名数学家王元院士题赠中国女子数学奥林匹克:"索菲·热尔曼、索菲娅·柯瓦列夫斯卡娅、艾米·诺特,这些伟大女数学家的名字与她们的突出成就足以证明女子是有很高数学天赋的,当然是很适宜于研究数学的。"

CGMO 从 2002 年第一届到 2020 年已经走了 18 年的历程。这 18 届的活动,为许多优秀的高中女生提供了一个欣赏数学、学习数学、研究数学的平台,同时也培养了一大批杰出的女生。例如,华南师范大学附中胡扬舟同学是迄今为止唯一一位连续三次获得 CGMO 金牌的同学,经我推荐,2009 年高中毕业就入读 MIT(麻省理工学院),成为 MIT 的华人学生中无人不知的杰出学生;华中师范大学一附中陈卓同学,获得 2007 年 CGMO 第一名,后来入选中国国家队,获得 2008 年国际数学奥林匹克(简称 IMO)金牌,这是继 1995 年武钢三中的朱晨畅同学获金牌后,又一个摘得 IMO 金牌的中国女生;2009 年CGMO 第二名华中师范大学一附中张敏同学,后来入选 2010 年中国国家队,获得 2010 年 IMO 金牌,也入读 MIT;2014 年、2016 年 CGMO 金牌得主深圳中学郑含之同学同时被美国加州理工学院、麻省理工学院和斯坦福大学录取。这些都是我们 CGMO 十几年脱颖而出的女生中的优秀代表。

CGMO 每年举行一届,已经举办 15 届,比赛时间在每年 8 月中旬,每次比赛大约有 40 个代表队参加,每队派 4 名选手。美国、俄罗斯、菲律宾、新加坡、英国、日本、韩国,以及中国的香港、澳门和台湾也都曾派队参加过 CGMO。CGMO 与 IMO 接轨,CGMO 进行两天的笔试,每天上午考 4 道题目,8 点到 12 点,考试时间为 4 小时。从一定意义上讲,数学奥林匹克和体育奥林匹克一样,也都是要拼体力的。所以数学奥林匹克不仅是智力的竞赛,也同样是体能的较量。如果没有好的身体,在数学竞赛中也难以取得好成绩。CGMO 命题的范围也和 IMO 一样,涉及代数、几何、组合、数论四个领域,但难度低于 IMO。竞赛评出团体总分第 1 名和个人金、银、铜牌。个人总分前两名的同学直接进入 IMO 中国国家集训队,从 2012 年起,总分前 12 位同学会被直接邀请参加全国中学生数学冬令营(CMO)。

CGMO 命题始终坚持普及与提高相结合。考虑到区域数学教育水平的差异,CGMO 要照顾来自全国不同省市代表队的同学,同时要选拔 12 位同学参加全国中学生数学冬令营,所以既要有容易的题目,也要有较难的题目。迄今为止,我们已经命制了 15 届的 CGMO 试题,每届 8 道题。在这 120 道题中,还没有一道题难住所有同学。每道题一定有同学做出来,只是人数多少而已。

比赛要有平常心,CGMO 是一个高中生的数学活动,活动的目的是为大家将来的发展打下一定的基础,不是一生的全部。它仅仅是优秀学生在高中阶段数学学习的努力目标,人生的道路很长很长,我们应该有更高远的奋斗目标。在尊重教育规律的前提下,我们要把这项活动做好,要客观地、辩证地、历史地、逻辑地、以国际的眼光看待和审视数学奥林匹克。我认为这样就会有个平常心,正确对待得与失。

为了丰富参赛选手的生活,培养她们的创造能力和团队合作精神,CGMO 特设计了女子健美操比赛,这是我们在珠海举办第一届 CGMO 时策划的,一直坚持到今天。健美操比赛评出团体一等奖、二等奖、三等奖、最佳表演奖和最佳创意奖。健美操比赛的目的是要培养同学们的团队精神,检测各参赛队的综合素质和精神面貌,让同学们不仅数学好,还要身体好;不仅懂得欣赏数学的美,还要学会欣赏大自然的美;让我们的女同学身体好、精神好、更健美。根据每年承办 CGMO 学校的办学特色,我们还倡议承办学校增加一些人文体验,使得大家在学习数学,培养科学精神的同时,也培养人文精神,使得人文精神与科学精神相融合,促进同学们的全面发展。

感谢中国数学会数学奥林匹克委员会领导裘宗沪教授、王杰教授、周青教授、陈敏教授、吴建平教授;感谢长期参加 CGMO 命题、阅卷和评奖工作的陈永高教授、熊斌教授、梁应德博士、余红兵教授、李伟固教授、李胜宏教授、冷岗松教授、王新茂教授、冯祖鸣博士、叶中豪教授、纪春岗教授、刘诗雄特级教师、边红平特级教师、付云皓博士、郑焕博士、王彬博士、冷福生博士、袁汉辉博士等,及曾经参加过 CGMO 的命题、阅卷和评奖工作的裘宗沪教授、潘承彪教授、苏淳教授、刘江枫教授、陶平生教授、张正杰教授、吴伟朝教授、张同君教授、钱展望特级教师、冯跃峰特级教师、祁建新特级教师、瞿振华博士、艾颖华博士、邹宇博士、何忆捷博士、施齐焉博士等,他们的辛勤劳动和高超的数学才华,为参赛选手提供了许多新颖有趣、形式优美、解法奇妙、背景深刻和富于创新的好题;感谢历届承办 CGMO 的学校珠海之星实验学校(人大附中珠海校区)、武钢三中、南昌二中、东北师范大学附属中学、新疆建设兵团二中、华中师范大学第一附属中学、中山纪念中学、厦门市双十中学、石家庄二中、深圳市第三高级中学、广东实验中学、浙江省镇海中学、华南师范大学中山附属中学、深圳市高级中学、北京四中、重庆八中、成都市树德中学、武汉外国语学校等,是这些学校领导和老师卓越的组织工作,给参赛选手提供了良好的生活、学习、参赛环境和丰富多彩的活动,使每届活动能圆满成功。

作者介绍 朱华伟

深圳中学校长,华中科技大学教育学博士,二级教授,博士生导师,特级教师,国务院政府特殊津贴专家,全国优秀教育工作者,深圳市政协常委,美国加州州立大学高级访问学者。兼任创新人才研究会副会长,中国高等教育学会教育数学专业委员会常务副理事长,中国数学会教育委员会委员,曾任第50届国际数学奥林匹克中国国家队领队、主教练,率中国队获团体冠军。在《人民日报》《光明日报》《中国教育报》《人民教育》《中国教育学刊》《课程·教材·教法》及国内外数学期刊发表论文 100 余篇,出版著作 100 余部。1998 年获评湖北省十大杰出青年,2008 年获评广州市优秀专家,2018 年获国家级教学成果奖二等奖,2019 年获评深圳教育改革先锋人物。

中国西部数学邀请赛

◎ 刘诗雄

迄今,中国西部数学邀请赛已走过了曲折的十九年。

中国西部数学邀请赛肇始于国家启动西部大开发之后不久的 2001 年。在此之前,中国已连续多年在国际数学奥林匹克中取得优异成绩,与此同时,无论全国高中数学联赛,还是中国数学奥林匹克(冬令营)都表现出东强西弱的明显差异。出于"最大限度地调动西部地区的学校能够积极地参与到数学竞赛这一活动中来",为西部地区提供一个让优秀学生脱颖而出、数学教师锻炼成长的平台,促进西部数学和科学教育水平的提高的目的,一直做着"我愿意做的事"的裘宗沪先生提出举办西部数学竞赛的想法,得到了中国数学会奥林匹克委员会的支持和西部地区大多数省、市、自治区数学会普委会的积极响应。

首届中国西部数学奥林匹克于 2001 年 11 月初在古城西安举行,来自西部 11 个省、市、自治区和山西、江西、海南、香港的中学生代表队参加了比赛。著名数学家潘承彪教授担任了第一届和 2002 年在兰州举办的第二届西部数学奥林匹克主试委员会主任,此后担任过国际数学奥林匹克中国国家队领队的陈永高、熊斌、李胜宏、冷岗松、朱华伟等先后担任了主试委员会主任,2000年之后的两届中国数学奥林匹克委员会委员差不多都先后参与了历届西部数学奥林匹克及后来更名为中国西部数学邀请赛的命题和组织工作,每届西部数学奥林匹克都能邀请到大学和中学对数学或数学教育深有研究的专家参与命题,使得西部数学奥林匹克的试题一直具有较高的水平。西部数学奥林匹克参赛对象以高二学生为主,比赛分两天进行,每天上午四个小时做四道题,试题整体难度相当于全国联赛加试难度。2012 年之前每届竞赛获第一、第二名的学生可以直接参加国家集训队的训练。

2012 年是中国西部数学奥林匹克艰难转型的一年,之前,中国西部数学奥林匹克一直由中国数学奥林匹克委员会举办,从 2012 年起中国数学奥林匹克委员会不再直接作为中国西部数学奥林匹克的举办单位,这让有些西部省区数学会普委会对中国西部数学奥林匹克的态度变得微妙。20 世纪 90 年代年已花甲的裘宗沪先生,至今几乎把所有的精力放到了动员和组织数学奥林匹克这项功在人心、利在未来的事业上。经过裘宗沪先生的工作,北京四中校长刘传铭先生同意以其在呼和浩特的北京四中分校的名义承办了当年的竞赛活动,这是对这项西部广大师生喜爱的竞赛活动的极大支持,使得西部数学奥林匹克没有断档。遗憾的是除了北京四中呼和浩特分校的学生外,内蒙古并没有派出学生参加本次比赛,而且以后也没有再派出学生参加后面的任何一次西部数学邀请赛,其实内蒙古是有很多学校和学生希望参加这项比赛的。正是在这次比赛期间,西部大多数省市区普委会和部分承办过西部数学奥林匹克的中学的有关人员开会确定了两件事:自 2012 年起,中国西部数学奥林匹克更名为中国西部数学邀请赛继续办下去;由冯志刚(上海中学)、刘诗雄(华南师大中山附中)、刘志军(西南大学)、蔡亲鹏(海南大学)、王海明(兰州大学)组成西部数学邀请赛执委会牵头有关组织工作。裘宗沪先生给参加西部数学奥林匹克的朋友写了一封信,当看到投映在大屏幕上弯弯曲曲的字句时,大家不难想象轮椅上裘宗沪先生是怎样用颤巍巍的手写下这情真意切的嘱托,无不为之动容。这次会议还决定西部数学邀请赛从 2013 年起由每年的十月上旬改为八月中旬举行。中国数学奥林匹克委员会同意,从 2012 年起,每届竞赛获得前六名的学生结合全国联赛成绩可以参加中国数学奥林匹克(冬令营),这让人多少感到了一些西部数学邀请赛的正当性。

中国西部数学邀请赛之所以困难重重而又得以延续,应该有多方面的理由。西部的孩子需要一个能让他们得到锻炼和展示的平台,这个平台有较高水平、能够让他们自由交流并脱颖而出,中国西部数学邀请赛给了西部孩子一个纯粹的保持、发展兴趣的可能。西部不乏人才,在中国参加国际数学奥林匹克最初几年,几乎每年都有西部学子的身影,1989 年国家队甚至有 4 名选手来自西部。但自 1991 起西部沉寂了十年之久,西部数学奥林匹克的开展再次燃起西部学子对于数学的热情,西部学子的身影又时常出现在了国家队。

当理想化地希望学生更多地参加所谓科技活动、综合实践活动时,我们不应忽视两个基本的实事:传统文化的抗逆性和现实资源的稀缺性。不能把社会上号称的奥数和某些学校的极端做法与以培养科学兴趣、发现科学人才为主旨的数学奥林匹克混为一谈,对于学习环境和资源处于相对更加劣势的西部孩子,别开生面的数学竞赛活动或许能让他们与发达地区的孩子同时看到学习与未来的同一片天空。很多信息显示,这一二十年来产生的国内外青年科学俊彦似乎西部学子的比例要大一些。这也是为什么以四川、重庆等为代表的广大西部数学教育界的同仁、中学校长和少年学子始终对西部数学邀请赛保持热情的原因之一。与重视数学竞赛、人口比我国十分之一略多而数学大师层出不穷的俄罗斯比,辽阔的西部有足够的理由有一个规范的高水平的西部数学邀请赛!

西部数学邀请赛的目的和组织过程很单纯,单纯的就像永远漂浮在西部辽阔的蓝天上的白云。元老、裘老、潘老等前辈无论遥远的嘱托还是亲力亲为都只有对西部数学教育和西部学子的殷切期待;吴建平教授、熊斌教授、冯志刚校长默默地为西部数学邀请赛做了大量工作;冷岗松教授是担任命题委员会主任次数最多的专家;对于先后参加西部数学邀请赛的组织和命题工作的专家和优秀中学教师来说,克服困难挤出时间到西部来就是心甘情愿地参加一次公益活动。在王杰教授担任中国数学奥林匹克委员会主席期间的大多数年份都亲临西部数学奥林匹克现场,他简朴的讲话总能让人感到鼓舞和踏实。西部数学邀请赛一直不乏朋友,感谢陶平生教授在西部数学奥林匹克处于困境时,首开先例把一个有着一定国际色彩的竞赛活动办到了一个美丽的县城——玉山,也是陶平生教授第一次把西部数学奥林匹克办到省会以外的城市。感谢香港喜运佳公司李福生先生、开明出版社、河南教育社和一些不愿具名的单位对西部数学邀请赛无私的支持!2019 年的西部数学邀请赛,遵义这座富于红色传奇的城市和遵义四中张志奎这位并非数学专业毕业而有几分豪放的校长,让人感到西部土地和数学的力量。西部数学邀请赛吸引了新加坡、罗马尼亚、印度尼西亚、马来西亚、菲律宾等国代表队先后参加,国际数学奥林匹克劲旅哈萨克斯坦代表队从第三届开始参加了后面每一次竞赛活动,而且好几届他们都派出了已获得过国际数学奥林匹克金银牌的选手参赛。

正是因为有众多支持者的参考,西部数学邀请赛才得以持续健康的发展。

作者介绍　刘诗雄

华南师范大学中山附属中学校长,数学特级教师,中国数学奥林匹克高级教练,享受国务院政府特殊津贴,获"苏步青数学教育奖"一等奖。长期从事数学教育研究和数学拔尖人才的培养工作,取得了突出成绩,指导的学生曾获第36届IMO满分。在其担任武钢三中校长12年间,武钢三中先后有11人次获国际中学生数学奥林匹克奖牌,武钢三中是"中国数学奥林匹克协作体核心学校"。主编《高中竞赛数学教程》(与熊斌先生一起)、《初中数学竞赛跟踪辅导》等数学奥林匹克图书。多次获得湖北省科技进步奖、湖北省科普著作奖。

中国东南地区数学奥林匹克

◎ 陶平生

宋代诗人苏东坡在美丽的富春江畔,曾经留下了这样的诗句:"春山喋喋鸣春禽,此间不可无我吟。"然而,自从我国 1986 年参加 IMO 活动以来,十七八个年头中,本是物华天宝,人杰地灵的东南地区却无甚建树,成绩很不理想。清代钱塘诗人龚自珍曰:"九州生气恃风雷,万马齐喑究可哀。"

为了改变这一状况,裘宗沪先生在其专著《数学奥林匹克之路——我愿意做的事》一书中写道:"2003 年秋,我约请了福建、浙江、江西三省十七所中学,在江西鹰潭聚会,他们是:福州一中、龙岩一中、莆田一中、漳州一中、厦门双十中学、温州中学、宁波效实中学、宁波镇海中学、杭州学军中学、杭州二中、江西师大附中、鹰潭中学、南昌二中、南昌十中、景德镇一中、上饶一中、临川一中,我向他们建议搞一个东南数学奥林匹克……十七个学校一致同意,而且积极性很高。"于是,一项新的数学竞赛活动,东南地区数学奥林匹克由此兴起。

2004 年 7 月 8 日至 12 日,首届东南赛在浙江省温州中学举行,参赛者除了来自以上十七所学校外,上海中学、石家庄二中、青岛二中、哈尔滨师大附中、广东中山纪念中学等学校也组队参加了这次活动。历届东南地区数学奥林匹克承办学校如表 1 所示。

表 1 历届东南地区数学奥林匹克承办学校

届次	活动时间	承办地	承办学校
1	2004 年 7 月 8 日—12 日	浙江	温州中学
2	2005 年 7 月 25 日—30 日	福建	福州一中
3	2006 年 7 月 25 日—30 日	江西	南昌二中
4	2007 年 7 月 25 日—30 日	浙江	宁波镇海中学
5	2008 年 7 月 25 日—30 日	福建	龙岩一中

届次	活动时间	承办地	承办学校
6	2009 年 7 月 25 日—30 日	江西	江西师大附中
7	2010 年 8 月 15 日—19 日	台湾	彰化县鹿港高中(开幕、考试) 台北市建国中学(闭幕、颁奖)
8	2011 年 7 月 25 日—30 日	浙江	宁波北仑中学
9	2012 年 7 月 25 日—30 日	福建	莆田一中
10	2013 年 7 月 25 日—30 日	江西	鹰潭一中
11	2014 年 7 月 25 日—30 日	浙江	杭州富阳中学(高一、高二)
12	2015 年 7 月 25 日—30 日	福建	宁德福安一中(高一、高二)
13	2016 年 7 月 28 日—8 月 2 日	江西	南昌莲塘一中(高一、高二)
14	2017 年 7 月 28 日—8 月 2 日	江西	上饶玉山一中(高一、高二)
15	2018 年 7 月 28 日—8 月 2 日	福建	晋江养正中学(高一、高二)
16	2019 年 7 月 28 日—8 月 2 日	江西	吉安一中(高一、高二)
17	2020 年 8 月 5 日—8 月 8 日	浙江	诸暨市海亮高中(高一、高二)

2014 年第 11 届东南地区数学奥林匹克由浙江省富阳中学承办,自这届开始,赛事由原先的高一学生参加扩充为高一、高二两个年级学生参加,命制两份试卷,同时邀请了港澳地区一些著名高校参与了竞赛的命题工作,这些高校也将东南地区数学奥林匹克与自主招生选拔挂钩,使得全国各地中学参与东南赛的热情进一步的提高。

值得一提的是,在大陆举办的每届东南赛,不仅仅是一次比赛活动,同时也是一次文化交流活动和爱国主义教育活动。每届比赛中,我们都邀请了军人、英模和著名科学家为参赛学生做相关报告,例如 2019 年由吉安一中承办的"井冈杯"数学夏令营暨第 16 届东南赛,参与活动的学生有近一千六百人,除了竞赛活动外,还组织学生参观了井冈山革命斗争有关历史旧址以及"将军村",邀请了中国载人航天工程首席科学家欧阳自远院士给学生做关于"探月工程"的科普报告。欧阳院士为母校吉安一中题词:吉星谱青史,庐陵才俊承一脉;安邦续华章,井冈贤杰砥中流。(在题词之中嵌入了"吉安一中"校名)如下页图所示。

校友欧阳自远院士为母校吉安一中题词

一年一度的中国东南地区数学奥林匹克,已经成为数学爱好者的一次次盛会。自 2004 年首次举办这项赛事以来,东南地区的数学竞赛水平得到了大幅度的提高,每年都有众多的闽、浙、赣地区的学生入选中国国家集训队,已经有 13 位同学入选国家队,在 IMO 上获得了 11 枚金牌、2 枚银牌。东南赛在各地政府和社会各界的大力支持下,在数学家们的精心组织和参与下,一定会越办越好,为我国数学资优生的发现和培养提供一个合作与交流的平台,为喜爱数学的同学提供一个展示聪明才智的舞台,激励青少年学子努力学习,不断攀登新的高峰。

作者介绍　陶平生

　　1946 年出生,1969 年毕业于南京大学数学系。江西科技师范大学数学与计算机系教授、系主任(已退休),现为江西省数学会副理事长、南昌市数学会理事长,中国东南地区数学奥林匹克组委会成员,并参与了该项活动历届筹备与命题工作。2005 至 2011 年期间,担任全国高考数学(江西卷)命题组组长。自恢复数学竞赛至今的四十余年中,承担了历年南昌市及江西省数学竞赛试卷的命题工作。此外,还承担了 2005 年全国高中数学联赛及全国初中数学联赛的命题工作,参与了 2004 年中国女子数学奥林匹克、2006 年和 2011 年中国西部数学邀请赛的命题工作,参与了自 2005 年至 2016 年期间 IMO 中国国家集训队及国家队教练组工作,以及 2017 年罗马尼亚大师杯中国队(江苏队)培训工作。

全国数学竞赛命题研讨会

◎ 熊　斌

　　我国的数学竞赛活动,相对于其他国家,起步不算早。而且在"文革"那段时间(包括前后),我们停止了10多年。上世纪80年代以后,中学生参加数学竞赛活动的热情高涨,不少大学、中学教师投入到数学竞赛辅导和数学资优生的发现与培养行列中。我国自1985年参加了中学生国际数学奥林匹克(IMO),总体上取得了相当不错的成绩,在所有的参赛队中始终属于第一梯队。早年,我国曾经提供了一些IMO的预选题,并有3个题被选为IMO的试题(分别是第27届的第2题,第32届的第3题和第33届的第3题),后由于多种原因没有提供,近几年来我们又开始向IMO提供预选题。

　　近20年来,相对来说,大学教师参与培训工作的人数有所减少,大量的培训工作由中学教师来承担。而我们在教师的培养上还存在不足,"数学竞赛"方向的研究生人数不多,而且这些研究生毕业后也未必承担数学竞赛教练的工作。因此,提高数学竞赛教练员的业务水平迫在眉睫。当然,教练员的业务水平包括多方面的,其中命题能力是一个重要的方面,因此把教练员组织起来、一起交流命题经验很有必要。在原中国数学会普及工作委员会主任、原中国数学奥林匹克委员会副主席、中科院数学与系统科学研究院裘宗沪教授的大力倡导与支持下,由华东师范大学国际数学奥林匹克研究中心主办(后和上海市核心数学与实践重点实验室共同主办)了全国数学竞赛命题研讨会。迄今已有十多年了,共举办了10届。下面对命题研讨会做一些回顾。

　　命题研讨会的活动得到了多方面的支持,华东师大出版社作为协办单位,始终协助参与了活动的组织工作及部分会议材料的整理工作。这个活动,一年一年能开展得如此之顺利,更是得到承办者在人力、物力上的支持,除第二届由天津华英学校与南开大学联合承办外,其他各届均由中学承办。第1届由上海中学承办,第10届又回到了上海中学。前10届的承办学校、年份、与会人数如表1所示。

2010年全国数学竞赛命题研讨会
1月31日 上海

表1 历届命题研讨会承办学校和参加人数

届次	年份	承办学校	参加人数
1	2010	上海中学	26
2	2011	南开大学	38
3	2012	华中师范大学第一附属中学	63
4	2013	中国人民大学附属中学	71
5	2014	哈尔滨师范大学附属中学	67
6	2015	郑州外国语学校	92
7	2016	福州第一中学	90
8	2017	华南师范大学中山附属中学	146
9	2018	绵阳东辰国际学校	149
10	2019	上海中学	158

　　每一届的命题研讨会,承办方都付出了很多心血,学校校长亲自领导、组织安排各个环节。在此,我们要感谢上海中学唐盛昌校长、冯志刚校长,天津华英学校李忠校长,华中师范大学第一附属中学张真校长,中国人民大学附属中学刘彭芝校长,哈尔滨师范大学附属中学刘大伟校长,郑州外国语学校王中立校长,福州第一中学李迅校长,华南师范大学中山附属中学刘诗雄校长,绵阳东辰国际学校祝启程校长。近年来,学而思的张宇鹏、黄硕也为命题研讨会做了不少工作。没有他们的大力支持和精心安排,以及有关老师的付出,命题

研讨会不可能发展到今天这个样子。

开始的时候,命题研讨会的规模不大,第一届只有 26 人。这个活动与其他学术活动不同,我们一方面控制人数,不希望参加的人数太多,是为了避免过多地增加承办方的负担;另一方面注重会议的实效,绝大部分与会者都要求发言交流、共同研讨。所以是邀请制,在会议通知上罗列了所有与会者的名单。不过,欲参加者越来越多,他们热情很高,只能逐渐扩大规模。之后,由于另一个活动(全国数学竞赛教练员高级研修班)是培养年轻的数学竞赛教练员的,俗称"黄埔",而且部分人员有所重合,所以后几次的命题研讨会与"黄埔二期"结合,规模超过了百人。总之,这个活动的与会者,不只是"获取者",更是"分享者",而这需要分享者在这一年中对数学竞赛的命题工作有思考、有研究、有实践、有收获,所以会议的规模也不会太大。

历届的命题研讨会中,主要就如下主题进行了深入的探讨、研究和交流:

什么是好的数学竞赛题;

数学竞赛命题的常用方法;

命题教师的命题经验和体会分享;

国内外数学竞赛的历史与现状;

数学资优生的发现与培养的理论与实践;

数学竞赛与数学研究等。

更多的是,与会者将自己原创的试题就来源、问题的呈现、分析、拓展、使用等作分享,其中不乏高质量的试题。在这个过程中,我们欣喜地看到,一批有学术内涵又有教育功能的试题在不断涌现,数量在不断增加,命题者的水平也在不断提高。近年来,参加命题研讨会的年轻的中学数学竞赛教练员羊明亮、张甲、石泽晖、王广廷、张新泽、张端阳、施柯杰等参与了中国西部数学邀请赛等数学竞赛的命题工作,提供了一批好题。

曾经有两届,命题研讨会设置了像 IMO 一样的模拟选题环节,有一届的主持人由熊斌、瞿振华、顾滨担任,全体与会者参与其中,会议气氛热烈。这是高端的数学教师交流活动,有提问、有质疑,是思想的碰撞,大家收获颇丰。

随着会议人数的增加,内容的丰富,从第 7 届开始,会议形成了大会报告和分组报告两个环节。大会报告者做了精心的准备,涉及的内容有:

《数学竞赛命题漫谈》;

《近两年与数表和棋盘有关的组合题》；

《北京市数学竞赛教练员讨论班介绍》；

《奥数图书的市场分析》；

《2017 年西部竞赛命题工作的一些体会》；

《2018 年国家集训队试题评析与统计》；

《数学竞赛优胜者会成为数学家吗——一项实证研究》；

《关于数学竞赛的一些回忆与思考片段》；

《第 33 届中国数学奥林匹克命题工作的调查研究》；

……

特别值得一提的是,冷岗松教授每一次都做主题报告,每次都是这一年新的思考、新的视野,高屋建瓴,给与会者耳目一新之感。所报告的题目有:《寻找同色等腰梯形》《命题的实践与探索》《诱发新题例说》《命题拾贝》《难度评估与问题创作》《数学感悟几则》《例说数学阅读与思考》《谈谈数学学习的改进》等。

分组报告按照 IMO 的内容划分为四个组,更多的时候,我们要求中学老师担任主持人,而曾经担任过国家队领队和教练的冷岗松、余红兵、冯志刚、瞿振华等参与听讲,不时地提出问题。

历年的活动中,冷岗松、倪明、羊明亮等从未缺席过,冯志刚、余红兵、瞿振华、邹瑾、李炘、徐胜林、李朝晖、岑爱国、李建国、张新泽等只是因公务繁忙或重要的活动冲突而偶有缺席,此外,近 5 年来陈传理、吴建平、张正杰、梅全雄每次必到。作为活动的组织者,有这么一批"铁杆"的支持者,增强了自己必须把活动做好的信心。

这些年来，裘宗沪教授一直关心和指导命题研讨会的工作，由于身体的原因，他无法每次直接与会，但多次发来了热情洋溢的致辞。第4届的研讨会在北京召开，那次王元院士、裘宗沪教授、潘承彪教授都参加了会议，

王元(右)和裘宗沪(左)在第四届命题研讨会上分别致辞

给大家以很大的鼓舞。此外，王杰教授、陈敏教授、李伟固教授、朱华伟校长、刘诗雄校长、姚一隽教授、陶平生教授等，也一直支持、关心和指导命题研讨会的工作，让我们对继续办好命题研讨会增强了信心。

首届命题研讨会参加会议的教师有 26 人，第 10 届参加会议的教师已经达到 158 人，命题研讨会的影响力逐步扩大。命题研讨会为命题和训练提供了切磋交流的平台，提高了命题的水平。从参加会议老师提供的试题来看，内容越来越丰富，质量越来越高，具有相当的水准。

在大家的关心和支持下，在参会人员的共同努力下，命题研讨会一定会越办越好，继续为大家提供一个命题和解题的交流平台。愿我们不忘初心，努力为我国的数学资优生的发现和培养做出贡献。

数学竞赛命题漫谈

◎ 冷岗松　熊　斌

命题是数学竞赛活动中的关键。

命出一套高质量的试题,是所有命题者的追求。

我们多年参加全国各类数学竞赛的命题活动,深感命题是一项极富挑战性且极为艰巨的任务。每次参加命题活动,都有一种如履薄冰的感觉。命题结束之后,试题通过学生的检验,总能发现一些瑕疵或不足,成为"遗憾"的艺术,留给后来者思考。

本文介绍我们参加数学竞赛命题活动的一些体会。

一、什么是好的数学竞赛问题

数学竞赛问题的质量如何,可以从数学本身与教育价值两个视角加以评判。

数学的评判标准是:它应当是自然的、合理的数学问题;或许,它应当还是优雅的数学问题(结构对称,表述简洁);或许,它应该具有一定的奇异性(视角独特,结果令人惊讶)。

教育的评价标准是:它必须是在一定的考试时间里可能被学生解决的问题;它应当是难度适中、入口较宽、起点不太高(要求的背景知识不能太多)、解答不太繁复的轻巧的数学问题。

我们不妨看一些例子。

题 1 (2017 年中国西部数学邀请赛,张端阳供题)设整数 $n \geqslant 2$,证明:对任意正实数 $a_1, a_2, \cdots, a_n$,都有

$$\sum_{i=1}^{n} \max\{a_1, a_2, \cdots, a_i\} \cdot \min\{a_i, a_{i+1}, \cdots, a_n\} \leqslant \frac{n}{2\sqrt{n-1}} \cdot \sum_{i=1}^{n} a_i^2 \, 。$$

此问题中 min 与 max 形成强烈对比,富有美感,且结果中系数是最优的。

题 2 （2019 年中国女子数学奥林匹克，冷福生供题）给定坐标平面上的平行四边形 $OABC$，设 O 是原点，A、B、C 都是整点（坐标都是整数）。证明：对于 $\triangle ABC$ 内部及边界上的任意整点 P，存在 $\triangle OAC$ 内部及边界上的整点 Q、R（可以相同），使得 $\overrightarrow{OP} = \overrightarrow{OQ} + \overrightarrow{OR}$。

该问题源于供题者科研中的副产品，极富新意，结果令人惊讶。

题 3 （2018 年春季新星数学奥林匹克，饶家鼎供题）设 $n \in \mathbf{N}^*$ 不为 2 的幂。证明：n^n 可以表示为

$$n^n = a_1^2 + a_2^2 + \cdots + a_n^2,$$

其中 a_i 为正整数，且 $n \nmid a_i$，$i = 1, 2, \cdots, n$。

此问题形式优美，简洁。眼光"毒辣"、素以要求严格著称的余红兵教授认为这是一个 top 级的数论好题。

二、 什么是一套好的数学竞赛试卷

好的数学竞赛问题的堆砌，未必是一套好的数学竞赛试卷。

一套好的数学试卷，必须有容易题、中等难度题和难题，内容上也需涵盖四大板块（几何、代数、数论和组合）。又因为参赛的中学生水平参差不齐，试卷除了选拔功能之外，还必须照顾其中基础较弱的学生，使他们的得分不能太低，以免伤害他们学习数学的自信心。这样，试题的"搭配"和"组装"是一个复杂的系统工程。时常只能"忍痛割爱"，去掉一些本身是很好的数学问题。命题者必须有整体的眼光和大度。

下面我们点评一下 2019 年中国西部数学邀请赛试卷。

1. 求所有的正整数 n，使得 $3^n + n^2 + 2019$ 是一个完全平方数。（邹瑾供题）

2. 如图，在锐角三角形 ABC 中，$AB > AC$，点 O、H 分别为其外心和垂心，点 M 为边 BC 的中点。设 AM 的延长线与 $\triangle BHC$ 的外接圆交于点 K，直线 HK 与 BC 交于点 N。证明：若 $\angle BAM = \angle CAN$，

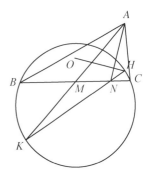

则 $AN \perp OH$。（张甲供题）

3. 设 $S = \{(i, j) \mid i, j = 1, 2, \cdots, 100\}$ 是直角坐标平面上的 100×100 个整点构成的集合。将 S 中的每个点染为给定的四种颜色之一。求以 S 中四个颜色互不相同的点为顶点，且边平行于坐标轴的矩形个数的最大可能值。（瞿振华供题）

4. 设 $n(n \geqslant 2)$ 是给定的整数。求最小的实数 λ，使得对任意实数 x_1，x_2，$\cdots$，$x_n \in [0, 1]$，存在 ε_1，ε_2，$\cdots$，$\varepsilon_n \in \{0, 1\}$，满足：对任意 $1 \leqslant i \leqslant j \leqslant n$ 都有

$$\left| \sum_{k=i}^{j} (\varepsilon_k - x_k) \right| \leqslant \lambda。$$

（张端阳供题）

5. 如图，在锐角三角形 ABC 中，$AB > AC$，点 O、H 分别为其外心和垂心。过点 H 作 AB 的平行线交 AC 于点 M，过点 H 作 AC 的平行线交 AB 于点 N。设 L 为 H 关于 MN 的对称点，直线 OL 与 AH 交于点 K。证明：K、M、L、N 四点共圆。（石泽晖供题）

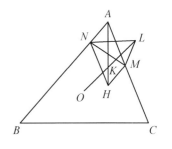

6. 设 $n(n \geqslant 2)$ 个正实数 a_1，a_2，$\cdots$，a_n 满足 $a_1 \leqslant a_2 \leqslant \cdots \leqslant a_n$。证明：

$$\sum_{1 \leqslant i < j \leqslant n} (a_i + a_j)^2 \left(\frac{1}{i^2} + \frac{1}{j^2} \right) \geqslant 4(n-1) \sum_{i=1}^{n} \frac{a_i^2}{i^2}。$$

（王广廷供题）

7. 证明：对任意正整数 k，至多存在有限个集合 T，满足下列条件：

(1) T 由有限个素数组成；

(2) $\prod_{p \in T} p \mid \prod_{p \in T} (p + k)$。（羊明亮供题）

8. 称形如 $\{x, 2x, 3x\}$ 的集合为"好的"。对给定的整数 $n(n \geqslant 3)$，问：由 n 个正整数构成的集合最多能有多少个"好的"子集？（羊明亮供题）

这套试卷中的每个问题均不是陈题，似乎也没有准陈题，都是非常精致新颖的数学问题，均经过供题者和命题组所有人员的反复讨论，模块搭配合理。总体来说，这是一套很好的数学竞赛试卷。但是这套试卷对于西部的学生来

讲,还是难度过大,似乎更像一套 CMO 的试题。

上面的第六题是王广廷建立的贝塞尔(Bessel)积分不等式的离散版本。其实,他给出了难、中、易三种版本。我们选择的是中等难度的版本,从考试的结果来看,得分率仅有 20.7%,放在第六题的位置,难度大了一些。如果用下面容易的版本,对于考试的效果可能是更好的:

设 $n(n \geqslant 2)$ 个正实数 a_1,a_2,$\cdots$,a_n 满足 $a_1 \leqslant a_2 \leqslant \cdots \leqslant a_n$。求最大的实数 $\lambda(n)$ 使得:

$$\sum_{1 \leqslant i < j \leqslant n} (a_i + a_j)\left(\frac{1}{i} + \frac{1}{j}\right) \geqslant \lambda(n) \sum_{i=1}^{n} \frac{a_i}{i}。$$

另外,上面的第三题结果很难猜测,是一道颇有难度的组合极值问题,它和第四题换一下位置或许使第四题的得分率高一些,这样难度设计更合理。

三、 陈题与准陈题

命题的大忌是出陈题和准陈题。

数学竞赛试题并不要求都是命题者原创。恰恰相反,把一些数学家前沿成果的初等衍生品作为竞赛试题,可使现代数学的一些思想和方法通过数学竞赛这种方式传播,这是很有意义的。

这里的所谓陈题,就是国内外已往的数学竞赛试题中或中学数学竞赛资料出现过的问题。它的一个衡量标准是有参赛的部分学生熟悉这个问题。陈题通常也是好问题,这也是它被反复发现和关注的原因。但陈题最大的坏处有损公平性,使得考试成绩客观上有"水分",从而影响数学竞赛的选拔功能和激励效果。

准陈题是指形式上稍有改变,但本质上是陈题。准陈题的副作用和陈题是一样的。在命题过程中,需要所有参加命题人员反复讨论,以识别准陈题。2014 年 USAMO 有这样一道题:

题 4 证明:存在无穷点集$\cdots$,P_{-3},P_{-2},P_{-1},P_0,P_1,P_2,P_3,$\cdots$ 使得具有下面性质:对任意三个不同的整数 a、b、c,点 P_a、P_b、P_c 共线当且仅当 $a + b + c = 2014$。

这个题实际上是一个准陈题,它本质上和 2008 年 MMO(地中海数学奥林匹克)中的下面试题相同:

题 5 是否存在平面上两个无穷点列 A_1,A_2,… 和 B_1,B_2,… 使得对 $\forall i$,j,k,$1 \leqslant i < j < k$,

(1) B_k 在直线 A_iA_j 上当且仅当 $k = i + j$。

(2) A_k 在直线 B_iB_j 上当且仅当 $k = i + j$。

这个问题还可以另外用稍微一般的形式写出,它也是一个准陈题:

题 6 求所有的实系数多项式 P,使得对任意满足和为 0 的实数 x、y、z,有 $(x,P(x))$、$(y,P(y))$ 和 $(z,P(z))$ 三点共线。

当然,在训练的时候,把这三个问题放在一起,让学生提炼出结论:在次数大于 1 的多项式中仅有三次多项式有三点共线结构,也是有趣的讨论话题。

四、 难度评估

命题活动中一个很有技术含量的重要工作就是难度评估。

取舍问题并形成一套试卷时,难度的考量是一个重要因数。IMO 的难度控制一般来说是成功的,这取决于它的选题流程:首先组委会根据各国领队的打分评估,把代数、组合、几何与数论四类预选题的每一类分为简单、中等、难题三档,然后全体领队投票先选出两个简单问题,再投票选出两个难题,最后投票产生两个中等题。

难度评估必须注意下面的一些要点:

(1) 换位分析难度:命题者必须站在学生的角度,从学生拥有的知识结构和解题手段出发,分析问题中的难点。

(2) 新颖度和复杂度是决定难度的两大要素:如果问题的解题方法不是常规手段,要求有创新的话,这样的题往往是难题。复杂的计算和步骤往往也会增大难度,使学生望而止步。

(3) 方法的单一和多样是影响难度的要素:一般来说,"华山一条路",方法单一的题,难度较大。方法多样的题往往容易一些。因此,命题者寻求试题的多种解法,对评估难度是很有作用的。

（4）"棘手"的难度排序：一套试卷按照难度递增排序是十分必要的,这样可以大大提高学生的解题效率。但这是一项困难的工作,我们必须把每个题的难点进行分拆比较。大多数考试结束之后,命题组的难度评估和学生考试结果所反映的,往往有一定的差距。为使这种误差尽量小,细致的分析和讨论十分必要！

五、 命题队伍建设

命题还是一项系统工程。一些固定的大型比赛,每年要命出高质量的试题,必须有一支相对固定的高水平的命题队伍。命题成员不但应是某个领域（代数、平面几何、组合与数论）的专家,还应是数学竞赛活动的热爱者、有心人,平时注重问题的积累,并怀谦卑之心主动接触和了解中学数学教学现状,了解自己的服务对象——中学生。

大多数初次参加数学竞赛命题的年轻人,即使他有很好的数学研究素养,对命题工作还是生疏的,甚至认为从经典的大学数学教材中照搬一些漂亮的初等结论便可作为试题,但事实上,这些结论早已被作为数学竞赛试题使用过。因此,命题工作者也需要一个培养和锻炼的过程。

裘宗沪先生很早就重视命题队伍的建设。从 2001 年开始,他创建西部数学竞赛时,就定位西部竞赛的两大功能：一是给西部的数学资优生提供一个交流平台,二是锻炼年轻的命题队伍。因此,前几届他请来了著名数学家潘承彪先生担任命题主试委员会主任。正是在裘先生和潘先生的鼓励和指导下,当年参加命题的一些年轻人从眼光、素养、技术上都取得了长足的进步。

提高在命题工作中中学教师的参与度,这是十分重要的。西部竞赛一直邀请优秀的中学教师参加命题工作,现在他们逐渐成为命题工作队伍的主体。事实证明,他们命出的试题质量特别高,因为倾注了大量的时间和精力,这些问题都是他们"打磨"出来的精品。特别值得一提的是,华东师范大学国际数学奥林匹克研究中心连续十年举办的命题研讨会,被称为数学奥林匹克中的"武林大会",广泛邀请一线的中学老师参与交流,大大提升了中学教师命题的兴趣和水平,产生了一大批高质量的问题。

六、 命题活动的定量分析

数学竞赛命题活动需要不断总结经验,发现不足。或许,建立一个长期定量分析机制是十分必要的。

邹瑾对西部数学邀请赛的难度和质量做过多年的研究,其中有不少定量的分析。但是其他的国内数学竞赛未有这方面的工作,今后值得尝试和探索。

七、 两种命题方法

常见的两种命题方法是:

1. 引用型命题法

顾名思义,引用型命题就是从一些数学家的前沿数学研究论文和专著中选取其中的初等结论(某个引理和定理),将其叙述初等化和趣味化,有时还需稍加改造。这种命题方法的好处是:首先产生的问题一般不是陈题,即新颖性有保证;其次可普及一些现代数学的知识和方法,对开阔学生视野大有裨益;第三个好处是省事、省力,命题者可享受"拿来"的快乐。

下面举一个例子。

题 7 (2018 年国家队选拔考试)设实数 $\lambda \in (0,1)$,n 是正整数。证明:多项式

$$f(x) = \sum_{k=0}^{n} \binom{n}{k} \lambda^{k(n-k)} x^k$$

的每个根的模都为 1。

这是著名物理学家杨振宁与李政道在 20 世纪 40 年代一文中结果的简化版本,由姚一隽教授提供、瞿振华教授修改而成。

遗憾的是,引用型命题时常派不上用场,因为前沿研究论文中可用作考试题的独立的初等结果是可遇而不可求的。我们有时在美国数学会的数据库中折腾多日,最后还是两手空空。这时只能用小科研制作方法命题了。

2. 科研型命题方法

科研型命题方法通常是选择一个有意义的问题(通常要求有好的研究背景),像做科研一样,通过研究其新的解法,通过改变观察角度,通过反向思维等不断演化出新问题。

如果我们选择的源问题是已有的数学竞赛试题,我们研究的步伐必须走得足够地"远",最好是从题面到方法都完全有别于原来的问题。

下面举一个例子说明。

2011 年,罗马尼亚全国联赛(Rom Dis)中有下面一题:

题 8 设 z_1、z_2、z_3、z_4 是 4 个模为 1 的复数,且满足 $z_1 + z_2 + z_3 + z_4 = 0$。证明:$z_1$、$z_2$、$z_3$、$z_4$ 中必有两个的和为零。

我们把和为零的 n 个复数,叫做一个 n 元规范组;这个结果说明单位圆上的任何 4 元规范组,一定存在两个对径元。我们进行了如下的思考:

思考 1:单位圆上的 n 元规范组一定有对径元吗?

当 $n > 4$ 时,我们可以构造没有两个对径元的 n 元规范组。这就产生了下面的问题。

题 9 求最大的正整数 $n(n \geqslant 3)$ 使得单位圆上的任意满足 $\sum\limits_{i=1}^{n} z_i = 0$ 的复数 $z_1, \cdots, z_n$ 中存在 $z_i, z_j (1 \leqslant i < j \leqslant n)$,使得 $z_i + z_j = 0$。

思考 2:一般中心对称的平面曲线上的规范四点组一定有对径元吗?

首先考察 p 圆 $A_p = \{(x, y) \mid |x|^p + |y|^p = 1\}$,特别地,$p = 2$ 即为通常的单位圆;$p = +\infty$ 为正方形 $\{(x, y) \mid |x| \leqslant 1, |y| \leqslant 1\}$。

尝试后,我们发现正方形上的规范四点组不一定有对径点。但是对于一般 p 圆 A_p,又构造不出反例。对比单位圆和正方形的差异:前者严格凸,后者非严格凸。这促使我们直接考虑一般的严格凸的封闭的对称曲线。最终产生了:

题 10 设 K 是一个关于原点中心对称的严格凸的平面封闭曲线,z_1,z_2,z_3,$z_4 \in K$ 满足 $z_1 + z_2 + z_3 + z_4 = 0$。证明:存在 $z_i, z_j (1 \leqslant i < j \leqslant 4)$,使得 $z_i + z_j = 0$。

这个问题已经是一个十分新颖的高难度的数学竞赛问题了。

在文章的最后,我们谈及命题工作中的"开疆拓土",即命题者需要不断发现新的命题领域,而把过去熟悉的命题矿藏摈弃掉。这是因为在某一数学领域中命制了几个问题后,相当一部分中学师生们便开始熟悉和研究这个领域,它的一些性质和结果就会被挖掘出来(这种普及的功能主体是正面的),通常后面这个领域便不能再出题了。一个领域的方法和结论被部分学生熟悉后,便难以命制出新颖性很高的问题,即使通过研究产生出了新问题,需要的知识储备平台也高了(可能需要更多的这个领域的基本结论作为引理),也会影响考试的公平性。这一点对于命题者是莫大的挑战!

命题工作任重道远。

作者介绍　冷岗松　熊　斌

冷岗松　上海大学教授、博士生导师。主要研究方向为凸体几何与积分几何。迄今为止,已在 J. Differential Geom. , Adv. Math. , Trans. Amer. Math. Soc. , Math. Z 等学术期刊上发表学术论文 100 多篇。另发表数学竞赛和数学教育的论文 50 多篇。长期担任中国数学奥林匹克国家集训队教练组教练,中国数学奥林匹克(CMO)主试委员会委员。从 2013 年起,一直担任中国西部数学邀请赛主试委员会主任。2007 年担任中国数学奥林匹克国家队领队,2006 年、2009 年担任国家队副领队。2017 年获得华人数学家杰出论文奖(2017 年 ICCM Best Paper Award)——若琳奖;2020 年获得国际数学保罗·厄尔多斯奖(Paul Erdős Award)。

熊　斌　华东师范大学数学科学学院教授、博士生导师,上海市核心数学与实践重点实验室主任,国际数学奥林匹克研究中心主任。从事数学方法论、数学普及与应用、数学解题理论、数学资优生的发现和培养方面的教学与研究。多次担任国际数学奥林匹克中国队领队。受邀在第 14 届国际数学教育大会上作 45 分钟报告。在国内外发表有关数学、数学教育和数学普及方面的论文 100 余篇,主编和编著的著作 150 多本。2018 年获得了国际数学保罗·厄尔多斯奖(Paul Erdős Award)。曾获得上海市五一劳动奖章,上海市教书育人楷模称号。

数学竞赛命题有感

◎ 瞿振华

　　数学问题是数学发展的推动力,困难而深刻的数学问题,需要数学家不断地尝试和创造新的数学理论和工具,在此过程中推动了某个数学领域的发展,甚至创造了新的数学领域。同样地,在以中学生为参赛对象的数学竞赛中,好的数学试题也是一次考试、一次比赛成功与否的重要衡量指标。我国举办的中学生数学竞赛,例如全国高中数学联赛、中国数学奥林匹克、中国女子数学奥林匹克等,兼具普及与选拔双重功能。一套好的试卷既能起到激发学生的学习兴趣,提高学生的数学素养,又能起到为国家选拔人才的效果。可见数学竞赛的重中之重是命题工作。

　　至今仍能清晰记得二十多年前,自己在学生时代遇到过的很多引人入胜的数学问题,这些问题在当时确实引起了我的极大兴趣,而在思考数学问题的时候也从未觉得枯燥,渐渐地让我觉得数学比之其他学科更有意思,也最终走上了数学工作之路。

　　我举几个例子吧。

　　例 1　[西西弗斯(Sisyphus)的苦役]从山脚下至山顶上共有1001级台阶,在第1至第500级台阶上各放有一块巨石。西西弗斯被罚在此搬运巨石,他每次可将一块巨石搬运到往上最近的一级空台阶处,休息片刻,众神则趁机以法力将一块巨石向下推落一级,如果那一级台阶原本是空的。西西弗斯如能将一块巨石搬到第1001级台阶便能脱离苦役。试问众神能否使得西西弗斯的苦役永远持续下去?

（1990 年中国国家集训队训练题）

　　本题以希腊神话故事为背景,读来很有意思。西西弗斯是希腊神话中一个国王,诡谲贪婪,触怒众神,被罚在冥府搬运巨石到山顶,但每次巨石到山顶后又滚落下山,所以西西弗斯的苦役永远无法结束。这个故事也暗示着本题的答案,然而却与常人的直觉相反,颇使人诧异。西西弗斯每次可搬一块巨石向上多级,而众神每次只能使一块巨石向下滚落一级,众神如何能够阻止西西弗斯将巨石搬到第 1001 级呢?

西西弗斯的苦役是一个两人博弈问题,在巨石的有限情形的分布中,寻找出于众神有利的那些分布,并在每一回合结束时保持在这些分布中,即所谓操作中的"不变性质"。众神采用如下的策略:如果西西弗斯将第 s 级台阶上的巨石搬到第 t 级台阶上,$t > s$,此时第 $s+1$ 级台阶上必定有巨石,众神则将第 $s+1$ 级台阶上的巨石滚落到第 s 级上。为说明这个策略能让西西弗斯的苦役永远持续下去,考虑这 500 块巨石所在位置。

设 $a_1 < a_2 < \cdots < a_{500}$ 是巨石所在台阶的级数,可以说明每次西西弗斯将要搬运时,巨石的分布总满足 $a_1 = 1$,且 $a_{i+1} - a_i \leqslant 2$,$1 \leqslant i \leqslant 499$,这样 $a_{500} \leqslant 999$,从而西西弗斯无法将巨石搬运到第 1001 级上。

例 2 设 A 是一个有限非空整数集合,且 $0 \notin A$。证明:存在 A 的子集 B,满足

(i) $|B| > \dfrac{1}{3}|A|$;

(ii) 对任意 $x, y \in B$,均有 $x + y \notin B$。

(1995 年中国国家集训队测验题)

本题是要在一个有限整数集合中估计一个"无和数子集"的大小,对于中学生而言是一个非常困难的问题,甚至对数学工作者而言,若不涉及组合数论这一领域,恐怕一时半会也很难有头绪。相信当时很少有考生能做出。

首先在模 p 的有限域中考虑无和数子集的问题。设 $p = 3k+2$ 是一个模 3 余 2 的素数,$\varnothing \neq A \subset \mathbf{F}_p^{\times}$,那么集合 $A \bigcap \{k+1, k+2, \cdots, 2k+1\}$ 就满足条件(ii),为使条件(i)满足,可选取一个 $a \in \mathbf{F}_p^{\times}$,使得

$$|aA \bigcap \{k+1, \cdots, 2k+1\}| \geqslant \frac{k+1}{3k+1} > \frac{1}{3},$$

这里 $aA = \{ax \mid x \in A\}$。这样,a 的存在性可通过平均值估计的方法来证明,再取

$$B := a^{-1}(aA \bigcap \{k+1, \cdots, 2k+1\}),$$

即可满足条件(i)(ii)。

对于不含 0 的整数集合 A，可以取一个模 3 余 2 的大素数 p，使 p 不整除 A 中所有元素，且模 p 的典范投射 $\pi: A \to F_p$ 是单射，这样 $\pi(A) \subset F_p^\times$，从而可选取 $B \subset \pi(A)$ 满足条件(i)(ii)，于是 $\pi^{-1}(B) \subset A$ 即满足要求。

还有其他一些记忆深刻的题，大多是有趣的组合和数论问题，不一一而举。笔者在近十多年中有幸参与了中学生数学竞赛的命题工作，也提供了不少比赛试题，深感命题工作的不易，常为了命制一个好的竞赛问题思索多日而无所获。

数学竞赛试题不同于高考题，特别在高层次的比赛中，例如中国数学奥林匹克以及国家集训队选拔考试中，需要尽量避免陈题或近似陈题，这是为了选拔的公平性，防止有考生因见到过而占了便宜。这样数学竞赛的命题如同数学科研一样，需要避免与前人的工作相重。另一方面，一个好的数学竞赛题，应该是一个有趣的，有思想性的，有教育功能的，难度适当的，在中学生有限的数学知识储备下，在适当的时间限制里可以解决的问题，并且不应该是计算过于繁琐的题。这样的好题对于一个命题者来说实在是可遇而不可求也，如能发现一个合适的问题，禁不住也会激动一下，仿佛自己证明出了一个小小的定理似的。

怎样命制好的竞赛题呢？我认为命题者首先需要勤于阅读数学文献，充实命题的素材，若总在有限的资料中转圈圈，则终有江郎才尽的一日。其次，还需要命题人有热情，有投入，甘于奉献，做一个有心人。

数学竞赛问题中，有一部分来源于数学文献中的一些初等结果，刚用做赛题时可能并不为中学生所熟悉。例如上面的例 2，是厄尔多斯(P. Erdös)在 1967 年的结果，也可以采用概率方法来写，后来阿隆(Noga Alon)和克莱特曼(Kleitman)还研究了在有限阿贝尔群中无和数子集的问题，得出最佳常数为 $\frac{2}{7}$。这些技巧，组合中的概率方法，现在有不少中学生也都熟悉了，并时常出现于各种数学竞赛中，数学竞赛的普及作用可见一斑。

笔者也有一些供题是直接来源于数学文献中的结论，并经过一些修改，例如下面的例 3。

例 3 设 a、b 是正整数, 且 a 与 b 的最大公约数有至少两个不同的素因子, 设

$$S = \{n \in \mathbb{N}^* \mid n \equiv a \pmod{b}\}.$$

对 S 中的元素 x, 若 x 不能表示成 S 中两个或更多个元素的乘积(这些元素允许相同), 则称 x 是不可约的. 证明: 存在正整数 t, 使得 S 中的每个元素均可表示成 S 中不超过 t 个不可约元素的乘积.

(2015 年中国国家队选拔考试题)

本题要证明在某种同余等差数列中, 尽管不可约分解不具有唯一性, 但每个数的最短不可约分解的长度具有一个上界. 这个结论来自论文: Banister M, Chaika J, Chapman S T, etc. On the arithmetic of arithmetical congruence monoids. Colloq. Math, 2007(108): 105 - 118.

虽然直接引用数学文献中的结论用作数学竞赛试题看似简单, 然而事实上以此方法获得合适的数学竞赛问题却也愈来愈困难. 一方面早期的数学文献中的初等结论早已几乎被挖掘殆尽, 近期的数学文献大部分内容不适合于中学生数学竞赛, 能用作数学竞赛试题的内容少之又少. 因此, 笔者最主要的命题方式是"自主命题", 即自己思考一些问题, 从中获得可用的试题.

有人说数学研究犹如钓鱼一样, 每天静静地思考, 不知不觉中终有所获. 而我感觉自主命题则犹如拿着各种化学试剂在做实验, 看看产生的各种结果哪一个是最恰当的. 一般而言, 自主命题首先需要一些素材, 可能是阅读中发现的问题, 或是某种新的技巧, 接着加以拓展, 猜测一些新的结果, 试着去解决, 当遇到困难或者结果不如意, 就需修改命题, 然后继续尝试解决, 如此反复, 并不断地判断作为试题的难度及合适度, 直至最终形成一个满意的问题. 这一过程短的可能需要半天, 而长的或能持续一周以上, 也有时候一无所获而不得不另起炉灶. 下面分享一个自主命题的经历.

例 4 设 P 是一个由有限个质数构成的集合, A 是一个无限正整数集合, 其中每个元素均有不在 P 中的质因子. 证明: 存在 A 的无限子集 B 使得 B 的任意一个有限子集的元素和均有不在 P 中的质因子.

(2016 年中国国家集训队测验题)

在构思本题的过程中,我的素材是来自组合数论中非常基本的两个对象,正整数序列的密率和间隔,以及正整数集合 B 的所有有限子集的元素和构成的集合 $s(B)$。

设 $p_1 < p_2 < \cdots < p_k$ 是 k 个素数,考虑形如 $p_1^{a_1} p_2^{a_2} \cdots p_k^{a_k}$ 的所有数构成的序列

$$\mathcal{A}: a_1 < a_2 < a_3 < \cdots。$$

通过简单估计可知这个序列的密率为 0,事实上对 $x > 1$,不超过 x 的 a_i 的个数 $\mathcal{A}(x)$ 满足

$$\mathcal{A}(x) \leqslant (1 + \log_{p_k} x) \cdots (1 + \log_{p_k} x) \leqslant (1 + \log_{p_1} x)^k = o(x)(x \to +\infty)。$$

由此可知,序列 $\mathcal{A}$ 的间隔是无上界的,即

$$\limsup_{i \to +\infty}(a_{i+1} - a_i) = +\infty。$$

对一个无限正整数集合 B,考虑 $s(B)$ 与 $\mathcal{A}$ 能有什么有意思的结论,能否 $s(B) \subset \mathcal{A}$? 这是一个非常强的要求,即使是 $B + B \subset \mathcal{A}$ 也是无望的。那么另一个方向的结论呢,即 $s(B) \bigcap \mathcal{A} = \varnothing$? 只需将 B 中每个元素都取某个素数 p 的倍数,p 不同于 p_1,p_2,$\cdots$,p_k,这显然无法作为试题。

如果要求 B 中的数两两互素,可以避免将 B 中的数均取为某个 p 的倍数,利用间隔无上界及归纳构造的方法可以构造出 B。这个的结果仍然不那么令人满意,作为集训队的测试题明显不够格。再次尝试修改命题,如果给定一个无限正整数集合 A,要求选取的无限集合 B 是 A 的子集,且满足 $s(B) \bigcap \mathcal{A} = \varnothing$ 呢? 这个结论如果正确,那么蕴含了前述命题,因此是更强的。在试图解决这个问题时,发现仅依靠 $\mathcal{A}$ 的间隔无上界的性质是不充分的,但如果 $\lim\limits_{i \to +\infty}(a_{i+1} - a_i) = +\infty$,那么归纳构造的方法仍可行,而间隔趋于无穷则等价于对任意正整数 n,不定方程

$$p_1^{a_1} \cdots p_k^{a_k} - p_1^{\beta_1} \cdots p_k^{\beta_k} = n$$

只有有限多组解 $(\alpha_1, \cdots, \alpha_k, \beta_1, \cdots, \beta_k)$。这个丢番图方程的有限解问题应该是正确的,但不属于中学生的知识范围能解决的问题。继续研究,考察每个 a_i 的最大素数幂并结合抽屉原理,发现序列 $\mathcal{A}$ 可以分拆成 k 个序列,每个序列

的间隔都趋于无穷,这便绕过了丢番图方程的有限解,顺利地解决了这一问题,这个结果是令人满意的,考生需要结合已有的解题经验,发掘序列 A 的性质,在遇到困境时能够再有一些创造性的发现来绕过难关。我们评估这个问题的难度应属于集训队中的难题,事实证明最终解出此题的集训队队员不到 10 人。

由上述例子可见,一个好的数学竞赛试题往往需要命题者花费不少心血,甚至还需要一些好运气。我国从全国高中数学联赛至选拔出参加 IMO 的中国国家队,年复一年需要大量的试题,这就需要有一批高水平命题者构成一支相对稳定的命题队伍。命题人员不仅要有专业上的素养,也要有热情参与中学生的竞赛活动,平时有心积累和编制试题。而目前年轻命题人的数量略显不足,后继乏人是亟待解决的问题。

致谢: 感谢熊斌教授邀请写作此文。

作者介绍 | 瞿振华

现任教于华东师范大学数学科学学院,研究方向为代数几何与数论。中学时期曾获得 1999 年国际数学奥林匹克金牌。自 2010 年起,多次参与中国数学奥林匹克、中国女子数学奥林匹克、国家集训队等的命题工作,并提供了大量的试题。曾任第 59 届国际数学奥林匹克中国队领队,并多次作为观察员参加国际数学奥林匹克。热心中学数学普及工作,撰写多篇中学数学普及文章,任《中等数学》杂志编委。

我所了解的中国数学奥林匹克协作体

◎ 吴建平

2019 年是中国数学奥林匹克协作体成立 20 周年,谨向各个成员学校表示祝贺! 同时也感谢协作体 20 年来为中国数学竞赛事业所做出的突出贡献。

1999 年底"全国高级中学校长委员会会议"在华南师范大学附中召开,会议期间,中国数学奥林匹克委员会约请有关学校的校长召开了一个小型研讨会。时任中国数学奥林匹克委员会常务副主席的裘宗沪教授主持了这个会议,我当时也应邀参加了。有来自 16 所学校的校长与会,分别是东北育才学校、上海中学、华南师大附中、湖南师大附中、武钢三中、大连二十四中、人大附中、清华附中、青岛二中、盐城中学、复旦附中、上海延安中学、华中师大一附中、黄冈中学、长沙一中、深圳中学。

会议回顾了开展数学竞赛活动的历史并分析了现状,介绍了各自学校开设数学选修课及活动课的情况,交流探索了数学与科学人才发现和培养的规律,大家一致认为共同构筑一个平台是十分必要的,于是就有了"中国数学奥林匹克协作体",中国数学奥林匹克委员会作为这个协作体的业务指导单位。

校长们为这个"俱乐部"制定了若干规则,明确了工作任务:

1. 每两年召开一次协作体学校校长会议,确定大政方针,每两年由两位校长共同担任轮值主席,负责实施这两年的工作。每两年担任轮值主席的校长所在的学校分别是:2000—2001 年是东北育才学校和华南师大附中,2002—2003 年是湖南师大附中和武钢三中,2004—2005 年是清华附中和大连二十四中,2006—2007 年是华中师大一附中和深圳中学,2008—2009 年是福州一中和青岛二中,2010—2011 年是成都七中和东北师大附中,2012—2013 年是哈尔滨师大附中和长沙一中,2014—2015 年是上海中学和人大附中,2016—2017 年是清华附中和福州一中,2018—2019 年是黄冈中学和郑州外国语学校。

2. 偶数年份召开一次部分校长参加的小会议,奇数年份召开全体成员学校校长参加的大会议,以便确定未来的发展方针。

3. 每年 3 月份在中国国家集训队选拔活动期间,各成员学校选派两名学生单独组成一个训练班,并且确定协作体学校的 5 位老师组成教练组,一方面协助国家教练组的工作,另一方面也让这些老师增强交流与合作。

4. 每年暑假举办一次协作体内部的高中数学夏令营,出版或汇编由各成员学校提供的专题讲座、模拟试题,供协作体成员校使用。

2003 年 9 月在长沙召开的协作体成员校校长会议上,增补福州一中和东北师大附中为新成员;2005 年 10 月在大连召开的协作体成员校校长会议上,增补成都七中和哈师大附中为新成员;2009 年 9 月在青岛召开的协作体成员校校长会议上,增补温州中学和天津耀华中学为新成员;2011 年 9 月在北京召开的协作体成员校校长会议上,增补鹰潭一中和郑州外国语学校为新成员;2014 年 7 月在上海中学召开的协作体成员校校长会议上,增补南京师范大学附中为新成员,至此协作体成员校达到了 25 家,涉及 16 个省份。目前协作体成员学校有:东北育才学校、上海中学、华南师大附中、湖南师大附中、武钢三中、大连二十四中、人大附中、清华附中、青岛二中、盐城中学、复旦附中、上海延安中学、华中师大一附中、黄冈中学、长沙一中、深圳中学、福州一中、东北师大附中、成都七中、哈师大附中、天津市耀华中学、温州中学、江西鹰潭一中、郑州外国语学校、南京师大附中。

20 年来,协作体的工作在成员学校各位领导关心支持和老师们的悉心努力下,取得了令人瞩目的成绩,为我国的数学奥林匹克事业做出了显著的贡献。从 2000 年到今年我们共派出 20 支代表队、120 人次参加国际数学奥林匹克(IMO),其中有 78 人次来自协作体成员学校。

对于数学奥林匹克来讲,今年的确是一个特殊的年份:30 年前的 1989 年,中国队在第 30 届 IMO 上第一次取得团体总分第一名,从此开启在这个平台上的多年辉煌;今年的 IMO 是第 60 届!时间真快、整整一个甲子!在今年英国巴斯举行的 IMO 中,中国队与美国队并列团体第一,6 位同学全部获得金牌,其中有 5 位是协作体学校学生。

我想只要我们保持清醒的头脑,充分依靠各个中学的关心重视,充分尊重一线教师们的辛勤劳动,无论过去、现在、还是将来中国队在 IMO 这个竞争平台上都是一支强队! 衷心祝愿中国数学奥林匹克协作体不断取得新的成绩。

2019 年 7 月写于英国巴斯

作者介绍 吴建平

1988 年起任中国数学会普及工作委员会秘书,参与国内数学竞赛的组织、竞赛大纲的制定、命题,以及集训队、国家队和数学奥林匹克教练员的培训工作。1990 年在中国主办的第 31 届 IMO 中担任组织委员会秘书长助理。任第 38 届(1997 年,阿根廷)、第 40 届(1999 年,罗马尼亚)国际数学奥林匹克中国队副领队。2000 年至 2006 年任中国数学会《中学生数学》杂志主编,2004 年至 2019 年任中国数学奥林匹克委员会副主席,2008 年至 2015 年任中国数学会理事、普及工作委员会主任。

数学竞赛图书出版史略

◎ 倪　明　孔令志　熊　斌

　　这本书是数学奥林匹克纪念文集,所说的数学奥林匹克是指国际数学奥林匹克,起始于1959年。我国的数学竞赛活动略早于这个时间,而数学竞赛图书的出版是伴随着活动而产生,要说历史,时间并不长。本文所介绍的图书为数学竞赛选手使用的主要参考书。

　　我们因掌握的资料不全,无法撰写一部完整的、准确的历史,只能根据自己手头的资料、掌握的信息,就数学竞赛图书的出版说个大概,理出一个大致的脉络,供同行参考、完善。我们本身也会作修改完善。权作抛砖引玉。

　　我们除了自己拥有的图书外,图书信息主要来源于国家图书馆的数据库,收集的关键词包括:"数学竞赛""竞赛数学""数学奥林匹克""奥林匹克数学""奥数""MO""数学＋奥赛"。国家图书馆的数据信息是所有数学竞赛图书信息的真子集(从理论上来说都应当收集,但实际上少了不少),我们利用"开卷"数据作了一点补充。"开卷",即北京开卷信息技术有限公司,专注于图书信息收集、整理、分析、咨询等工作,在业内有很高的知名度。我们收集到的图书信息有1300多条,在叙述时不限于这些信息。

　　在1990年之前,按照"文革"前与后来划分;1990年之后按照年代来划分,考虑到国家图书馆收集的信息的滞后性,本文写作时只收集到了2019年。本文共分五个部分。

（一）20世纪五、六十年代

　　数学奥林匹克,源于20世纪30年代的苏联,是面向中学生的数学竞赛活动,之后于50年代末在罗马尼亚举办了国际性的数学竞赛活动,即国际数学奥林匹克(IMO),发展到现在。在20世纪50年代,正值我国全面学习苏联,自然,他们有的我们没有的,差不多都会"搬过来"。在华罗庚、苏步青等数学家的倡导下,我国在北京、上海、天津、武汉等地举办过高中生数学竞赛,大约持续了四五年。上海数学会网站曾经公布过"文革"前数学竞赛获奖者名单，通过网络，名单中有一半多一点的，可以查到他们之后的信息。他们都做得不错，有的成为高校教师，有的是科研机构的研究人员……为国家的建设做出了贡献。

在20世纪50年代，伴随着数学竞赛活动的开展，我国出版了一批数学课外读物，作者为数学名家，写得通俗易懂。中学生很喜欢这些书。据50年代上海市数学竞赛一位优胜者回忆：优胜者可获得奖金券，奖金5元，用于在淮海路上的一家新华书店购买书籍。5元钱在20世纪50年代可以买好几十本书。大家高高兴兴地去那家新华书店，奖金全用于购买这些小册子。小册子对中学生学习数学非常有帮助。之后，于1962年北京市数学会将类似的一些书加以拓展，成为《数学小丛书》，由各出版社陆续出版。其中的一册，书名为

《数学小丛书》中的一册

《等周问题》，为小丛书之11，作者为蔡宗熹，在丛书的"编者的话"中写到：

近年来，越来越多的中学学生和教师，都迫切希望出版更多的适合中学生阅读的通俗数学读物。我们约请一些数学工作者，编了这套"数学小丛书"，陆续分册出版，来适应这个要求。

落款是北京市数学会，日期为1962年4月。本册由人民教育出版社出版，1964年5月第一版，前两次的印数为10.75万册；1979年（是书荒的年代）第三次印刷，加印30万。这套丛书后来获得国家科技进步奖二等奖，于2018年由科学出版社出版"合订本"。

中国数学会上海分会中学数学研究委员会早在1955年起，也组织编写一批中学生课外读物，规模不小，由新知识出版社（1958年与教育图片出版社合并成上海教育出版社）出版。

与数学竞赛密切相关的图书，在"文革"之前，只查到7种，其中，50年代由新知识出版社出版了3种上海的数学竞赛试题汇编（前两册为组委会编，后一册由数学会中教委员会编），60年代由科学普及出版社出版了3种北京的

由新知识出版社(上海)出版的数学课外读物

数学竞赛试题汇编(由北京市数学会编),1965年由四川人民出版社出版了成都的数学竞赛试题汇编。这批书的作者具有官方性质,为组委会、数学会或科协组织编写。看来,"文革"前只有四个城市举办过数学竞赛的说法不正确,至少还有一个成都。这7本书的具体书目为:

《1956年上海市中等学校学生数学竞赛问题集》,新知识出版社,1956

《1957(年)上海市中等学校学生数学竞赛问题集》,新知识出版社,1957

《上海市1956—57年中学生数学竞赛习题汇编》,新知识出版社,1958

《北京市中学1962年数学竞赛试题汇集》,科学普及出版社,1963

《北京市中学数学竞赛试题汇集》,科学普及出版社,1964

《北京市中学1964年数学物理竞赛题解》,科学普及出版社,1965

《四川省成都市中学数学竞赛题解汇集》,四川人民出版社,1965

更多此类图书的出版是"文革"之后的事了,它与竞赛活动密切相关。

(二)20世纪七、八十年代

"文革"之后,类似于《数学小丛书》等的数学科普著作大量涌现,全国各地的教育出版社和科技出版社或多或少有所涉及。上海教育出版社早在1978年出版了王元的《谈谈素数》,常庚哲的《抽屉原则及其他》,80年代出版了单墫的《几何不等式》,黄国勋和李炯生的《计数》,李世熊的《代数方程与置换群》等,这是一套封面为白底曲线图的数学小册子;另有一套《中学生文库》,其中有严镇军的《反射与反演》,初版于1981年。上海科学技术出版社在1990年也有一套中学生课外读物丛书《数学世界》若干册。其他出版社的数学科普书也有不少，就不一一列举了。

1978 年，由于全国高中数学联赛的开展，福建、湖北、北京、山西等地陆续有相应的图书出版，也以赛题汇编为主。早期国外的赛题译本在《国际数学竞赛题解》(【德】H. D. 霍姆舒特编，赵占岳、丁有豫译，吉林人民出版社 1979 年 5 月版，首印 10 万册)和《匈牙利奥林匹克数学竞赛题解》(1979 年 12 月由科学普及出版社出版，首印 30 万册)，现在看来，这两本的首印数是多么吓人的数字)。单墫教授在《数学竞赛史话》一书中指出："通常认为最早开展这种竞赛的国家是匈牙利。…… 匈牙利的数学竞赛，自 1894 年起，每年举行一次……"①匈牙利的数学竞赛具有里程碑意义，它为培养数学人才做出了重要贡献。陈省身在他的小册子中提到："数学竞赛大约是在百年前在匈牙利开始的；匈牙利产生了同它的人口不成比例的许多大数学家！"②

1980 年代，翻译国外试题的出版物逐渐增多，有 IMO 的，也有美国、苏联、波兰以及苏联基辅的。比较集中出版试题集的是新蕾出版社，其在 1991 年前后出版了国内初中、高中的，以及美国、苏联和加拿大等国和国际数学竞赛试题汇编。

---

① 单墫. 数学竞赛史话. 南宁：广西教育出版社，1990：7.
② 陈省身. 九十初度说数学. 上海：上海科技教育出版社，2001：66.

　　早期非试题类图书方面，1979 年辽宁人民出版社出版了《数学竞赛优胜者的故事》，1980 年上海教育出版社出版了由上海市数学会编写的《中学数学竞赛辅导讲座》。成规模地出版竞赛辅导图书，是从 1984 年开始的，湖北少年儿童出版社出版了《数学竞赛辅导讲座》。

　　起初，数学竞赛基本针对的是高中生。这个活动，渐渐扩展到了初中，首届初中数学联赛于 1984 年举行。相应地，1986 年开始，出版的数学竞赛图书涉及了初中，河南教育出版社出版了项昭义的《初中数学竞赛十五讲》，湖北教育出版社出版了中国数学会普及委员会的《初中数学竞赛试题选析》。上海科技出版社出版了严镇军等编的《初中数学竞赛辅导讲座》，华中师范大学出版社出版了刘诗雄和罗琛元主编的《初中数学竞赛跟踪辅导》。

　　紧接着，1987 年，数学竞赛的出版物延伸到了小学，书名也从原先的数学竞赛开始用"数学奥林匹克"了。早在 1985 年 4 月，北京数学会创办了数学奥林匹克学校，他们编写的《小学数学奥林匹克习题与解答》由北京师范学院出版社出版，该社还出版了张君达的"专题讲座"，与之呼应。随着首届"华罗庚金杯"少年数学邀请赛在 1986 年成功举行，小学生数学竞赛的读物也从"华杯赛"的试题分析（《"华罗庚金杯"少年数学邀请赛》，测绘出版社）和专题辅导（《华罗庚金杯赛专题辅导》，吉林教育出版社）开始，逐步铺开。上海也于 1987 年成立了上海市中学生业余数学学校（一直办到现在）。在 1989 年之前，各个出版社出版的数学竞赛图书基本上是分散的，一家一年也就有一两种

（一位编辑在一年内也出不了几本书）。为了迎接 1990 年第 31 届 IMO 在中国举行，常庚哲主编了《国际数学奥林匹克（IMO）三十年》（中国展望出版社），梅向明主编了《国际数学奥林匹克 30 年》（中国计量出版社）。

也就在 1989 年，数学竞赛图书的出版开始猛增。在全国范围内，从原先的每年出版一二十种，增加到四十多种，小学、初中的比重加大，而且出现了分年级的。比如，张君达主编的《小学数学奥林匹克丛书》（3—6 年级，上下册，共 8 种）由中国农业机械出版社出版。从内容而言，也有分代数和几何的，甚至是有专题的，如常庚哲等著的《数学竞赛中的函数$[x]$》（中国科学技术大学出版社），而湖南教育出版社则有以书代刊《数学竞赛》，一年也有好几期。

（三）20 世纪九十年代

1990 年，随着 IMO 在中国举行，国内出现了数学竞赛热，书名中有"数学奥林匹克"的图书大量涌现，如湖南教育出版社的《数学奥林匹克的理论方法技巧》，四川大学出版社的《数学奥林匹克初级读本》，北京大学出版社的《数学奥林匹克》系列……

整个 1990 年代，相对于 1980 年代，出版数学竞赛图书的数量明显增加。1980 年代，有 60 多家出版社出版了数学竞赛图书，每家出版社平均 2 种，最多的是前面提到的中国农业机械出版社一套分年级的小学数学奥林匹克丛书，共 8 种；较多的是湖北少年儿童出版社、北京师院出版社、河南教育出版社、上海科技出版社，分别有四五种，以辅导讲座为主。而 1990 年代，数学竞赛出版物的数量明显增多，涉及出版社的总数也略有增加，差不多有近百家出版社涉及这个领域，平均每家有四五种。名列前茅的有 5 家出版社，它们是：北京大学出版社，以《数学奥林匹克》为名的一个系列，涉及小学、初中和高中各个年段，既有数学竞赛试题汇编，也有分层次的知识讲座；各年段均有"基础篇""知识篇""竞赛篇"。试题汇编有 IMO 的，也有美国、苏联的，以及北京市迎春杯的。此外，还有高校使用的专著《奥林匹克数学教学概论》（孙瑞清、胡大同）。北京大学出版社的这套《数学奥林匹克》，应当是 90 年代最有影响力的，尤其是"基础篇""知识篇""竞赛篇"，成为数学竞赛爱好者的首选。据北京大学出版社王明舟社长（当时的责任编辑）介绍，整个系列的销量当时是属于千万级的。

　　两家师范大学出版社：北京师大出版社和华中师大出版社也有不少数学竞赛图书出版。前者只涉及义务教育阶段的，书名以"数学奥林匹克"为主，一套"数学奥林匹克练习册"既有小学的，也有初中的。小学段每年级一册，初中段的每学期一册（由北京数学奥林匹克学校编写），具有相当的规模。此外，另有培训教材、专题辅导和试题汇编类图书（包括迎春杯的）。出版日期均在1994年以前。后者出版的年段，小学、初中、高中平分秋色，书名基本上含有"数学竞赛"，一套《数学竞赛基础教程》涉及初中、高中，各有三册。另有"名师指导"是针对小学和初中的，"名师讲座"是针对高中的；《小学数学竞赛跟踪辅导》是分年级的。有一本《初中数学奥林匹克电视讲座》于1991年出版，可见当时数学竞赛的热度。后者的出版日期比较分散，从1991年到1999年，不少年份均有图书出版。

　　湖南教育出版社的数学竞赛图书出版特色比较明显，读者对象以数学竞赛的教练为主。据《数学竞赛》责任编辑欧阳维诚老师介绍，这套连续出版物始于1987年，到1994年共出版了24辑。这套书的编者阵容强大，主编：常庚哲，副主编：裘宗沪、舒五昌，其他编委有（按姓氏笔画为序）：李慰萱、张景中、严镇军、苏淳、吴康、夏兴国、欧阳维诚。栏目有：竞赛之窗、命题研究、方法评论、专题讲座、分类题解、初数论丛、题海纵横、他山之石、问题征解等，各期的设置略有不同。当时，此连续出版物很有影响力，不少高师院

校有订阅。可惜，申请的刊号始终没有得到批准，后因故而停止出版。与这个系列相仿，该社还出版了《80 年代国际中学生数学竞赛试题详解》，封面格调与《数学竞赛》相仿。还有湖南省数学会普及委员会编的《数学奥林匹克的理论方法技巧》上下册，以及两三本学生读物。陕西师大出版社的数学竞赛图书均与罗增儒教授有关，包含小学、初中、高中的"数学奥林匹克系列教材"共 10 册，相当于小学三年级至高三，属于同步辅导范畴。分年段的有《初（高）中数学竞赛解题指导》2 种、《小学（初中、高中）数学竞赛模拟试题》3 种，以及《数学竞赛教程》（教师用书）。中国大百科全书出版社出版了由中国人民大学附中组织编写的《华罗庚数学学校课本》（共 12 个年级，15 册），影响较大。

1990 年代，数学竞赛图书的出版者中，以上 5 家出版社是出版品种最多的。其余 10 来家出版社也有一定的出版量，为数学竞赛图书的出版作出了贡献。

四川大学社《数学奥林匹克初级（中级、高级）读本》，既分级，又有上下册，有一点规模。另与《中等数学》杂志社合作，出版"命题比赛精选"，分"1990—1991"和"1992—1993"两册。新蕾出版社的各国"中学生数学竞赛题解"，规模较大，颇有影响。广西师大社以小学的为主，成规模的是一套《小学数学竞赛系列辅导》，2—6 年级各一册。江苏教育社的《小学（初中）数学奥林匹克读本》（2005 年后更名为《小学奥数读本》），分年级成册，较有规模，各册销量为百万级（据说，出版社给编辑以重奖）。另有杜锡录的《初中数学竞赛教程》和单墫的《数学竞赛研究教程》。东北师大社有一套《初中数学竞赛培训教程》，分年级的，共三册；另有《国内外中学数学竞赛指导·初中部分》《小学数学竞赛辅导与训练》《东北师范大学附属小学数学竞赛题解》等。河南教育社的图书以初中为主，涉及解题方法与技巧和试题汇编，小学的也出过试题汇编，另有《国外中学生数学竞赛试题选编》一册。广西教育社首先出版了一本单墫教授的《数学竞赛史话》，之后有小学和初中的竞赛辅导书。黑龙江教育社有魏超群的《数学奥林匹克教练丛书》，另有小学、初中竞赛辅导和初中试题汇编。山东教育社的竞赛图书涉及 IMO 和苏联的试题，另有《小学数学奥林匹克竞赛指南》。上海教育社出版了常庚哲的"竞赛指导"几种和黄宣国的《数学奥林匹克大集》，另有《小学数学教师》杂志编写的"从小爱数学"竞赛辅导》。四川教育社有一套《数学奥林匹克 365》，是初中的，每个年级分上下册，与天津师范大学《每日一刻钟》编辑组合作。经济日报出版社有一套陶文中的《小学(中学)数学奥林匹克讲座及解题技巧》，覆盖四年级至初三。开明出版社有裘宗沪与刘玉翘的《奥林匹克数学教材》及配套的练习册。南京师大社有套《新编奥林匹克数学竞赛指导》，分初中高中，初中的作者是曹耀宗，高中的作者为葛军。上海科技社的作者比较权威，"竞赛辅导讲座"涉及小学、初中和高中，初中又分年级，另有《国内外数学竞赛试题汇编》在 1993 年出版时是收录了最多国家的试题，而李炯生等编译的《中外数学竞赛：100 个重要定理和竞赛题精讲》是一本经典图书，初版是 1992 年，1999 年将"中外"改名为"国际"再版。武汉大学社的《高中竞赛数学教程》，共 4 册，影响较大，现在仍有学校在选用。武汉出版社有一套《数学奥林匹克丛书》，中学分年级的，共 6 册。学苑出版社有几种"历届""试题分析"类数学竞赛图书，稍有规模。浙江大学社稍有涉及的竞赛图书，基本上是小学段的。

其他 40 家左右出版社也有出版数学竞赛图书的，各家出版社只有零星的一两种。

从以上的罗列可以发现，从事数学竞赛图书出版的，主要是各地的教育出版社和大学出版社，而大学出版社中以师范大学为强，不过北京大学出版社一马当先。

（四）21 世纪初年

进入 21 世纪，数学竞赛图书的出版格局发生了不少变化。随着新课程的改革，课程内容趋向于综合，相应的竞赛图书也更多是综合的，虽有分代数、几何的甚至分专题的，但很少。

就出版者而言，以"数学竞赛图书"为特色的，能坚持的少之又少，上一个年代表现强势的前五名，在这个年代基本消失，取而代之的是：华东师大、山西教育、新疆青少年、学林(上海)、开明、湖南师大、南京师大、机械工业、哈工大、浙大等出版社。涉及的出版社数量从原先的近百家，降到了六十多家，出版物的数量也有所减少。

在书名上，上一个年代除少量出现"奥林匹克数学"和"竞赛数学"之外，"数学竞赛"与"数学奥林匹克"平分秋色；而这个年代，"数学奥林匹克"占据绝对的优势,为40%多,也出现了新词"奥数",也有20%多,"奥林匹克数学"与"数学竞赛"基本相当,合起来才比"奥数"多一点。可见,对于数学竞赛或奥数来说,大众具有相当的知晓度。不过也有把"奥数"误解的,出现了《奥数英才教程第二课堂——小六语文》的书名,让人啼笑皆非。① 另外一个特征是,出现了不少数字出版物,内容基本上是视频讲解与试题资源包,参与的出版者有:重庆电子音像、华东师大电子音像、湖北教育、北京银冠电子出版公司、中国科学技术协会声像中心、华龄、深圳市书城电子出版物有限责任公司、北京中电电子、中央教育科学研究所音像、山西春秋电子音像、中经录音录像中心、广东省语言音像电子等。也许正是"奥数"之难,需要有讲解,又因师资相对缺乏,而催生这个领域的数字出版先走一步,有不少数字出版单位纷纷加入。

下面就主要出版社的纸质图书品种做些介绍:

华东师大出版社,于2000年出版了第一套有规模的数学竞赛图书——《奥数教程》,三年级至高三年级,共10册。作者阵容强大,由单墫、熊斌担任总主编,分册主编还有余红兵、葛军、冯志刚、刘诗雄等竞赛教练。之后不断修订,加以扩充,目前是36种的规模,成为不少参赛选手和数学爱好者首选的参考用书。国家图书馆的信息显示,2000年在书名中出现"奥数"字样的,就华东师大社的10种。该社自2003年起,出版了《走向IMO:数学奥林匹克试题集锦》,每年一册。

之后又出版了《数学奥林匹克小丛书》,分小学卷、初中卷和高中卷,共30种,颇具规模。另有一套《赛前集训》,理理化均有,数学涉及高中联赛和初中联赛(又分专题辅导与考前训练),以及希望杯的四、五两个年级。2008年出版了《日本小学数学奥林匹克·6年级》一册。数学竞赛类图书总共在50种上下。

山西教育出版社,2002年出版了一套《小学数学奥林匹克竞赛解题方法》3—6年级(2007年,将"数学奥林匹克竞赛"更名为"奥数"再版),以及《中国学

① 倪明. 奥数图书市场透视. 中国图书商报. 2006年1月13日,第13版。

生数学奥林匹克分级归类解析题典》三年级至初三(三四百页的本子),《初(高)中数学奥林匹克解题方法大全》(高中那册有 700 多页),2008 年作为第四版的《小学奥数解题方法大全》也有近 600 页。可见,该社的数学竞赛图书以厚而"全"为特点。

新疆青少年出版社有两套图书,一是《最新小学(初中、高中)数学奥林匹克读本》,一个年级一册,共 12 册;二是《数学奥林匹克系列丛书》,分小学卷、初中卷、高中卷,看来规模不小。

上海的学林出版社,2002 年出版过郑国莱的《奥林匹克数学解题宝典》;2007 年出版的由熊斌、冯志刚主编的《奥数精讲与测试》,一年级至高三年级,有规模有影响。

湖南师大出版社,他们有有利条件,学校曾成立过数学奥林匹克研究中心。本校的作者冷岗松、张垚、沈文选是数学奥林匹克领域的权威,出版了《奥林匹克数学中的问题》,分代数、几何和组合,作为奥赛经典——专题研究系列。另一位作者叶军,也是竞赛教练,出版的著作较多,有"数学奥林匹克教材""竞赛典型试题剖析""高中热点专题",以及初中的"实用教程"4 册(第 4 册是备考高中理科实验班,难度高、针对性强)。该社奥数图书出版起步较早,都在2004 年前出版。

南京师大出版社数学竞赛图书的主要作者是葛军,他主编的《新编高中数学奥赛指导》(及《新编高中数学奥赛解题指导》)列入"新课程新奥赛系列丛书",该书早在 1997 年就出版,当时的书名为《新编数学奥林匹克竞赛指导(高中)》,1999 年修订后更名为《新编奥林匹克数学竞赛指导》;另有一套涉及多学科的,主书名为《最新奥林匹克竞赛试题评析》,其中有"高中数学",主编是葛军。该社也开始出版小学阶段的,主书名为《小学数学奥林匹克竞赛赛前必读》,有"常用方法及技巧""最新赛题精选""典型赛题及精解"三种,主编为雍峥嵘和葛军。

机械工业出版社有:《小学生必读经典奥数》4—6 年级,《小学数学奥林匹克竞赛辅导新教案》3—6 年级,"解题方法大全"上下册,辅导丛书一套 6 册,均是小学的。

哈工大出版社,走的是高端路线,有 CMO 试题集、IMO 试题集和 IMO 中的平面几何,以及《数学奥林匹克与数学文化》系列丛书(5 辑),另有《小学数学奥林匹克《数学奥林匹克系列》(10 余种)和《数学奥林匹克不等式研究》等，其中好几册的作者是出版社编辑刘培杰本人。相对来说，这个领域起步较晚，除小学的那种之外都在 2006 年以后才出版。

浙大出版社出版的数学竞赛图书以高中为主，有一套高中数学竞赛专题讲座，包括《组合问题》《集合与简易逻辑》《初等数论》《组合构造》等，也有辅导与试题类方面的，如高中联赛一试、省级预赛、协作体的书和《竞赛数学解题策略》《高中奥数培优捷径》(上下册)。也有一套初中的"培优测试"，分年级的。

气象出版社与"希望杯"数学邀请赛有缘，早在 20 世纪 90 年代初就出版了这个比赛的试题汇编，每届一册。起初，这个比赛只涉及中学，2002 年出版了历届试题汇编，分初一、初二、高一、高二。之后出版了《"希望杯"数学能力培训教程》初一、初二分册。2009 年，随着"希望杯"竞赛延伸到了小学，该社出版过四、五年级的比赛题与培训题，出版很专注。

开明出版社也有不少竞赛图书，早期有《最新全国高中数学联赛试题详解》(2001)、《小学数学奥林匹克集训精卷(3—6 年级)》、《小学数学奥林匹克赛前精卷·提高卷》、《全国小学数学奥林匹克试题详解》(普委会编)、《初中数学奥林匹克直通车：赛前训练》；之后有《小学数学奥林匹克集训大全》，500 多页的大书，全书分兴趣入门篇、方法技巧篇、训练提高篇。2008 年出版了裘宗沪的专著《数学奥林匹克之路——我愿意做的事》，该书有五个部分：初次实践，小学数学奥林匹克，进入国际群体，奥校叫停，中国数学奥林匹克协作体。书末附有：中国数学竞赛大事记。该书是数学竞赛文化类的著作。

（五）21 世纪一十年代

在这个 10 年中，"奥数"的反对声不断升级，甚至出现了"打倒万恶的奥数"的说法。从政府层面，取消竞赛优胜者在升学时的加分，小升初采用"公民同招"等措施进行限制。IMO 中国队的成绩，在人们的眼中，只要不是第一就是差的，的确有几年没有拿到第一，于是就有议论，中国的奥数似乎不行了。

不过，社会反映是一件事情，图书出版却是另一件事情。这个年代，数学竞赛图书的出版数量明显增加，比上一个年代翻了一番还不止。涉及的出版社数量也由原先的 60 多家增加到了 80 多家。其中的三家出版社最为突出，它们是哈工大社、华东师大社和浙大社，甚至哈工大社一家的出版数量与 20 世纪整个七八十年代相当，真是了不得。

在统计到的 600 多种图书中，书名出现最多的是"奥数"，有近 300 种，约占总体的 40% 还多，这与"奥数"的知晓度有关。出版物的数量与知晓度相辅相成，互相促进。其中，2015 年以前书名用"奥数"的就约有 250 种，之后相对有所减少，更多地采用"数学竞赛"。"数学竞赛"大约 150 种，占 20% 多，人们逐渐不那么"赶时髦"了，回归其本来面目。出现较多的还有"数学奥林匹克"，"奥赛"与其他（如联赛、杯赛、邀请赛等）也有一定的量，而"竞赛数学"较少出现，"奥林匹克数学"明显减少（或许简化成"奥数"了）。

规模化出版明显增多，5 册以上的套书约有 40 多种。按学段来分，有一半的图书明确标注是小学的，其余有初中的、高中的，或是中学生的，文化与研究的，明确标注是初中的不到 10%，高中的略多一些。这也反映了原本是高中生的竞赛，被拓展到小学后，形成了"奥数热"。小学的，基本上是成套成规模的，有一些出版社只出小学的，如：南京大学、吉林出版集团、广州、江苏少儿、河海大学、江苏美术、江苏教育、湖南电子音像、宁波、黄山书社、青岛、陕西师大、深圳书城电子出版物有限责任公司、广东省语言音像电子、新世界等出版单位（少于 5 种的，没有列入）。其中，电子音像出版社出版的是数字图书。从上面的名单中可以看到，一部分非理工类、非教育类的出版社也加入到了数学竞赛图书的出版行列，它们只做小学的也是有一定道理的。"奥数"甚至被延续到了学前，辽宁少儿社有 3 种，分别是《学前趣味奥数启蒙·3—4 岁》（2010）、《学前趣味奥数启蒙大全》（2012）、《学前奥数启蒙大全》（2014）。

从作者的角度去看，原先的作者是中小学、高校及相关教育机构的教师，这个年代也出现了一些新的特点。一个是辅导孩子之后有心得，署名为"牛牛爸爸"的写了《牛爸讲奥数》（三、四年级），由上海财大出版社出版。另一个是，作者由专门的编写团队来担任，典型是哈工大社的刘培杰数学工作室编、刘培杰主编、佩捷主编，有 40 多种，这个数量仅次于华东师大社和浙大社。此外，《李成章教练奥数笔记》是笔记的影印本，与一般的作者写作也有区别。

关于"奥数"的文化类出版物明显增多,有:《奥数,我的孩子要不要学?写给困惑中的家长》(葛颢、葛云保,华东师大社)、《奥数是个替死鬼:别让一代更比一代累》(咏鹏,三联书店)、《你误解了奥数》(赵胤,现代教育社)、《奥数是奇葩》(鬼马叔叔,四川少儿社)、《和奥数班说 Bye-Bye》(周志勇,长江少儿社)、《数学奥林匹克与数学文化》(刘培杰,哈工大社)、《易学与数学奥林匹克》(欧阳维诚,哈工大社)、《天才奥数思维游戏》(龚勋,光明日报社)、《数学竞赛采风》(沈文选、杨清涛,哈工大社)、《恐龙奇幻奥数之旅》(影三人,团结社)等。真是不少!

除了上面介绍的之外,再将主要的出版社数学竞赛图书作一介绍。

哈工大出版社从 2014 年起发力做数学竞赛图书,差不多每年超过 10 种图书,可谓是一马当先,力挫群雄,10 年来累计出版了 100 多本。既有 IMO 50 年的分卷本,国外各个国家和地区的试题(澳大利亚、美国、苏联、加拿大、保加利亚、日本、巴尔干、圣彼得堡、亚太地区、波兰、匈牙利),又有国内各类比赛的(中国数学奥林匹克、全国高中数学联赛、"希望杯"全国数学

邀请赛、哈尔滨早期的、20 世纪 50 年代的部分城市的);既有竞赛专题讲解、方法指导的,又有分年级的教程;既有数学竞赛文化的专著,又有历史资料的教练奥数笔记;既有国人的著作,也有引进翻译的著作;既有投稿、约稿的,也有社内编写、编辑的……该社的有些书名也颇具特色,如《数学竞赛采风》《用数学奥林匹克精神解数论问题》《紫色彗星国际数学竞赛试题》。该社数学竞赛书可谓数量多、种类全。

华东师大出版社从上个年代起专注数学竞赛图书,出版的图书系列化,从难度、读者对象、用途等进行总体设计,提出"学奥数,总有一本适合你"的出版理念。同步类的《奥数教程》36 种修订再版;《数学奥林匹克小丛书》第二版小学卷不再出版,中学卷做了调整,仍然有 20 多种的规模;出版了难度较低的《从课本到奥数》(从小学到初中共 34 种),每四五年修订一次;《走向 IMO:数

学奥林匹克试题集锦》和《高中数学联赛备考手册(预赛试题集锦)》每年各一册,到时即出,形成惯例;北京爱学习的"高思课本"(1—6年级)、"高思导引"(3—6年级)、上海新星网的《数学竞赛问题与感悟》(5卷)陆续出版。《赛前集训》继续修订再版,其中数学的也有2册,初中、高中联赛各一。规模化、使用面广、常修常新是该社的数学竞赛图书的特色。

浙大出版社也是数学竞赛的出版大户,作者为丁保荣的有好几套:《小学数学竞赛教程》(1—6年级)、《小学数学竞赛教程解题手册》(1—6年级)、《新编奥数讲义》、《小学奥数精讲精练》(小学按年级分学期),这个设计与华东师大社的《奥数教程》(教程本身、学习手册、能力测试)有点类似。出更多的是高中的,分年级的有"培训教材""通用教材"等系列,分专题的有"课程讲座""解题策略""专家讲座"等系列,还有"培优教程"(一试),可谓名目繁多。另有试题汇编,取名为"国内外"的,分专题出版,也有涉及全国联赛、东南竞赛、香港的、环球城市的、美国的、国际的。与自主招生相联系的有朱华伟的《高中自主招生与奥数讲义》(3册)等。

气象出版社的特色非常明显,把"希望杯"的做全了。包括:《"希望杯"数学能力培训教材》和"模拟试卷"(4—6年级),多届的邀请赛试题与培训题,分小学初中、高中的。另有一套《第1—7届世界数学团体锦标赛(WMTC)儿童(少年、青年)组试题详解》。其他的竞赛书未见出版。

长春出版社的图书结构简单,就两套。一套为《奥数典型题举一反三》(1—9年级),另一套为《奥数典型题天天练30分钟》(1—6年级),前者有讲有练,后者为专门的练习,均以"典型题"为特色。

华东理工大学社出版的竞赛书主要集中在2014和2015年,有几个套系,以小学为主。包括:《奥数冠军的零起步秘笈》(4—5年级)、《奥数题大冲关》(1—6年级)、《小学数学评优竞赛最热题全归纳》(1—5年级)以及《我的第一本奥数书:奥数冠军的零起步秘笈》(7—9年级)等。

中科大出版社,自2014年起差不多连续出版,基本上是高中的,或者包含高中内容。小套的有《高中数学进阶与数学奥林匹克》(上下册)、《高中数学奥林匹克竞赛标准教材》(上中下 3 册),其他的基本上是单本的,如"联赛模拟试题精选""竞赛教程""大集新编""智巧""240 真题巧解""莫斯科数学奥林匹克"等,还有一本叫《解析几何竞赛读本》。

科学出版社,出版的数学竞赛书除了徐学文的《竞赛数学原理与方法》外,作者均与朱华伟(独作或首作)有关,其中一本为"走进教育数学"系列中的《从数学竞赛到竞赛数学》,内容包括:竞赛的概述、基本特征、问题与方法、命题研究等,其他图书都是竞赛题解答方面的。

陕西人民教育出版社,不知何故在馆藏目录中少有收集,它们的一套《小学奥数举一反三》分年级(1—6 年级)、分版本(A 版为周一至周五讲练,B 版为周末训练,C 版为融会贯通综合讲练),是最畅销的图书。

在图书销售环节,因数学竞赛图书的读者对象主要是中小学生,所以数学竞赛图书被列在教辅大类中。而教辅图书的策划和运作,民营图书公司占有极大的比重。但是,民营图书公司很少涉足数学竞赛图书,或者,在多数情况下,稍有涉及又因经营不对路而退出。不过,有两个民营图书公司坚持了好多年。

1. 中视博尔乐(北京)做数学竞赛图书始于 2002 年,《小学生奥数点拨》(1—6 年级)由朝华出版社出版,该书作者为王伟营,市场表现不错,"开卷"数据很靠前。该公司坚持这个领域,至 2019 年,有 30 多个动销品种,包括"奥数特训""奥数点拨"(不同版本)"奥数突破"等,均为小学生的,由青岛社、知识社等出版社出版,作者均为徐向阳。据公司李总介绍,他们最近又推出了"奥数阶梯详解"和"奥数周计划",读者还是定位在小学生。

2. 江苏津桥书局始于 2006 年,公司成立之初就有奥数书《一日一题·轻松学奥数》《津桥奥数培优训练》(均为小学分年级的)。2010 年之后陆续推出《举一反三奥数王》《小学奥数暑假拔高衔接 15 讲》《小学奥数专题突破 AB 卷》《小学奥数解题题典》《小学同步奥数天天练(各版本)》等多套丛书,由东南大学、广东教育、新世界、河海大学等出版社出版,并且不断修订出新。以上图书的主编徐丰,在 20 世纪九十年代末策划的由南京大学出版社出版的《数学奥赛天天练》丛书使用面较广。

结　语

本文所述的数学竞赛图书出版史略,是基于国家图书馆的馆藏书目、自己拥有的图书和工作经历,应当说很有局限性。国家图书馆的馆藏书目,理应是我们国家所有的图书都会收藏,但由于各出版社上报的书目未必全面,出版也有不规范的状况(比如,一号多用:一个书号内置多种图书,以及书号不变而更换书名等),都给这个"全"带来困难。因此,我们的信息,只能是基本地、大致地反映了整体的出版情况,其中的重要遗漏在所难免。

再说,上述的介绍,主要局限于书名,图书的书名信息无法全面准确地反映图书的内容,因此,就总体而言在图书的内容方面并没有得到很好的刻画。

就国家图书馆的馆藏数据,自 1978 年以来,每年均有数学竞赛图书的出版,1986 年以前每年的出版数量基本上是个位数,也许是由于 1985 年我国组队参加国际数学奥林匹克的原因,自 1987 年起,每年的出版品种均是两位数(及以上)。在整个 1990 年代,馆藏数量达到 300 多种。由于奥数活动不断被打压、限制,出版物数量在 2000 年代有所减少。虽然 2010 年代,奥数活动继续被控制,批评声时常出现,由此相关的招生政策也在调整,如高考时取消学科竞赛获奖的加分,小升初招生采用"公民同招",但由于"奥数"是颇受争议的活动,随着"批评声"的增多,"奥数"受到更多的关注,从而使得出版物的数量增长,达到 600 多种,超过了前 2 个年代的总和。其中,2014、2015 两年特别突出,年出版物数量超过百种,特别是 2014 年约为 200 种。近几年,作为小众的出版物——数学竞赛图书的出版逐渐回归理性,每年新书在 50 种上下。

从上面的介绍中可以发现,不同时期的竞赛图书的特征是不同的,早期的图书更多的是知识拓展类的,或称是科普类的,作者主要是数学家。之后,逐渐变化,目前更多的是课程类、方法类、试题类图书。从一定程度上反映了参赛选手的阅读需求。

如上所述,上面的陈述不全面、不到位,这是事实。如果这些内容对感兴趣的读者能提供一些线索,对深入研究有所帮助,那么我们也就心满意足了。如果细心的读者、知情的朋友能指出我们的差错,加以补充与完善,那么我们将不胜感激。

作者介绍　倪　明　孔令志　熊　斌

倪　明　华东师大出版社教辅分社社长,编审,华东师大传播学院硕士培养兼职导师,上海市核心数学与实践重点实验室兼职研究员,中国高等教育学会教育数学专业委员会副理事长。在他的努力下,《华东师大版一课一练》(数学分册)和《三招过关》走出国门,成为英国学生的教辅书。他在数学竞赛方面有浓厚的兴趣,翻译过国外竞赛题,组织中国学生参加国外比赛,策划了《奥数教程》《数学奥林匹克小丛书》《从课本到奥数》等系列图书。其中不少数学竞赛图书在香港和台湾出版繁体字版,在新加坡出版英文版。他在数学教育、编辑出版有研究,发表文章超过百篇。

孔令志　华东师大数学系毕业,副编审,现为华东师大出版社教辅分社副社长,《数学奥林匹克小丛书》《从课本到奥数》《数学竞赛问题与感悟》《小学奥数教练员手册》等图书项目编辑。发表数学、数学教育、编辑出版等方面的文章10余篇。

熊　斌　华东师范大学数学科学学院教授、博士生导师,上海市核心数学与实践重点实验室主任,国际数学奥林匹克研究中心主任。从事数学方法论、数学普及与应用、数学解题理论、数学资优生的发现和培养方面的教学与研究。多次担任国际数学奥林匹克中国队领队。受邀在第14届国际数学教育大会上做45分钟报告。在国内外发表有关数学、数学教育和数学普及方面的论文100余篇,主编和编著的著作150多本。2018年获得了国际数学保罗·厄尔多斯奖(Paul Erdős Award)。曾获得上海市五一劳动奖章,上海市教书育人楷模称号。

上海市中学生业余数学学校办学三十五年的回顾

◎ 顾鸿达

（一）

上海市中学生业余数学学校（以下简称"数学学校"）于 1987 年创办。难忘当年，由于我国的社会主义建设进入了新时期，学校的课程目标设计和人才培养模式等发生了大变化。为了顺应"教育要面向现代化、面向世界、面向未来"的发展形势，为了发挥基础数学教育对提高人才培养质量的独特作用，在我国著名数学家、教育家苏步青先生的关心和指导下，一批师德高尚、业务精湛的中学数学教师和心系基础数学教育的大学教师聚集在一起，开办了这所特殊的学校。

苏步青先生在数学学校开学典礼上

前排左起：袁采、苏步青、孙元清、姚晶

1987 年 1 月 1 日上海市教育局发文，批准成立上海市中学生业余数学学校。任命学校领导班子：校长曾容、副校长顾鸿达、教务主任刘鸿坤、副教务主任李大元。中国科学院院士、复旦大学数学研究所的谷超豪院士，带着苏步青先生等数学界前辈们的嘱托，担任了数学学校的名誉校长。

1987 年 1 月，数学学校挂上了由苏步青题字的校牌

1986 年，苏步青先生主持对数学学校开办的资助仪式

名誉校长谷超豪先生在开学典礼上

名誉校长谷超豪先生、胡和生院士、市教研室主任王厥轩与校务委员会合影

后排左起：熊斌、李大元、顾鸿达、曾容、刘鸿坤、郭雄

　　1987年3月1日在上海市科学会堂举行隆重的数学学校开办典礼。苏步青、谷超豪、胡和生院士，市教育局局长袁采，市科协主席王乃粒，上海市中学数学界老前辈赵宪初、唐秀颖、姚晶、黄松年等与数学学校师生共600余人出席。苏老、谷超豪校长与市领导都热情洋溢地祝贺数学学校开办，并期待数学学校创设有利于数学优秀生健康成长的教育环境，为学生成长为高素质的理科人才奠定扎实基础。在数学学校的筹建中，上海市数学会副理事长张福生、市科协薛福田和复旦附中曾容老师做了大量的组织和基础工作。

（二）

　　数学学校属于社会力量办学和业余性质的学校，由上海市数学会主办，接受市教委教研室的直接指导，其业务主管单位是黄浦区教育局。数学学校作为市级的一个办学单位，面向全市在读的学有余力的中学生数学爱好者，学校分设初中部和高中部。学校作为业余性质的办学单位，规定仅在星期日组织教学活动，为学生提供注重于拓展数学学习的"第二课堂"。学校的招生，采用自愿报名、学校推荐、统一测试、择优录取的方法。学校办学以全面贯彻国家的教育方针为指导思想，坚持为推进素质教育服务，为学生发展数学方面的兴趣和特长服务。

　　数学学校的培养目标是：立足于社会主义现代化建设的需要，对在数学

李大潜院士为获奖学校颁奖

**市教委副主任张民生、上海市数学会理事长王建磐、教委
基教处处长余利惠为获奖学校颁奖**

学习中学有所长又有余力的中学生进行业余培训,培养他们为振兴中华而努力成才的自信心和责任感,引导他们进一步拓宽数学基础知识,激发创新意识,培养和发展探索能力,从而为高一层次的学校输送德、智、体全面发展的数学拔尖学生;同时为上海市中学生参加国内和国际数学竞赛做准备,争取在国内外数学竞赛中获取好成绩。

数学学校的培训模式:一切从学生实际和学生发展的需要出发,采用专家的系列讲座、组织学生的探索研究和数学竞赛活动三者相结合的模式对中学生实施数学的业余培训。

开展对数学优秀生的培训,最关键是要组织一支优秀的数学教练队伍。

2017—2021 数学探究性课题汇编

数学学校的早期,教练团的主要成员是:曾容、顾鸿达、刘鸿坤、李大元、张福生、熊斌、舒五昌、黄宣国、余应龙、叶声扬、康士凯、邹宗孟、朱再宇、严华祥、奚定华、李家生、郭雄、张雄、刘汉标、许三保、钟建国、何强、忻再义、翁泰吉、冯志刚、汪纯中、顾跃平、刘渝瑛、徐惟简、许敏、单任等。随着学校发展,学生人数从学校开办时的 500 多人,到现在学生 1 500 人左右(六个年级),教练团现有教师 68 位,大部分都是中国数学奥林匹克高级教练,其中数学特级教师 17 位,高校教授 2 位,副教授 1 位;教练中熊斌荣获保罗·厄尔多斯奖,有 4 位获"五一"劳动奖章,有 4 位获国务院政府特殊津贴,有 11 位获苏步青数学教育奖。教练中有 5 人曾先后任中国数学奥林匹克国家队领队、副领队和教练。数学学校有这支一流教师队伍是对一流学生实施一流教学最重要的保证。

数学学校的教学内容和要求是以中国数学会普及工作委员会所制定的"高中、初中数学竞赛大纲"为纲,并参照上海市中学数学教材内容,在基本同步的要求下制定数学学校各年级教学计划,教练团教师分别认领专题内容,在各自研究基础上编制专题讲义,以教练们的系列专题报告实施各年级培训教学。学校曾先后编写多套以专题报告形式的培训教材。学校的课堂教学,每节课有讲义,每学期有教材。此外,学校为各年级学生配置《奥数教程》与《奥数教程学习手册》,用于学生课外阅读和自学。

学校教学还得到老一辈数学家关心和指导:谷超豪、李大潜、胡和生院士来校为学生作"什么是数学""怎样学好数学"的报告。我国著名数学家、数学

历年上海 TI 杯数学竞赛纪念册

教育专家单墫、黄玉民、余红兵、冷岗松等教授曾多次为学生作专题辅导。原中国数学会普及工作委员会主任、中国数学奥林匹克委员会常务副主席裘宗沪曾多次前来指导学校工作,复旦大学陈天平教授、上海师大杨亚立教授经常来校指导教学。回顾往事,历历在目。我们不会忘记数学前辈们的嘱咐和期望。

数学学校教练团队是一个学习研究型团队,平日经常相互切磋与交流,学校每学期都为教练配置大量教学参考书籍,每年学校与上海市数学会中教委员会联合举办数学优秀生培养与数学竞赛工作研讨活动。结合数学教学实际与数学问题解决,教练们做许多卓有成效的研究,在数学学校任教期间,教练们正式出版编著有数百种书籍。教练们还为数学学校学生编制探究性的课题,学校每年寒假前布置给学生作为课题研究作业,鼓励学生撰写数学小论文,开春后组织专家对学生所撰写小论文开展评奖活动。学生踊跃参与,如2021年春,学生送审论文达 700 篇之多。数学学校学生开展小论文的征集与评审活动,从 2016 开始,已连续组织了六届。

数学学校积极组织学生参加由教育行政部门批准的各项数学竞赛,让爱好数学的学生面对挑战,不断提升自己的数学素养。数学学校也参与组织部分竞赛,在活动中坚持做好竞赛和评奖的公平公正,有很好的社会声誉。上海市教委和市科协十分关心数学优秀生的培养,经常伴同上海市数学家一起出席上海市数学竞赛颁奖活动,热情洋溢地鼓励中学生全面发展,努力成才。

（三）

在上海市教委、上海市数学会和中国数学会普及工作委员会关心及支持下，学校与一些国家和地区开展多种形式的交流活动。在 1992 年到 1999 年间，与新西兰达尼丁市联合举办了八届"上海—达尼丁数学友谊通讯赛"。从 1998 年开始，学校与澳大利亚昆士兰州教育署，联合举办了六届"上海—昆士兰友谊数学竞赛"。

在上海—达尼丁数学友谊通讯赛中与新西兰交流

上图是新西兰数学家来沪为参赛学生作报告后合影

上海市教育卫生党委书记李宣海在澳大利亚接见上海—
昆士兰友谊数学竞赛的上海队

从 1983 年起，上海市开始组织中学生参加美国中学生数学竞赛和美国数学邀请赛，从 1987 年开始该项活动一直由数学学校负责组织。从 2002 年起，上海组织了允许学生使用图形计算器的高二数学竞赛，至今共举办了 18 届。我们邀请新加坡参赛，为新加坡设置分赛区，并与新加坡学校进行数学优秀生培养和现代技术应用于数学教学的交流活动。学校多次组队，分别赴菲律宾、南非、印度尼西亚、中国澳门等地参加青少年数学国际城市邀请赛，赴俄罗斯参加俄罗斯数学奥林匹克，赴罗马尼亚参加罗马尼亚大师杯竞赛。2003 年，通过上海市海峡两岸教育促进会，接受台北教育会邀请组织教师赴台湾访问交流。

顾鸿达率队到香港中文大学做资优生培养交流

2001 年上海队赴菲律宾参加青少年数学国际城市邀请赛，囊括大会所设四项冠军奖杯

上海市教委教研室主任孙元清向带队教练熊斌颁奖

与众多国家和地区的交流活动,进一步引发了数学优秀生的学习数学兴趣,拓宽了视野,激励学生为早日把我国建设成数学强国而加倍努力。

(四)

数学学校办学,为培养数学优秀学生和拔尖人才,做了大量工作,积累了有益的经验。根据素质教育要求,正确处理基础与提高的关系、普及教育与英才教育的关系,学校优化数学优秀学生培养机制,努力建设分层递进的组织机制。培养数学优秀学生的基础性工作是学校日常的数学教学,而提高其有效性关键在于因材施教、分层递进。为了帮助基层学校组建"数学兴趣小组",鼓励区(县)统一组建"数学课外活动班",其中关键是师资。为此,数学学校与上海市数学会中教委员会和黄浦区教育学院联合,共举办了十二期"中学数学课余活动指导",每期由十多位数学学校教练分别作专题讲座,全市共有500多位中学教师接受培训,并获得中国数学奥林匹克等级教练。近些年,我校有七位教练分任上海市双名工程数学名师基地主持人,在实施上海高端教师培训中都把数学优秀生的培养列入培训内容和研究项目。学校积极创造条件,推动基层学校和区域开展数学优秀生的培训活动,在此基础上,办好市级的"业余数学学校",以此形成上海市的一个递进的培养数学优秀生的组织序列。

数学学校对数学优秀生实施业余培训,在因材施教中满足学生的不同的需要,为数学优秀生的早期识别与培养提供良好环境和途径,在办学的35年中,先后接受培训学生有1万5千多名,在学校精心组织的培育活动中,学生的数学素养得到充分发展。在2005年,学校曾与上海市数学会中教委员会一起,对2003年全国高中数学联赛上海赛区获一等奖的59位学生的升学去向作调研,其中54位获奖学生的录取情况是:北京大学29位,清华大学5位,复旦大学15位,上海交通大学4位,上海财经大学1位。绝大部分录取是数学、物理、信息技术专业。另外的5位因当年获奖时在读高一,调研时还在高三。上海市中学生自1985年以来,在国际数学奥林匹克(IMO)的活动中,先后获23金、3银、3铜共29块奖牌。有上海中学、华东师范大学第二附属中学、复旦大学附属中学、向明中学、延安中学、建平中学、大同中学、格致中学等8所学校共26位学生获得殊荣。上海市获奖学校面宽、获奖牌数多,尤其是上海中学从 2008 年以来共获 12 金 1 铜,成绩突出。

数学学校办学始终得到上海市委、市政府、市教委的关心,得到老一辈数学家的关怀,得到学校、老师和社会方方面面的支持。

上海市教委在 1995 年发文《关于继续办好上海市中学生业余数学、物理、化学、信息学学校的通知》,对继续办好学校提出具体意见,并要求全市各区、县教育局和各中学对学校办学给予支持,共同努力把市中学生业余学校办好,26 年来这份意见一直贯彻执行到今天,这是政府对办好学校的有力支持。教育部 2016 年 8 月在上海召开"上海市中小学教学教育改革经验总结会",上海市教委教研室在总结报告中把办好上海市中学生业余数学学校作为经验向全国推介,这是对数学学校办学的肯定和鼓励。最近,上海市教委副主任贾炜在所作"关于上海基础教育改革和发展'十四五'规划的思考"报告中提到要改革基础教育育人方式,深化创新创造人才培养,要对接国家高校"强基计划",健全学科人才培养机制,要打造学科基地,坚持做强数学、物理、化学、生命科学、信息技术五个学科的业余学校。政府在新形势下对数学学校办学提出了新要求,数学学校的领导班子也在实行新老交替,我们一定坚持正确的办学思想,发扬已有的经验成果,继往开来,开拓创新,与时俱进地实现新的跨越。

作者介绍　顾鸿达

上海市中学生业余数学学校校长,数学特级教师,享受国务院政府特殊津贴,获"苏步青数学教育奖"一等奖。曾任中国数学会普及工作委员会副主任,上海市数学会副理事长,上海市数学会中教委员会主任,上海市黄浦区教育学院院长。

第三部分

奥数经历与职业发展

亲历中国第一次参加国际奥数比赛

◎ 王　铎

　　转眼之间，距离当年参加国际数学奥林匹克已经过去三十五年了。作为代表中国首次参加国际奥赛的选手，我算是历届 IMO 中国国家队所有队员的老大哥了。和三十多年后"全民奥数"的环境相比，我们当年参加数学竞赛的经历非常不同。

　　第一次参加竞赛是小学五年级，那是在 1978 年，是学区范围的竞赛，题目并不超出平时数学课的内容，所有同学都参加了。那次全学区只有我拿了满分，得了第一名，获得了奖状和奖品。那是我第一次在一个大礼堂给好多家长和学生分享自己学数学的心得，还觉得很新奇。初中考进了北大附中，学校的老师们在课后开办数学兴趣小组，参加的同学不少，每周一次，讲一些非常有意思的专题。海淀区少年宫也有一些老师组织的课外班，还有在北京市范围的数学讲座，都是学校老师推荐的，由学有余力的同学参加。竞赛每年都有，竞赛优胜者（包括我在内）会被保送本校高中，不过其实这些同学即使参加中考也一样可以轻松考上，所以参加竞赛是没有什么功利性的。

　　高中的竞赛就有一定深度了，而且数学、物理、化学和计算机编程竞赛全面开花。我在高中物理、化学和计算机竞赛中的成绩都不错，当然我最看重的还是数学竞赛。一天，数学小组的老师说，下周咱们去参加"中美数学对抗赛"！我觉得很奇怪，美国学生会来北京吗？那时候我们出一趟北京都是不得了的大事，为了参加数学竞赛而出国更是天方夜谭，所以第一反应就是美国学生来北京比赛。三十多年之后的今天，中国学生到美国参赛一点都不稀奇，反而美国学生（尤其是非华裔）到中国参赛才真是匪夷所思；前几年我曾亲自从美国带了二十名学生来中国参赛，其中有好几位是白人孩子，这是相当难得了。三十多年前的"中美数学对抗赛"，其实就是美国高中数学竞赛

（AHSME），是现在 AMC10、12 的前身，当时北京、上海各有一处考点，赛后答题纸会寄往美国。通过了 AHSME，就可以参加下一轮，叫做美国数学邀请赛（AIME）。高二那年我第一次参加，虽然也进入了 AIME，但成绩不算突出，也没太往心里去。一年一度的全国高中数学联赛才是重中之重，学校老师在赛前专门召集同学们开会进行准备，让大家调整好自己的状态，发挥正常的实力。和现在"备赛集训"不同的是，当时除了在数学小组活动时间多做几道练习题以外，没有什么过多的训练，竞赛中全凭各人平时的水平。

回想起来，虽然那时候没有奥数冬令营和各种培训班，但是有很多积极推动竞赛活动的老师，包括中科院的裴宗沪老师、师范学院的周春荔老师，还有胡大同、梅向明、张君达老师等等（很多老师的名字我都不记得了），再有就是我在北大附中高中的班主任周沛耕老师。很显然，数学比较突出的学生在这些老师那里都"挂了号"的，虽然本人并不知情，但是我们的任何成绩都在老师们的关注之下。记得高三那年的一天晚上自习课的时候，周沛耕老师把我叫出来，郑重其事地讲，有一个国际数学奥林匹克，是世界上水平最高的中学生数学竞赛，中国有可能派队参加，而我则是可能的人选。前面提到，那时候对出国参加竞赛这种事，连想都没想过，当它成为一个实实在在的可能的时候，心中是有一些震撼的。

我对自己的数学竞赛实力还是有比较清楚的认识的，从高中联赛到几次大大小小的数学竞赛，包括高三（1985 年）再次参加美国的 AHSME 和 AIME 获得的成绩来讲，当时在北京的同龄人中已经没有对手了。不过，国家代表队到底会如何选拔，以及那一年是否真能成行，还是个未知数，而且国际竞赛的题目到底是什么内容也不了解，因此这件事也就是心里有个数，平时该干啥还干啥。后来才知道，由于种种原因，到 3 月份才确定要去参赛（比赛是 7 月初在芬兰举行），而我得到确定被选中的消息则已经是最后关头，一个月内就要出发。

那几个星期感觉过得非常快，先是和带队的裴宗沪和王寿仁两位老师见面，然后见到了从上海坐火车来北京的选手吴思皓，我们每天到中关村由单墫老师做突击辅导。前面说过，我们当时的数学水平，靠的是平时课内和课外的积累，没有经过系统性的训练。我对代数、几何还算是比较熟的，组合也有一定基础，而数论就基本上没有学过了。好在我平时还自学了一些抽象代数，其中的基础知识涉及有相当深度的数论知识和方法。单墫老师给我们辅导的地方是中科院的一间锅炉房,在机器的轰鸣声中,我们经历了不到 10 天的培训。在此期间,护照、签证等手续都在紧锣密鼓地办理,终于在 6 月 25 日临行前一切就绪。

我们这次能够成行,实属不易。早在此前两年,裘老师就计划参赛,然而因各种原因没有被批准。这一次,裘老师再次向国家教委提出参赛,用的理由是:联合国安理会的五个常任理事国中,只有中国没有参加这项竞赛了!终于得到了批准。这是中国第一次派队参加国际数学奥林匹克,虽然因为时间仓促,只选了我和吴思皓两名队员参加,但是其意义非同小可。去芬兰的经过也很曲折:因为批准得晚,等中国向芬兰的竞赛组委会提出要报名参赛的时候,组委会的回复是"报名截止日期已过,今年不再接受报名了"。据当时的组委会主席莱赫丁恁老先生在多年后向中国队领队透露,在那一届开赛前几天,组委会接到中国驻芬兰大使馆的电话,说是中国队到了!组委会别无他法,只好给我们安排住宿和参赛。这些幕后的故事,我和吴思皓当时完全不知道,其实我们能够参赛,是非常幸运的。

第一次走出国门,拿到自己的第一本护照,人生第一次坐飞机,在多年后的今天回想起来,都像做梦一样。那时候中国和芬兰之间没有直飞航班,机票又买得晚,所以实际的行程是绕了一大圈,换了好几次飞机:从北京出发,到中东地区的沙迦城,再到法国巴黎,又在瑞典斯德哥尔摩停留,然后到达目的地——芬兰的赫尔辛基。回程就简单多了,从赫尔辛基飞往莫斯科(当时是苏联),停留四天后飞回北京。全程经过了除中国外的五个国家和地区。这也是第一次发现我晕飞机!一开始是中国民航的飞机还比较平稳,机组人员给找来治晕机的药,问题不算大,后来是法航的飞机,飞行员开得比较野,尤其是起飞降落,难受无比,飞机上提供的晚餐也根本吃不下,还要停那么多站,一次次过关。吴思皓比我好些,但是到最后也有些受不了。从北京到赫尔辛基,路上超过了 24 小时。这漫长的旅程也不是没有好处,因为全程都没有休息,到赫尔辛基的时候又累又困,刚好是晚上睡觉时间,直接就把 6 小时的时差调整过来了。

在赫尔辛基的第一站是中国大使馆,在大使馆安排的旅馆住了两天之后,到竞赛组委会报到。组委会给每个国家的代表团都派了一名导游,是高中生志愿者。我们的导游和我年龄差不多,叫尤哈·康迪艾恁。后来我们发现,"尤哈"是很常见的名字,而很多芬兰人的姓氏的最后一个音节都是"恁"。领队的王寿仁老先生和其他国家的领队们一起去进行选题,我们则和裘老师一起参加组委会安排的各种活动,包括观光游览、参观博物馆和学校,等等。

有一天午饭后,一个当地报纸的记者拉着我要采访。我当时的英语口语很差,本来不大愿意接受采访,吴思皓口语好一些,可是那时他不知去了哪里,我又不会说拒绝的话,就糊里糊涂地接受了采访。聊的内容基本上都忘了,只有两样还记得。记者问我:"你们中国人做菜是不是用很多油?"我说:"是啊。"又反问他:"你们用什么?"他说:"我们用水煮。"他又问:"你觉得是芬兰女孩漂亮,还是中国女孩漂亮呢?"我听了就一愣,这几天老是在想数学,哪里正眼看过女孩啊!不知不觉用起了外交辞令,说芬兰女孩和中国女孩很不一样,但都很漂亮,各有千秋。我的英语磕磕巴巴的,应该是表达了这个意思。

我们的导游尤哈邀请我们到他家做客,他妈妈亲自下厨准备了晚餐。尤哈为我们演奏了一段钢琴,又在电脑上给我们看他的编程作业。交谈中了解到,芬兰语和瑞典语都是芬兰的官方语言,而尤哈曾经在英国上过两年学,所以英语是他擅长的第三种语言。当地的高中生大部分都有尤哈这样的经历。尤哈的妈妈对中国很感兴趣。中国改革开放不久,对西方人来说,中国仍然很神秘。她问我们学校里是否都有电脑,我告诉她说,我们学

校(北大附中)刚刚开始有电脑,但不是每个学校都有;在不久的将来,每个学校都应该有的吧。

在赫尔辛基停留几天之后,所有的参赛团队都转移到一个叫约察的小镇,大家分别住进一个个的小公寓,感觉上类似于体育奥林匹克运动会的奥运村。

正式的竞赛就在这里的一所中学里进行。每个参赛选手都有编号，我是CN1，就是中国队一号，吴思皓是CN2，中国队二号。两天的比赛，每天四个半小时解三道题，这种竞赛形式也是第一次经历，十分紧张。裴老师专门为我们买了糖果饮料和营养品带进考场，然而在我紧张做题期间根本想不起来吃。从事后诸葛的角度来看，即便我们没有经过系统训练，在这一届的题目中，第一、第二和第四题都是在我和吴思皓的能力范围之内的，如果正常发挥，我们都有银牌的实力。然而实际上吴思皓解出了第一、第二两题，得了铜牌，而我只做出了第二题，没有拿到奖牌。有意思的是，我解决的第二题是数论问题，平时没有这方面的解题经验，是靠自学抽象代数时学到的数论方法解决的，解法颇有独到之处，证明也很严格。两年后在北大上数论课的时候，潘承彪教授拿这道题作为例题，讲的就是我的解法。这一届有两个满分，匈牙利、罗马尼亚各占其一。我和吴思皓两人总分为 27 分，团队排名第 32 位。在后面的几届，中国队的名次是第 4、第 8 和第 2，和我们一样，名次都是 2 的整数方次，所以 1989 年中国队的一位师弟说，今年我们该是 2 的 0 次方（第 1 名）了！果然那一年得偿所愿。

从考试到等待结果的几天里，我们结识了不少其他国家的选手，闭幕式之后离开的时候依依惜别，互相赠送了小礼物。有一位哥伦比亚的选手送给我们一人一小包咖啡豆，带回家以后一直也不知道怎么用。我们也给尤哈送了小礼物，我还邀请他有机会去中国。临行前看到蒙古队的车就在我们的车旁边，我就过去打个招呼，用英文说再见，没想到他们都听不懂，颇为尴尬。这时我突然脑子里灵光一现,想到他们应该懂俄语,而我父母读书时学的是俄语,我记得他们说过俄语的"再见"好像是"打死你大娘"来着,所以又挥手对蒙古队的朋友们说"达斯维达尼亚"! 这一下他们都懂了,一个个微笑着回应"达斯维达尼亚"! 回到车上和裴老师一说,他也大笑——裴老师原来学的也是俄文。

这一次参赛,确实起到了"投石问路"的作用,一方面见识了世界级数学竞赛的水平和方式,看到了我们和世界数学竞赛强队之间的差距,另一方面也意识到,我们本身的数学能力并不比别人差,只要经过一些系统的解题训练和基本心理素质的培养,我们完全有能力和世界强队一较高低。在此之后,在裴老师和各大名师的大力推动下,中国正式开始一年一度的冬令营集训,各种竞赛资料如雨后春笋般涌现,中国队更是常年在国际数学奥林匹克中名列前茅。

参赛之后,我在北大数学系本科读应用数学,然后到美国宾州州立大学获得了数学博士学位。此后又在美国学术界、工业界摸爬滚打了二十年,这期间的经历由于篇幅所限不能在本文一一叙述,以后会在本人的博客(新浪《数学魔法大师的博客》)中陆续发表。因为身在美国,我对美国的数学竞赛活动是一直关注并在近年来积极参与的。美国中小学生确实在数学基础方面普遍比较差,这和教育制度有关;然而美国的学生中数学拔尖的也比比皆是,亚裔、白人……各族裔都有,水平之高丝毫不逊于中国和其他世界奥数强国。美国的奥数选拔方式和中国大不相同,与美国的体育奥林匹克选手非常相似,个人凭兴趣学习,自己寻找老师和培训资源,直到在美国数学奥林匹克(USAMO)中取得优胜的成绩后,才参加由美国数学协会这个非营利组织举办的为期三周的夏令营,选出下一年参赛的六位选手。这些年,我本人也亲自指导过代表美国和其他国家在 IMO 获得奖牌的选手,同时致力于在美国中小学普及数学,提升学生的深度解题能力,把中美两种文化中数学教育方面各自的优点发扬光大。对自己来说,在职场打拼之后进军数学教育领域,也是人生的又一个新篇章。

作者介绍　王　锋

美国宾夕法尼亚州立大学数学博士,现居美国加利福尼亚州。曾经代表中国首次参加国际数学奥林匹克(IMO),近年在美国推动中小学数学理工教育,增强在思维方法和深度解题能力方面的训练,曾担任数学奥林匹克出题人、审题人、阅卷人和国家集训队教练等职务,是 ZIML 智谋国际数学联盟大赛的创办人之一。曾在美国高科技公司新闻集团、甲骨文及思科等公司担任高级技术职位。2004 年创办美国爱睿星 ARETEEM 学院,开办数学夏令营、冬令营及全年网络数学和理工科课程,采用自主研发的教材并突显在数学理工科目方面的优势,为世界顶尖名校打造优秀的数学理工人才。学院目前已获得权威教育认证机构 WASC(美国西部学校和学院协会)的认证,可颁发美国高中毕业证书。编写出版了系列数学教材和解题指导书籍(英文),包括《破解高中数学竞赛》《日常生活中的数学智慧》《初中几何解题指导》《小学数学趣味解题》《ZIML 数学竞赛系列》等等。

奥数有用吗

◎ 华先胜

师兄库超在张罗关于奥数的纪念文集,邀请我撰稿,很是为难。一方面时间有限,更重要的是我对奥数涉入并不深,只是参加了全国联赛,未曾粘上IMO 的边。但师兄再三盛情邀请,却之实在不恭。另一方面,我又思考,类似我这种参加过数学竞赛,但并未参加冬令营、国家队的,其实是数学竞赛参与者中的大多数,也许我的一些观察和思考有更多人能够从中找到共鸣或启发。如是,就答应了。

关于数学竞赛的最早的记忆,是初中的时候,在一个穷乡僻壤的山村中学。初二的时候,数学老师大概发现我的数学还不错,于是举行了一个数学邀请赛,邀请高年级的同学一起参与这个竞赛。最终,我以很小的差距,还是败给了一个高年级同学,处于第二名。但是,数学老师还是很高兴的,毕竟我是和高年级同学比赛。

高中阶段,我在黄冈中学有了更为系统的数学竞赛的训练。其实不参加数学竞赛的同学,也是每周日的晚上必有数学考试,三年周周如此。印象最深的是暑期的时候在校集训,当时我参加了数学和物理两门的训练。那时的条件从今天来看,还是相当艰苦的,但大家大都乐在其中,也没有觉得有多苦。

后来,阴差阳错,虽然没在高中数学竞赛中取得特别好的成绩,但却保送进了北大数学科学学院,一学就是十年。到如今,已经将近 30 年过去了。这期间的各种打拼,包括今天从事的人工智能相关的前沿研发和产业落地,毫无疑问,因之前的数学训练而有不同。今天,我们面对的是人工智能技术研发如火如荼的时代,也是人工智能将会逐步进入各行各业的时代。从过去的第一次、第二次工业革命,到信息时代的革命,到今天智能时代的方兴未艾,我们需要的能力和数学竞赛训练中锻炼的能力,其实并无二致。

首先,我们需要具有解决难题的能力。生活工作中到处存在着需要解决的问题和需要做的决策,不少问题复杂难解,需要深入钻研,需要洞悉问题的实质和事物之间的关联,从而寻求有效的解决方案。数学竞赛的训练,是寻求问题的解决方案的训练,也是钻研精神的训练。而且,数学竞赛的题目通常并不是直接应用一个规则、公式、定理就能解决的,往往需要我们用开放的思维,去分析问题的本质,从复杂中找出简单,从无序中发掘规律,觅得创新的解题思路。

严密的逻辑思维能力,也非常重要。我们不少决策的失误,是逻辑论证不够严密造成的。虽然看似简单,因和果的关系也常常被颠倒,或者,因非果之因,果非因之果,却会成为支持结论或决策的依据。论证的时候逻辑出了问题,或者没有厘清深层的因果关系,决策可能就会出现漏洞。虽然我们的世界很多时候是超越逻辑的,但超越逻辑并非逻辑错误,而是在逻辑正确的基础上的超越。

强大的数学思维训练,也是将知识转化为技能,进而将技能转化为习惯的一个非常好的实践过程。数学直观,对多数人来讲是刻意训练出来的;各个领域游刃有余的能力,绝大部分也是刻意练习而养成的。我们在职场中参加的各种能力的培训,例如沟通、项目管理、团队管理等等,往往原理是非常简单,但真正做到并不容易。有一天,我终于明白了其中的关键,那就是知识、能力和习惯之间的差别。当我们看到一个经验或技能的介绍,我们了知后,是掌握了相关的知识,这时我们并不一定能够真正用起来,就如同学习了游泳的知识,如果不去实践,还是不会游泳;当我们按照学习到的知识,去实践,去验证,我们就会真正能够按照知识所言,获得这项能力,就如同学习游泳能够在水里游起来。但是,这样还是不够的,要让知识真正成为我们自己的本领,需要将能力变成习惯,不经过思索就能完成,如同熟练的游泳者,根本不用思索,就能游刃有余地进行。数学竞赛的训练是可以让我们养成好的思维习惯,严谨而又能突破,执着而又能创变。

当然,数学竞赛问题和真实世界的各种问题,也有不同的地方。很多真实世界的问题,没有完美答案或正确答案,甚至没有答案;甚至问题也不确定,到底选择做哪个题目,解决哪个问题,也需要我们以智慧去选择;甚至,有些情况连问题都没有,需要自己发现问题、提出问题。但是,这些都是以能够解决问题为基础的。

奥数发展多年,这期间也不乏质疑的声音。我觉得,一件好的事情,如果只是想利用这件事情带来的某些好的结果,但忽视了这件事情的"初心",那是可能产出有违初心的结果的。奥赛的参赛者虽已在高中阶段,但是鲜有人在此时能够独立判断、自主选择,所以更多是培训者和家长的引领。近期我特意查阅了网上关于奥数培训的一些心得体会的资料,发现都是谈如何取得好成绩、取得奖牌的培训或者学习经验。这些当然无可厚非,也很重要,但我认为更为重要的前行条件是对数学竞赛的认识,特别是参与数学竞赛的目的是什么的认识。这一点清楚了,我们就能在结果和过程之间,在奖牌和能力之间,在升学和成长之间,在短期利益和长期发展之间,在这些难以平衡的两端找到适合自己的平衡。这些目标,有的可以兼有,有的可以在条件不具备时舍弃,有的如果舍弃了可能长期的结果就会事与愿违了。

很多人也在看,那些曾经光彩夺目的 IMO 佼佼者,今天成就如何呢?是不是都成为数学大师了呢?是不是很多人已泯然众人矣?以此来评价数学竞赛的成绩,有合理成分,也有不合理的地方。数学竞赛取得成绩并不见得一定要成为数学家,数学的训练可以为未来各行各业的打下解决难题、创新思维和严密求证的基础。当然,部分人也会成为数学家,更多的人会在各行各业中展现自己的才能。对于 IMO 的成功者,当然也不能 fall in love with what you've done before(沉溺于过去的成功)。过去的成功,只能代表这个特定领域的成绩。相对而言,奥数较小,世界更大,人生很长,挑战很多,变化很快。我们要不断突破自己,不断舍弃过去,勇于离开 comfortable zone(舒适区),不断创造未来。当然,也不见得要把过去的成功变成压力,而是要在进取和心安中找到平衡,成为更好的自己。

数学的训练,无疑是我在近 30 年的求学和工作经历中,能够克服很多困难的重要助力,包括技术的困难和非技术的困难。技术的困难虽然不易解决,但只要可行,还是可以逐步克服;而非技术的困难,往往让人迷失方向,并且影响技术困难的攻克。技术的困难和非技术的困难,归根到底都是思维方式的问题。数学被誉为思维的体操,习之得当、用之得法的思维训练,毫无疑问是应该大力推而广之的。但是,如果迷失了初心,数学竞赛训练,好比利器,用之不当,则可能会伤害自己了。所以,质疑奥数,还不如质疑一下对奥数训练目标的认识。

作者介绍 华先胜

　　博士,电气与电子工程师协会会士(IEEE Fellow),美国计算机协会杰出科学家(ACM Distinguished Scientist),曾获 MIT 技术评论"全球 35 个 35 岁以下杰出青年创新者"称号(TR35),主要从事大规模视觉智能算法和系统方面的研发工作。现任阿里巴巴集团副总裁/高级研究员、阿里巴巴达摩院城市大脑实验室主任。

"奥数"过的人生

◎ 蒋步星

一开始想用"奥数人生"这个题目,但我的奥数经历并不算长,这题目就有点大了。但是,奥数对我的影响却非常深远,换成现在的题目更为合适。

我的奥数生涯大概要从 1988 年考入全国理科实验班算起,到 1989 年参加完 IMO 结束,估摸一年半时间。之前当然也参加过各项数学竞赛,但并没有系统地学习训练过。从理科班开始,才算是接触到了奥数界的主流,那些赫赫有名的导师都活生生地出现在课堂上了。

勤奋并乐观

来理科班之前,我在原来中学属于学习成绩非常好的学生。教材自学过,也习惯于上课不听讲,数学考试都是要照着满分去拿的。当然本来有兴趣,在数学上花的时间也不少,但没有刻意地用功。我能明显地感觉到自己比周围同学聪明,同样内容我用少得多的时间就能掌握。

来到理科班,接触到全国的顶尖高手后,接二连三的事,给了我沉重的打击。

美国数学邀请赛,满分 15 分,我只得 9 分。9 分什么概念? 就是刚及格而已。而湖南、上海这些地方的同学都是 14、15 分,满分或接近满分。

班上请来教练讲课,推导过程中经常会说"显然,……",同学们也热烈附和。题目继续讲下去,而我却非常纳闷,想不明白怎么就"显然"了。以前不听课是因为早会了,现在索性不听却是因为听不懂了。

接下来的一次单元测试,我考了 52 分,不及格! 不及格! 不及格! 我从小到大何曾有过数学考试不及格的事情?! 这分数我一辈子都忘不掉,因为是我一生中唯一一次数学考试不及格。

这些打击足以让我"开始怀疑人生"。

我才意识到,能考进理科班只是运气好,根本不是自己有多强,那几个考题恰好是碰到过的类型。和同学们特别是南方同学相比,我的基础太差了,连 n 和 $n+1$ 互素这种真的很显然的知识都需要反应一下。在原来环境能很出色,不是因为自己强,而是周围人太弱。

这时候怎么办呢?只能去恶补自己的薄弱环节,我开始不停地练习,牺牲休息时间,比高手同学花更多的时间。几个月后,我能感觉到已可与他们比肩。一年后,我的笔记本上记录了上千道难题。后来再回看,最后进了国家队的同学,全部都是周末仍在教室里做题的。

经此一事,我不再相信聪明了。虽然我还是认为自己挺聪明,但聪明人实在太多,想要脱颖而出,唯有勤奋!

这已是影响我一生的信条,只有奥数这种级别的磨炼,才能给我如此刻骨铭心的记忆。

理科班同学罗华章,自冬令营起一直保持着班里第一的成绩,最后在 IMO 中也是我们队唯一的满分。当时我班有个说法:老罗就没有做不出来的题,除非这个题没答案,可见老罗之强。

但老罗也有衰的时候。我考 52 分那次,在食堂饭后洗碗时看到老罗也在边上,我一眼瞅到了他的试卷上写了个 56 分。哈,原来不只是我一个人不及格,老罗也才考这么点分,心里马上就有一种释然的感觉,嘿嘿。

一年之后在国家队的宿舍中,我无意中谈起此事,评论了一句"连老罗也有考不及格的时候,我又怕什么"。结果罗华章马上接口说也记得此事,本来考得很差很郁闷,悄悄看到过我的分数后,也是同样的感受"老蒋竟然比我考得还差,我还难受什么",两人顿时相视哈哈大笑。

是啊,我怕什么呢?一次失败算得了什么?仅仅一年之后,我们就会笑着面对过去的失败了,它不仅不再是心里的芥蒂,反而是自己进步的例证。

这是奥数训练中给我的另一个人生经验。每当有什么挫折的事情发生,我都会告诉自己,往后看,再过五年这还是个事吗?这个心态伴随着我的大学、工作,直到现在,让我能坦然面对挫折,始终笑对人生。

早点被奥数虐一虐,并不是坏事。

严格和抽象

我的数学意识是在奥数培训阶段打下的基础,后来在大学念了计算机系,仍然和数学系同学一起去啃数学分析。从这些正规的数学训练中获得的能力使我受益终身。

数学带给我的主要有两个方面:一是严格,二是抽象。我不会轻易地相信自己的直觉,无论直觉是多么合理,也一定要有严格地证明才能认定结论是正确的,而一旦从理论上证明过的东西,就不再怀疑,无论直觉是多么不合理也可以接受;抽象则是贯穿于我工作中的任何环节的,我会习惯于从问题的表面追溯其本质,从众多看似杂乱无章的东西中寻找出其共同规律,然后再利用总结出来的理论去指挥其他工作。

我自己做软件公司,前十几年主要产品是报表软件。刚开始做的时候,国外对手很强大,我们却能够在与这些产品正面竞争中赢多输少,这是数学造就的。

国外厂商比我们多做了十多年的时间,投入也远远超过我们,从产品的精细程度和技术的完备性上都远胜于我们。如果单从这些方面去比,我们是永无胜机的。但是,这些产品采用的数学模型过于简单且陈旧,很难适应中国人的复杂报表。

而我们有自己发明的独特模型!

为了制作更好的报表软件,我们研究了千余张中国报表,从中发现规律,提出自己的数学模型,发明新的概念,彻底地解决了中国报表的多源、分片、格间运算等问题。而基于这些理论开发出来的产品,在工作效率上比国外产品提高了近一个数量级!

完成这些工作不仅要有丰富的经验(这种经验竞争者也都有甚至更多),更重要的是需要优秀的抽象能力。而这恰恰来自那些年近乎残酷的数学训练。

我们继续前行,现在做号称 IT 三大核心技术之一的数据库。几乎所有数据库厂商都在基于近五十年前发明的关系代数理论开发数据库。而我们不一样,我们又在发明新数学!

为什么要发明呢？继续用关系代数有什么坏处吗？

在国内上过小学的同学大概都知道高斯计算 $1+2+3+\cdots+100$ 的小故事。普通人就是一步步地硬加 100 次，很麻烦也很慢。高斯小朋友很聪明，发现 $1+100=101$，$2+99=101$，$\cdots$，$50+51=101$，然后用 50 乘 101，很快算完。

听过这个故事，我们都会感慨高斯很聪明，能想到这么巧妙的办法，既简单又迅速。这没有错，但是，大家容易忽略一点：在高斯时代，人类的算术体系中已经有了**乘法**！我们从小学习四则运算，会觉得乘法是理所当然的，然而并不是，乘法是后于加法被发明的。如果高斯的年代还没有乘法，即使有聪明的高斯，也不能快速简捷地解决这个问题。

而关系代数就像一个只有加法还没发明乘法的算术体系。很多常见运算，在关系代数内实现，都有点像上面那些的普通小朋友必须硬算，造成的直接影响就是让写出来的程序代码既冗长难懂且计算很慢。因为缺乏高级的运算，即使有聪明人想出更简洁高效的算法，也无法在这个代数体系下表达出来让计算机去执行，只能干瞪眼。

五十年前的需求和环境都相对简单，那个时代适用的理论到今天已经力不从心了。而且，这种理论上的问题在工程上无论如何优化也无济于事。但是，绝大部分的数据库开发者不会想到这一层（或者说为了照顾存量用户，也没打算想到这一层）。于是，主流数据库界一直在关系代数这个圈里打转。

奥数过的我却知道，要想让程序更好写且跑得快，就必须跳出这个圈，要发明新的代数！有"乘法"的代数。

当然，要撼动有如此深厚且有巨大用户基础的关系代码，那谈何容易呢？有无数从业人员为了兼容性而放弃创新。但我仍然敢做这个东西，因为，有数学，就有信心！

数学给了我严格和抽象的思维。多一点严格认真，就能发现更多别人看不到的盲点；多一点抽象能力，就能比别人看得更深更远。

再加点有趣

做企业，免不了要有销售工作，也就会面临给销售人员计算业绩提成的事儿。要鼓励更高业绩,一般来讲给销售人员的提成比例会随着销售额升高而升高,大多数公司设计的提成公式就是一个分段函数,比如这样的:

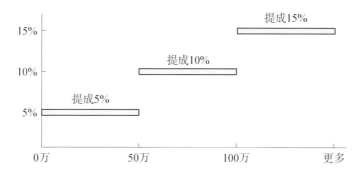

我不喜欢这种大部分平、个别点突变的不连续函数。我希望任何时候多一分努力都能多一分成果,这样它应当是一个一直增的函数;而显然又不能做成线性函数了,它必须得有界(否则公司可能要破产了);而且在某些特定的点要给予特别的鼓励,也就是这些点的附近增长要更快(在这些地方再多努力一点就能得到比平常多得多的好处)。

于是我设计了这么个提成公式:

$$0.09 + 0.06 \frac{\arctan\dfrac{x-5}{1} + \arctan\dfrac{x-20}{2} + \arctan\dfrac{x-80}{8}}{\pi}。$$

画出图像大概是这样:

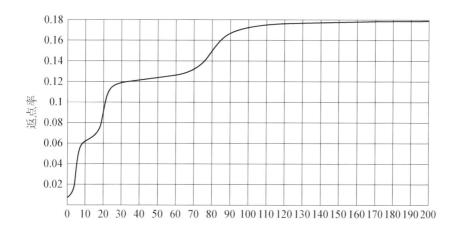

可以调整其中的参数设置曲线的缓陡程度以及拐点的位置,非常方便。大概只有奥数过的人才会琢磨出这玩意儿吧。

人们常说数学和音乐是相通的,但大多数人也说不清到底通在什么地方。

自理科班起,我一直保持了对古典吉他的爱好,可以说对音乐和数学都下过些工夫。现在,奥数过的我就能解释数学和音乐到底通在哪里啦。

现代音乐体系的基础是 12 平均律,那为什么要是 12,而不是 11 或 13?这是可以从数学上证明的。首先,人们发现,构成好听和弦的多个音的频率比都是简单的小整数;然后,为了移调方便,一套音乐体系中的各个音(的频率)最好构成等比数列,这样把哪个当基础音都能凑出需要的和弦了;再者,这个等比数列中最好碰到 2(倍频率)时就开始一个新的周期,因为弦长与频率成反比,造一半长的弦正好得到高一倍频率的音,这会使弦乐器生产难度较低(早期乐器都是弦乐器);这三点条件凑到一起后,我们发现,以 2 开 12 次方根为等比因子的数列中,比值近似为简单整数的情况相对多一些,所以就是 12 平均律了,而 11、13 等其他数都没有这个性质。

从这个原理还可以推出一个有趣的说法:好听和弦的傅里叶展开都短,一句话就把数学和音乐联系到一起了。有次对一个搞音乐的工科师弟说了这话,对方当场喷饭。

谁在说数学枯燥呢?

作者介绍　蒋步星

　　1989 年作为国家队成员参加第 30 届国际数学奥林匹克,获个人金牌和团体冠军。1989 年至 1996 年清华大学计算机系本硕连读,毕业后在清华大学及紫光、长天等公司任职,参与和主持信息系统及相关基础平台的设计与开发。2000 年创建北京润乾软件公司,专业开发报表工具、数据计算以及数据库等软件产品。2004 年提出非线性报表模型,完美解决了中国式复杂报表制表难题,2007 年出版专著《非线性报表模型原理》。2008 年起致力于数据计算技术研究,发明离散数据集模型,并基于此模型设计新一代数据计算语言 SPL,2018 年发布数据仓库 SPL Server,该产品从基础理论到代码开发实现全面国产化。2016、2017、2018 年获中国软件和信息服务业·十大领军人物称号。

卅载光阴弹指过——我与数学竞赛之缘

◎ 邹　瑾

应邀写一篇关于数学竞赛的文章,苦于语言表达能力匮乏,拖了好几个月都无从下笔,眼看快要截稿,才硬着头皮开始写稿。一时间千头万绪,不知从何说起。掐指一算,我与数学竞赛的缘分已超过三十年,那就简单说说这三十年里,我与数学竞赛的那些"独家回忆"吧。

第一个十年：命运的馈赠,让我与数学竞赛相遇

和大多数数学爱好者一样,我也是从小就对数学产生了浓厚的兴趣,源头就是课外书籍。最开始是哪几本书打动我的,已经记不太清了,或许是 1980 版的《十万个为什么》。但小学二年级,我第一次参加数学竞赛活动时的快乐,在三十多年后的今天,仍让我记忆犹新。

从那一天开始,小学、初中、高中的各类数学竞赛的赛场上,都会出现我的身影。我也就这样,从小学数学奥林匹克、华罗庚金杯、初中联赛、高中联赛、CMO、国家集训队到 IMO,一路走来。

经常有学生和家长问我,当年竞赛频频获奖的秘诀是什么？在我看来,所谓的"秘诀"只有两点：第一是热爱,第二是老师。我对数学的热爱,在这么多年的学习过程中,分毫未减。而人生路上遇见了那么多的数学好老师,则是我最大的幸运。

小学的张老师、祝老师,初中的李传燕老师,都细致呵护着我对数学的兴趣,给我提供最自由的空间。而小学遇到的柯志红老师和初中遇到的朱华伟老师,则是我数学竞赛道路上的启蒙者——朱老师后来还成了 IMO 中国代表队的领队。读高中时,我幸运地来到了以数学竞赛为特色的武钢三中,IMO金牌教练刘诗雄老师和当时刚来学校、认真负责的郭希连老师,也给了我非常大的帮助。

在我遇到的所有老师中,对我影响最大的两位,就是钱展望老师和张筑生老师。

钱展望老师是我的高中老师,更是数学竞赛界的传奇。在钱展望老师身上,汇聚着一大串神奇的标签:高考前三、体育老师、IMO 金牌教练……但让我这个学生难忘的,还是钱老师身上几十年如一日的严谨、专注、勤奋、坚持。他这些宝贵的品格,直到今天还在影响着我。印象中最深刻的一件小事,是钱老师在我一道题目的解答上,用红笔圈出了 30 多个需要修改的地方,甚至细致到连接词的用法和换行与缩进。

回首高中的三年时光,钱老师对学生一直很严厉。但当我们这些学生成年之后,回想起钱老师,心中只有满满的感激。何谓为人师表?身教重于言传,便是如此。

张筑生老师则是另一个传说中的人物:张老师是北大培养的首个博士,也是当时 IMO 中国国家队的主教练。身为北大教授、国家队主教练的他,带领中国数学奥林匹克选手,连拿五届总分第一。还记得我第一次听张老师讲课时的震撼——我第一次意识到自己不过是井底之蛙,对数学我仍需充满敬畏之心。

同时,张老师又是一位左手残疾,在 1990 年就检查出患有严重鼻咽癌的癌症病人。在抗癌 12 年后,张老师于 2002 年去世。就在此前的一个学期,我还在北大上他的微分拓扑课。犹然记得最后一次考试,因为病痛的折磨,张老师是被学生抬进了考场监考,但身体虚弱的他,依旧坚持让一位不在考试名单上的学生离开考场。在张老师生命的最后时光里,他的严谨、认真、执着影响到了在场的每位学生。

回望与数学竞赛结缘的第一个十年,我的记忆中充满快乐,同时,也不由惊叹于命运的垂青,让我遇到了那么多的好老师。

第二个十年: 初心不易,守得始终

因参加数学竞赛获得的成绩,我得以顺利进入北大数学科学学院学习深造。我的大学生活和大多数同学并无二致,但在内心深处,我一直在思考一个问题——我将来应该做什么?

开始时,我也想过出国深造,然后走学术道路。可我渐渐意识到,纯学术方向的数学研究并不会给我带来太大的成就感。如果选择这条路,我相信自己也能在某个大学里找到一个属于自己的位置,大概率也能当上教授,但这是我想要的吗?

另一方面,本来只是为了挣点零花钱的兼职老师角色,却给我带来了很大的惊喜。看到孩子们在我的课堂上一双双闪闪发光的眼睛,让我内心充满了成就感和满足感。随着时间的推移,我也开始思考,是否该把教育作为我未来努力的方向?

当时在我身边出现了很多质疑的声音:"你以前数学学得这么好,为什么不去做研究?""一个北大的毕业生,教中小学生,太浪费了。"……凡此种种,不一而足。同时,社会上对数学竞赛也有很多偏见,我甚至参与过两次电视节目,却都成了被批判的对象。

在思考了很长时间后,我终于想清楚了。过去的经历告诉我——**一个好的老师,对学生的成长至关重要。**如果我能扮演好这个角色,所能发挥的价值或许比做一个大学教授更大。我教的学生中,有很多孩子都有很高的数学天赋,也对数学充满了热爱。我相信,我可以更好地理解他们,更好地帮助他们,让他们的天赋不被浪费。

《明朝那些事儿》是我很喜欢的一部书,书中讲述的是一个王朝的兴衰。但故事的结尾很有趣,作者笔锋一转,讲起了徐霞客。按作者自己说,他想通过徐霞客的故事,表达一句连名人是谁都没说明白的名人名言:"成功只有一个——按照自己的方式,去度过人生。"

我的人生选择,就是投身教育行业,用我自己的方式。

与数学竞赛结缘的第二个十年里,我终于找到了自己的方向。

第三个十年: 世上所有坚持,都是因为热爱

2009 年底,我和几位伙伴共同创立了一家课外培训学校——高思教育。随着互联网技术的迅速发展,我们在 2015 年成立了专注英才培养的"爱尖子"品牌。创立"爱尖子"的初衷,就是希望所有对数学有天赋、有热情、有渴望的孩子们,都能拥有更多机会去实现自己的梦想。2019 年,"爱尖子"也成为了

IMO 在中国的唯一合作伙伴。

我现在的身份,也从教师逐步转变为管理者,但我仍会投入大量的时间和精力在一线教学工作上。有趣的是,国内数学竞赛界三位顶级教练员,同时也是中国三所顶级中学校长的冯志刚老师、朱华伟老师、葛军老师,也不约而同地选择站在数学竞赛教学第一线,直接给学生们授课。

这些年来,中国数学竞赛界的泰斗裘宗沪老先生一次又一次勉励我,希望我能为体制外的竞赛培训探索出一条新路。我知道,舆论对数学竞赛仍有很多非议,但令人欣慰的是,现在有更多的人能以更加理性、更加客观的角度去看待这件事:数学竞赛并不适合大多数人,但是数学竞赛对于国家拔尖创新人才的培养,会起到非常积极的推动作用。

世上所有的坚持,都是因为热爱。对数学的热爱,来自前辈们孜孜不倦的探索,来自吾辈们薪火相传的发展,来自后辈们对撷取数学明珠的渴望。只要这份热爱不灭,数学竞赛的道路也将越走越广阔。我也会尽我所能,和学校的老师、教练们一起,去帮助更多热爱数学的孩子们走得更远。

与数学竞赛结缘的第三个十年,我,一直在路上。

不知不觉,过去的这四十年生命里,竟然有四分之三与数学竞赛紧密相连。从学生,到老师,再到管理者;从参与者,到命题者,再到组织者。这许多的角色交织在一起,让我对数学竞赛的感情难以割舍。未来,希望能有机会为数学竞赛的健康发展再做一点微小的工作,也希望早日看到我国从"数学大国"发展成为"数学强国"!

作者介绍　邹　瑾

1997、1998 两届 IMO 中国国家队成员。1997 年 IMO 金牌得主。北京大学数学科学学院学士、硕士。爱学习教育集团(原高思教育)联合创始人,国内多项数学竞赛命题人。大学毕业至今近二十年一直作为老师站在教学的第一线,因为对教育的热爱,将这个行业作为自己的职业选择,迄今为止所教授过的学生中共计有 48 人进入 IMO 国家队。创办爱学习教育集团旗下爱尖子品牌,专注英才联合培养,已与国内一百多所顶尖中学合作。个人的教育理想:让每个有天赋的孩子都有实现自己梦想的机会。

早期奥校和奥赛回顾

◎ 陆　昱

　　中国的奥数培训最早起源于北京。第一所公开招生的奥数学校于 1985 年在北京成立。我有幸成为第一期的学员，并在小学到高中参加了奥数学校的培训。三十多年过去了，我想借此机会以一个学生的视角回顾一下我所经历的奥数培训和赛事。

　　1985 年，我还在上小学。有一天老师发了个通知，说有一所利用周末时间培训数学的课外学校招生，感兴趣的同学可以报名参加选拔考试。我和一些朋友都报名参加了考试，现在还清楚地记得报名费是五角。

　　简单介绍一下当时仅有的几个数学比赛：一年一度的全国高中和初中数学联赛分别是从 1981 和 1984 年开始的。北京市的迎春杯数学比赛（分小学组和初中组）则始于 1984 年。当时的资讯远没有现在发达。即使像查找往年考题这种现在轻而易举就可以上网做到的事情，在当时也没有几个人有能力办到。加之奥数培训的各种资料还未上市，所以几乎所有参加奥校入学考试的选手都是现在人们所说的裸考的状态。

　　入学考试的题目在现在看来应是相当简单的。但毕竟题型和思路与上课所学的内容很不一样，对于从来没有接触过奥数题目的学生来说，在严格限时的条件下，还是有挑战性的。

　　试卷中有一道填空题，我现在还记得。题目是："有 1985 个选手参加一项比赛。比赛实行淘汰制，每一轮比赛选手两两配对，胜者进入下一轮。如果某轮有奇数个选手，则有一名未配对选手轮空直接进入下一轮。问一共要进行多少场比赛才能够决出冠军？"这道题目如果给现在经过训练的小学生来做，应该是秒答。但对于当时从未见过类似题目的孩子们来说，能在短时间内找到正确思路并不简单。

　　还有一件有趣的事，入学考试选择题的答案似乎并没有被精心编排过，所以在大约 10 道选择题中，只有一道题目的答案不是 C。这使得不少选手在考试后后悔没有全都答 C。

奥校开课后小学部最初的上课地点是位于海淀区的北京第三师范学院。根据当时一起上课的同学,现任美国密西根大学统计系终身正教授的朱冀的回忆,我们第一节课的内容是等差数列求和公式——就是著名的高斯算 1 加到 100 的故事。升入中学后,奥校上课的地点又先后转到了北京师范学院以及北京师范大学。

1985 年 6 月,著名数学家华罗庚去世。为了纪念华老,中国少年报、中央电视台等单位于 1986 年共同发起创办了华罗庚金杯少年数学邀请赛(简称华杯赛)。首届华杯赛的初赛是由中央电视台第二频道以动画的形式播放的,共 15 道题目。北京赛区约有一千四百人参加了复赛,也是 15 道题。因全国总决赛每个赛区限制三个名额,而北京赛区复赛有多于三名的满分选手,所以北京市教育局又组织七名选手在北京教育科学研究院举办了为期一周的培训和选拔。这也是我第一次离家参加住宿的集训。参训的教练员包括王占元老师、陶晓永老师、唐大昌老师等。在这一周的培训中,我不仅交到了新的朋友,陶晓永老师还到我们的宿舍里教会了我们怎样打桥牌。培训方面,现在仍然记得一道当时的测验题,大体可以代表那时的水平。题目是:"1 986 个数围成一圈按顺序编号为 1,2,3,…,1986。从 1 开始,每隔一个数划去一个数:即划去 1,3,5,…,1985,2,6,…。问最后剩下的一个数是多少?"顺便提一句,本题的解题思想以后被多项竞赛引用,如 2000 年美国高中数学邀请赛(American Invitational Mathematics Exam)的压轴题和本题如出一辙,把数字从 1986 改成了 2 000,再多绕一个弯。2016 年北京大学自主招生数学试卷第十题也类似,只是改成了 54 张扑克牌。

鉴于我高中时参加的全国中学生数学冬令营(CMO)从时间到名额分配以及评奖方式都与现在有很大不同,我在这里简单介绍一下,也作为一个历史记录。早期的冬令营于每年一月份举办,1991 年的冬令营是根据 1990 年 10 月全国高中联赛的成绩,以省(直辖市、自治区)为单位选拔的。每个省保证至少有一个名额,成绩好的省可以派出多至七名的选手。全国共有 88 名选手入选此次冬令营,有十二个省仅有一名代表,只有北京市和湖北省达到了选派七人的分数要求。北京内部的竞争是十分激烈的,以至于对当时北京的某些选手来说,如果可以参加冬令营,那么入选国家集训队的可能性甚至比通过高中联赛进北京队还要大一些。

1991 年冬令营的题目总体比较难,我印象最深刻的是由已故的张筑生教授提供的第六题。这也是我所见过的最好的奥数题目之一。放在这里供大家欣赏:

> MO 牌足球由若干多边形皮块用三种不同颜色的丝线缝制而成,有以下特点:(1)任一多边形皮块的一条边与另一多边形皮块同样长的一条边用一种颜色的丝线缝合;(2)足球上每一结点恰好是三个多边形的顶点,每一结点的三条缝线的颜色不同。求证:可以在这 MO 牌足球的每一结点上放置一个不等于 1 的复数,使得每一多边形皮块的所有顶点上放置的复数的乘积都等于 1。

据称当时命题组对此题也极为欣赏,认为能答对这道题就有实力进国家队。结果真的如此,有五位选手答对这道题,其中四人进入数学国家队(IMO),一人进入物理国家队(IPhO)。

大家知道 IMO 的满分是 42 分,而冬令营的满分是 126 分,就是简单的将 IMO 的每个分数点乘以 3。据裘宗沪先生解释,如果按照 IMO 的标准评分,那么多数学生只能得二三十分,对于不了解评分标准的圈外人看来容易产生误解,认为学生的水平太差了。

考试成绩公布出来,北京的刘彤威以 117 分遥遥领先。他也是唯一得分过百的选手,并且帮助北京队夺得团体第一的陈省身杯(见后图北京队合影)。值得一提的是,他当时是发着高烧参加考试的。我们戏称他是头脑发热才取得了这么好的成绩。

此次冬令营得分在 96 分(含)以上的 6 位同学获得一等奖,得分在 78 至 93 分的 17 位同学获得二等奖。得一、二等奖的共 23 位同学入选国家集训队。其中北京队有 5 人入选,巧的是这 5 人也恰好是三年前全国初中联赛北京的 5 个一等奖获得者(那时北京初中和高中联赛的一等奖一般不超过 5 名)。

第一届冬令营始于 1986 年。每届冬令营的组委会都会印制一本程序册,内容包括日程安排、组委会及营员名单和试题,发给领队及参赛选手留作纪念。作为历史纪录,文后附录里是我收集的第一至第十届冬令营,以及 1990 年在中国举办的第 31 届 IMO 的程序册的封面。

1991 年冬令营北京队获得陈省身杯合影

左起：孙杰,廖翊民,刘彤威(IMO),王绍昱(IMO),张里钊(IMO),李伟华(集训队),陆昱(集训队,本文作者)

近年来冬令营的时间改到了十一月,冬令营和集训队也都有了大幅扩招。比如 2018 年的冬令营仅一等奖(金牌)就有 124 人,集训队有 60 人。所以现在冬令营的一等奖还不一定可以有资格进集训队。

近些年来关于奥数利弊的讨论非常激烈。我个人认为,奥数是一种非常好的数学思维训练的方式,但这种训练并不适合于每一个人。参加奥数培训的学生至少应该已经轻松掌握课堂中数学的内容。奥数的培训应该是本着因材施教的原则,为少数学有余力的同学提供的一个可以让他们施展才能的新天地,而不是一门要求大多数人,甚至人人都要参与的必修课。

在我的印象中三十年前奥校的同学们都是凭着兴趣参加的,没有什么压力,也并没有觉得周末的时间用来学习数学是负担。随着年龄的增长,如果兴趣有所转移,可以去参加其他活动,也没有人会质疑。在那段时间每个周末骑着自行车和小伙伴们一同去上课是一段很美好的经历。

我大学数学系毕业以后,到美国斯坦福大学统计系攻读博士学位。在这里统计学是指数理统计,是数学的一个分支。这个系每年招收约十名博士生,其中有两三名来自中国。在我求学的那几年有过交集的中国博士生中,所认识的参加过集训队的奥数选手就至少有以下几位:滕峻(1987 IMO)、霍晓明

（1989 IMO，现任佐治亚理工大学工业与系统工程学院终身正教授）、刘彤威（1991 IMO）、寇星昌（1993 数学和物理双集训队，现任哈佛大学统计系终身正教授）、韩嘉睿（1997 IMO）。当时系里唯一的华人教授刘军（现任哈佛大学统计系终身正教授）也曾作为国家队的预备队员备战 1981 IMO，可惜的是后来中国最终没有派队参加（这段历史的详情可以参见裘宗沪先生的回忆录《数学奥林匹克之路——我愿意做的事》）。我在研究生阶段最大的一个学术成果的证明也是应用了奥数中的一个技巧完成的。所以奥数虽然是初等数学，但在奥数中学到的方法也可以在高等数学的研究中有用武之地。

数学是一门基础学科，有着广泛的应用。奥数训练的益处也不仅仅限于理论的数学研究上。我博士毕业后在一家对冲基金公司从事量化金融的研究。虽然已经脱离了学术界，但同事中仍有普特南竞赛的优胜者（The William Lowell Putnam Mathematical Competition，美国最高水平的大学生数学竞赛，每年仅有 5 位优胜者）、IMO 的获奖者，以及苏联和罗马尼亚国家集训队的选手。从和他们的谈话中也可以感受到他们对奥数培训的评价是积极正面的。若使用得当，奥数的学习对思维能力的锻炼是潜移默化的，不仅仅限于初等数学的范围。同时奥数的培训将一些对数学有着共同兴趣的学生集中起来，使得他们有机会相识，相互切磋，彼此交流。有些人以后发展成为工作中的合作者，终身受益。

第四届全国中学生数学冬令营

程 序 册

中国数学会　中国科学技术大学

《中学生数理化》编辑部

1989.1.15—1.20

第五届全国中学生数学冬令营

程 序 册

中 国 数 学 会
《中学生数理化》编辑部

1990.1.10—1.15

1992中国数学奥林匹克
(第七届全国中学生数学冬令营)

纪 念 册

中国数学会
《中学生数理化》编辑部
黄河科技大学

1993中国数学奥林匹克
(第八届全国中学生数学冬令营)

纪 念 册

中 国 数 学 会
《中学生数理化》编辑部
山 东 大 学

作者介绍 陆　昱

　　中学就读于人大附中实验班。获 1986 年首届"华罗庚金杯赛"全国第一名，1987 年北京市"迎春杯"数学竞赛第一名，1988 年初中数学联赛一等奖，1990 年全国高中数学联赛一等奖，入选 1991 年 IMO 中国国家集训队并保送至北京大学数学系。大学期间获 1995 年全国大学生数学建模竞赛一等奖，随后赴美国斯坦福大学深造并获统计学博士学位。毕业后就职于对冲基金从事量化金融研究，定居美国纽约。

浅谈奥数及其与金融的联系

◎ 甘文颖

很荣幸收到库超学长的邀请,于此撰文一篇,希望基于我的个人经历来聊聊我心目中的奥数,以及奥数教育与金融行业的关系。

何为奥数

儿时躺在床上,爸爸给我讲起鸡兔同笼的问题,刚刚学好算术的我花了好几个晚上通过枚举的方式把答案找了出来,那时奥数于我似乎只是以一种巧妙的方法解决问题,而且那时的我也不甚理解那些巧妙的方法,相反只是沉浸于花了好久时间总算解决问题所带来的一丝喜悦,一丝兴奋。

高中时准备数学竞赛,从高一刚进校,学校组织列队欢迎周游学长参加国际数学奥林匹克载誉归来,到高三时我从斯洛文尼亚参加完第 47 届国际数学奥林匹克,学弟学妹们来机场欢迎我,奥数于我更是一种荣誉,一种传承。

现在在办公室,偶尔跟朋友同事聊起国际数学奥林匹克的比赛试题和结果以及奥数的发展,看看各种自媒体和论坛上的文章谈论奥数热还有以往奥数选手,此时奥数于我更像是一种寄托,一缕思念。

社会对奥数有各种各样的解读,在我看来,奥数训练只是一种思维方式的训练。一个比较贴切的比喻是:奥运会有很多比赛项目,不同的比赛项目针对的是对身体不同部分的训练,比如举重会更加倾向于对于胸背还有手臂肌肉的训练,跑步则更偏向于腿的训练。而奥数的全名是奥林匹克数学竞赛,它的本质是对于脑部思维模式的一种训练,希望能经常以严谨的逻辑方式思考问题,并跳出固有的惯性思维模式以解决问题。奥数的训练也只是一种锻炼方式,就如同喜欢锻炼肌肉的人会去健身房一样,纯粹是个人喜好问题。哪怕这么多年过去了,我虽然不在奥数相关的行业工作,但在偶尔有空的时候依旧会翻翻以前的奥数题目来看看自己的脑袋有没有迟钝。

奥数与金融

虽然奥数学得好并不一定意味着从学校毕业就有很好的工作机会,但是大投行、对冲基金以及 IT 行业还是会对有过奥数训练的选手纷纷投出橄榄枝。作为一个经历过奥数训练的金融从业人员,我希望由表及里,从三个方面分析一下为什么金融行业会对奥数选手更加青睐。

首先从面试的角度,众所周知,各个大金融公司都会或多或少考一些脑力题(Brain Teaser)类型的数学问题。一个例子是:

> 把 20 个苹果随机分成两堆,然后用一个数字 S 记录分拆之后左右两堆数目的乘积。之后在已经分拆好的两堆随机接着分拆下去,每次分拆时 S 增加的量是分拆出来的两边苹果数目的乘积。一直循环往复,直到所有的苹果堆都是一个苹果为止。问 S 最后服从什么样的分布?

没有学过奥数的人第一想法是用计算机做一个蒙特卡罗(Monte Carlo)模拟,然后计算机算了很久之后会慢慢发现 S 的分布是一个常数。但是现在只有 20 个苹果,如果把 20 换成 2 000 或者 200 万,模拟的效率就会大大降低。而学过奥数的人就会发现:无论随机分布是如何选取的,任意两个苹果的组合对于 S 的贡献永远都是 1。所以答案就是 20 个元素选取 2 个的组合数。对于有 n 个苹果,答案也就是 n 选取 2 个的组合数。这类问题往往要求面试人能快速地跳出自己的习惯性思维,敏锐地发现问题的本质,最后给出答案,这与奥数所追求的创新型思维和解决问题的能力不谋而合。这也是有过奥数训练的学生在金融面试的时候经常会有一点点优势的原因。

其次从工作的角度,金融行业的本质是跨越时间和空间,实现资源的最优配置以产生最大利润。在实际操作上很多大投行以及对冲基金很重要的一部分任务是预测将来某些金融产品,比如股票、期权、期货以及外汇,甚至公司、房地产的价值会如何变动,并以此来获得利润,同时适当控制风险。奥数训练的优势在此处有两点体现:第一是思维的严谨性。现在金融产品越来越复杂,其中存在着大量的数学演算与推导来生成定价模型,或者风险模型。所有的模型都有其固定的假设,而一旦这些假设有任何变动时,其中的数学推导都必须重新来过。这其中如果有任何一步出现漏洞或差错,都会造成很严重的后果,因而严谨的逻辑思维非常重要。其次,更重要的是思维的创新性。研究过股票市场的人大多都听说过有效市场假设:在参与市场的投资者有足够的理性,并且能够迅速对所有市场信息作出合理反应的前提下,当前的股票价格能够充分反映所有信息,因而套利的机会不存在。而现实的市场并不总是那么有效,金融领域的思维创新性在于发现并利用在时间和空间上稍纵即逝的市场的无效性以获得收益,如果我们发现的市场无效性被市场的参与者都发现了,那这个无效的市场也会随即变得有效,而使得盈利空间缩小或者消失。因而思维的创新性在此处至关重要。

最后一点是传承。前面两点介绍理论上为什么金融行业会青睐有奥数经历的学生,现实中也有不少奥数的获奖者会进入金融行业,因而会对奥数的发展予以支持和帮助,以保证将来会有好的经过奥数训练的学生进入这个行业,如此良性循环。以我在美国的经历为例子,两西格玛(Two Sigma)对冲基金公司的创始人之一约翰·欧文德克(John Overdeck)就是以前的 IMO 美国国家队成员。德邵基金(D. E. Shaw)和文艺复兴科技公司(Renaissance Technologies)两家最著名的量化对冲基金还有高盛、花旗这类大投行也有不少奥数获奖者。同时有些公司也会赞助美国举办奥数培训以及比赛的机构,比如美国数学协会(MAA)等,以支持奥数在美国的发展,同时吸引更多的奥数学生。希望以后中国的奥数发展也能让企业有更多的参与度,这样不仅能够在奥数发展层面解决一些赞助商的问题,同时能让学生眼界更开阔,看清外面世界与学习奥数的联系,从而提高学生的学习热情。

最后借中国参加 IMO 三十五周年,也是中国首次举办 IMO 三十周年之际,我衷心希望能通过分享我自己对于奥数的看法让大家对奥数能多一些了解,并祝愿奥数能够在中国健康稳定地发展。

作者介绍　甘文颖

2006 年获第 47 届国际数学奥林匹克金牌。现居住于美国新泽西州泽西市,2014 年数学博士毕业之后就业于量化金融行业至今。

第四部分

奥数参赛者心路历程

我的奥赛之路——记第 31 届 IMO

◎ 张朝晖

 1990 年在北京举行了第 31 届中学生国际数学奥林匹克。我很幸运地作为中国队选手之一,参加了这次盛会。现在很高兴有机会能拿起笔,记录下来 30 年前的难忘经历。

 我的母亲是一位小学数学教师。我从小就喜欢数学。小学时最喜欢的课外读物就是《动脑筋爷爷》《算得快》这类书。初中时进了北京四中。教代数的漆慧芳老师,教平面几何的赵老师,组织数学爱好小组的王玲华老师,校长刘秀莹老师,都给我很多鼓励,使我对数学的兴趣大增。最开始接触奥数是初一参加北京市数学奥校。奥校每周末上一次课,由周春荔老师主讲,最开始授课在动物园一带,后来搬到了花园村的首都师范大学。我到奥校的第一感觉就是天外有天,人外有人。以前课内数学总是满分,觉得太简单缺乏挑战。在奥校一下子发现有这么多有意思却不会做的题,而班里海淀的同学却游刃有余。我家在南城的宣武区,每次从家里坐公共汽车去奥校往返要近两个小时,不过却乐此不疲,恨不得每次多上两节课。奥校之外就是自学。哥哥比我高两届,我就用他的课本自学了高中课程。记得学极限和微积分时开始只有一本高考复习题集,很多定义不全,只能从解答中字里行间倒推出来。

 初中毕业升入本校高中部。四中当时是数学按 ABC 分班教学,在北京算是教学创新。数学组的田佣、赵康、谷丹、付一伟、王经环等几位老师,上课都是启发性教育,生动有趣。这年十月份我第一次参加全国高中数学联赛。赛场在护国寺中学,离四中不远,我是坐在同桌刘佳晨的自行车后座上一起去的。赛后自我感觉良好。过两天成绩出来后才知道只得了 29 分(满分 120)。当时也看过一点国际数学奥林匹克的试题,题目是读得懂的,但是一点思路都没有。在奥校遇到国家队和集训队的颜华菲和张潼他们,看他们做的题目,感觉都是神一样的存在。那时我各科综合成绩虽然很好,但对高考总有一种莫名的抵触,认为在最后一年特别是盛夏里重复练习精益求精是很痛苦的事情,想找更有意思的事情去做。当时给自己定的目标就是高二和高三冲击全国联赛，争取在北京市拿到一等奖确定能够保送，避开高考。如果不是一个偶然，我很可能不会进入国际奥赛的轨道。

转眼间就是高二，十月份又到了。我从四中数学组领到全国高中数学联赛的准考证和考场教室房间号，进入考场后拿到考卷就做。做下来觉得很顺利，还有时间检查，临交卷时才发现上面写着什么理科班考试。回到学校后才听说今年国家教委办了理科实验班在全国招生，考试和全国高中数学联赛同一时间同一地点，卷子也基本相同。不知什么原因，我拿到的教室信息是理科班的考场，参加的是理科班入学考试。现在想来，这个阴差阳错还是不可思议。发现走错考场以后我的心情是非常沮丧的。理科班接下来又有其他学科考试，有物理、化学、英语等等。收到了理科班的录取通知书以后我还是一点也不兴奋。几年来在四中和老师们同学们相处得都很好，学习上学校也给了我最大的支持搞自己喜欢的事情。对因为一个错误而突然出现的理科班，既毫无了解也没有任何心理准备。为此理科班的负责人郑增仪老师专门派正在理科班就读，也是四中的比我高一届的学长李延，在寒假期间来到我家里，向爸爸妈妈和我详细介绍了理科班的情况：

1. 国家教委向全国招生，组建数学、物理、化学三个理科实验班。从高二下学期到高三毕业一共一年半时间。今年数学是第二届，委托清华大学和清华附中主办。

2. 数学理科班学生来源是全国各地喜欢数学的孩子，目标是备战国际数学奥林匹克。

3. 学生原则上保送全国重点大学。课程偏重数学，兼修物理、化学、英语、语文，省去一些文科课程。

4. 学籍保留在四中。竞赛成绩通报时也按学生原校。

后来来看，这些描述都完全实现了。家里人听完以后倒是很支持我去理科班。我虽然还有点转不过弯来，但李延谈到的冬令营、集训队、国家队这些高大上的目标，以前神往过但从来没有奢望过，现在一下子摆在面前，还是很有吸引力的。保送也解决了高考的后顾之忧。李学长还专门传达了郑老师的话，先来理科班看看，绝对来去自由。四中也和以往一样，表示完全支持我的决定。就这样我抱着试一试的心情，来到了清华附中报到。

在清华附中见到班主任郑老师。他很能干,说话做事干脆利落,一番话又给我很多鼓励。我刚到校时和上届理科班的学长们住在一起,他们帮我熟悉环境,给我很多帮助。本届同学里先见到的是清华附中的金晖,他家人是清华的教师,还带我到他家里做客吃饭。寒假结束时,外地同学陆续到达。第一个到校的外地同学是离家最远的云南的曾崇纯。当时国内交通还不发达,同学们都是坐绿皮硬座火车长途跋涉,很多人还是第一次出远门。每个同学的到来,都会引起大家一番好奇,然后操着各地方言海阔天空相聊甚欢。每个人很快都得到一个外号,大家打成了一片。我们这届理科班一共 20 人,来自 13 个省市,他们是:北京:金晖、张朝晖;天津:刘智、杭晓渝、王松;辽宁:徐万鹏;河南:韦立祥;陕西:汪建华;安徽:余嘉联;江苏:李向阳;湖北:孙峥、江涛;湖南:刘立武;山东:钟昕、闫翌;福建:蔡连侨、林晓沧;广东:潘志宏、邹臣亭;云南:曾崇纯。

理科班的生活是简单而充实的。每天早上,无论季节天气如何,按清华大学和清华附中的传统,每个人都从寝室里爬起来到操场上跑圈。早自习之后是正课。清华附中给理科班安排了最强的教师阵容。数学、英语、语文几位老师都是特级教师。数学课除了高中大纲部分,还从各地请来名师比较系统地讲竞赛和高等数学中的专题。严镇军、常庚哲、单墫、潘承彪几位老师都在班里讲过课。英语课还有一位美国外教埃米(Amy)负责口语,大家都很喜欢和她聊天。她给每个人都起了英文名,不少人一直用到现在。清华大学数学系一位研究生是我们的副班主任,管理大家日常生活,我们都管他叫小高老师。我们每人每月还有十几到二十几块的生活补助。晚上七点开始晚自习,个人自己安排,一般是看竞赛书做竞赛题。十点准时熄灯。课余时间我们常常在宿舍楼后面的小操场踢球。孙峥、江涛几位都身手矫健,徐万鹏则是专业守门员兼裁判。当时大家都刚接触武侠小说不久,一起凑份子到五道口租金庸、古龙的小说拿回来传看。同学们当时接触竞赛的程度有所不同,但都很热爱数学,喜欢钻研。汪建华之前参加过集训队,是班上公认的顶尖高手。大家在学习上都是互通有无。谁有好的资料都乐于拿出来给大家分享,思路想法也会一起讨论互相启发。第一次和这么多志同道合的小伙伴们一起全天候地学习数学,感觉真是如鱼得水。理科班唯一美中不足的是百分之百的"和尚班",一个女生都没有。

理科班的日子过得很快,这一年暑假在峨眉师范学院举行了全国数学竞赛夏令营,有很多名师授课。四中很慷慨地给我提供了旅费。此行的北京同学,大多数都比我低一届,有北大附中的张里钊、刘彤威、王绍昱、李伟华,还有二十二中的几位同学。我们在周沛耕、王义明、孙维刚老师的带领下出发了。我和金晖,人大附中的胡军和另一位同学凑在一起,每天似乎有无数的玩笑可开,晚上则聊到很晚。峨师的校园随山势起伏,非常漂亮,一到晚上就有很多萤火虫在草丛间一闪而过。在这里遇到天南海北来的几百位数学竞赛爱好者和老师。讲座之余大家一起爬了峨眉山,游览了乐山大佛,领略了秀丽的四川风光。那时一般家庭出门旅游的机会还是相当有限的,这也算是数学竞赛带来的特别待遇吧。

暑假结束后,理科班开始备战全国高中数学联赛。班里特别请来了单墫老师讲课。单老师解题能力极强,是罕见的可以和学生一起同场做题的。这次他主要讲刚结束的第 30 届 IMO 预选题,题目都是英文的。每个同学自选几道题目,翻译成中文后拿到黑板上讲自己的解法,每解决一道就划掉一道,大家都非常踊跃。记得有一道英国出的不等式题目,我连续搞了几天,最后是在厕所里想出来了。这段时间过后感觉自己明显"涨题"了,奥赛的目标不再显得遥远,可以看到一级级台阶在前面(只要自己能一直走下去)。

高三时的金秋十月,全国高中数学联赛如期举行。这次联赛的题目难度不是很高,大家普遍反映区分度不大。北京地区只有满分的才能直接过关。为此数学会又举行了复赛。一些朋友通过复赛如愿拿到了冬令营的入场券。

第五届全国中学生数学冬令营由《中学生数理化》编辑部主办,地点在郑州的解放军信息工程学院。全国各地参赛学生有一百名左右,从名单上看还有西藏的选手,不过由于路途遥远没有成行。北京队还是周沛耕和王义明老师带队。这次冬令营增加了团体奖陈省身杯。两位老师和同学们在小会上讨论了人选,我很幸运的成为北京队的三个队员之一。比赛完全参照 IMO 的形式,分两天举行,每天 4.5 小时三道题。最后北京队和理科班的很多同学发挥都很好,进入了国家集训队。北京队以团体总分第一获得陈省身杯。比赛期间组织大家去了嵩山,拜访了武侠小说里的武林圣地少林寺。赛后的联欢会上,各地学生老师纷纷登台献艺。特别使人大跌眼镜的是平时不食人间烟火形象的湖北的王崧同学,上台表演了崔健的说唱曲目《不是我不明白》,获得了满堂彩。

这届国家数学集训队一共 24 人,来自 14 个省市,分别是:北京:张里钊、刘彤威、王绍昱、李伟华、张朝晖、胡军;湖北:周彤、库超、王崧、孙峥;陕西:汪建华;安徽:余嘉联;天津:杭晓渝;山东:闫翌;福建:蔡连侨;湖南:刘立武;云南:曾崇纯;江苏:江焕新、沈伟;江西:林涛;浙江:张建丰;上海:王肇东;广东:李达航、梁栋刚。其中汪建华、余嘉联、杭晓渝、闫翌、孙峥、刘立武、蔡连侨、曾崇纯和我 9 人是理科班的。

1990 年三四月间,集训队在风景如画的南京师范大学培训。班主任葛军老师为大家准备了集训专家们所提供详尽的资料。多年以后听说他屡屡为高考数学试卷的高难度"背锅",无论他是否参与出题。每几天就有一位老师讲一个专题,讲座之后有小考,随时公布分数。队内的气氛很好,大家交流起来都是知无不言言无不尽,互相鼓励打气,似乎谁也没把潜在的竞争放在心上。学习之余,北京和湖北的几个同学常常在一起打桥牌。周彤、余嘉联和我还喜欢凑在一起下棋。队员经常在南师大操场踢球。张里钊、库超都是健将级别的。集训队最后是两天的大考,也是 IMO 形式的,再累计平时小考的成绩,按分数选出六名国家队队员。湖北武钢三中的周彤,黄冈中学的库超、王崧,陕西西乡一中的汪建华,安徽铜陵一中的余嘉联,北京四中的我,幸运地入选国家队。我们都很高兴,纷纷给家里和母校打电话或发电报报喜。集训队结束了,大家依依不舍地在南师校园里照相留念。由竞赛一路走来一次次聚在一起的小伙伴们,终将分赴各地,很多人再见已是几十年以后了。

回到北京以后,国家队的六位队员,还有张里钊、刘彤威、王绍昱作为候补队员,又在清华继续准备。我们住在静园招待所,吃饭在运动员食堂。主要是练习书写、调整状态。此时意大利世界杯也开始了。在巴西对阿根廷,西德对荷兰两场精彩的淘汰赛之后,国家队一行在单墫、刘鸿坤、杜锡录老师带领下,到北戴河进行休整。在北戴河的这两周是我中学时代最惬意的一段时间。老师们特地吩咐大家不要再搞数学,想题目,就是好好玩,放松。旅馆是木头的老房子,上下两层,整个队都能住下。沙滩很近,每天白天到海边游泳,中午回来一起吃饭,晚上打打桥牌,听几位老师聊起各类趣事,夜里还爬起来看看世界杯,为各自支持的球队加油。几年数学竞赛搞下来,这是一段难得的无忧无虑的日子,大家都得到了彻底的放松。世界杯决赛结束不久,我们回到北京,参加 IMO 开幕式。

第 31 届国际数学奥林匹克在北京举行,有五十几个国家和地区参赛,是历年来参赛国家和选手最多的一次。选手们都住在语言学院的留学生宿舍,就餐时每国一桌,以西餐为主。比赛时各国选手分散在不同教室,每人一张单独的书桌。大概是学习中日围棋擂台赛聂卫平的经验,举办方还专门设立了给选手们吸氧的房间。比赛第一天我感觉尚好,但晚上过于兴奋休息不好,第二天最后一题迟迟进入不了状态。比赛结束后,组委会安排选手们去了长城、北海、故宫、天坛、全聚德烤鸭店,还有前门刚开业的中国第一家肯德基。有一天组织去了母校四中,和四中学生联欢。我还在大家面前唱了首姜育恒的《驿动的心》。队里专门准备了一些小礼物,我们拿到各国选手的寝室里交换礼物,与他们聊天。新加坡的几位选手和我们聊了很久,讲他们的教育、文化、兵役制度等等。美国队则有一半是在家上学的,很让我们感觉新奇。美国一位选手后来和我成了同一研究生导师的师兄弟。领队们住在香山饭店,翻译选手的试卷,和协调员协调评分。饭店大堂有很多电视屏幕,实时显示各国选手每道题的成绩。最终中国选手获得了五金一银的好成绩,总分也是遥遥领先。汪建华、周彤更是得了满分。颁奖典礼在刚建成不久的中国剧院。国家教委主任李铁映给选手戴上奖牌。印象很深的是一位俄罗斯的满分小女孩,已经是第三次参赛了。这次比赛安排非常细致紧凑,举办相当成功,是一场数学盛会。大会在交响乐团演奏的欢乐颂中圆满结束。

IMO 结束以后,国家队解散,队员们相约秋天到大学里再见。没想到一个月以后,八月里某天大家又在北京聚在一起。这次是中央领导人接见参加国际中学生数学、物理、化学、生物和信息奥赛的中国选手。那天数学口的老师和同学们乘坐一辆中巴,就从我上学天天经过的府右街进入中南海。会上江总书记兴致很高,谈笑风生,还特别提到了那个著名的五边形的五点共圆问题。数学组委会的齐民友教授特意带了邮政为本届 IMO 发行的明信片,由我请两位领导人签名。化学队的同学更有创意,他们每人都带来了化学奥赛的获奖证书来要签名。会后一起合影留念,照片发到了《人民日报》头版。

中学时代的数学竞赛之路,可以说确定了我们很多参加者的人生轨道。在一年多的时间里,为一个目标专心致志,全力以赴,结识了很多良师益友,使我一生受益匪浅。我后来去了清华大学,一年后出国到耶鲁大学读书,最后在麻省理工学院拿了数学博士学位,毕业后在金融领域工作至今。同学们大多数都是从事数理相关行业,包括一直坚持做数学的。如今大家虽然在各行各业天各一方,但都珍惜我们拥有的共同的经历,珍惜因为数学结成的友谊。在这里感谢一直支持和帮助我成长的家长们、老师们和同学们。

作者介绍 | 张朝晖

　　中学就读于北京四中。1990 年参加在北京举行的第 31 届国际数学奥林匹克,获得金牌。1991 年出国留学,先后在美国耶鲁大学、普林斯顿大学就读。2000 年在麻省理工学院获得数学博士学位。毕业后在纽约高盛银行从事金融工作。现居美国南加州,从事对冲基金有关工作。

我的奥数心路

◎ 柳智宇

在我的生命中,有许多往事,太过于珍贵;有许多人,太值得珍惜。眺望流水,水中可曾遗落那晶莹的宝珠? 放眼云天,空中或可浮现故人的容颜。

我们奔赴前方,但是前方是没有尽头的。有时我会想,如果让我再回到彼时彼地,我会更加地珍惜。

感谢《数学奥林匹克文集》编委会的邀请,让我有机会梳理这段刻骨铭心的经历。

初　　识

在接触奥数之前,我是一个乖乖听话的"好学生";但实际上我的内心有很多的不安,特别在意老师的表扬。

在刘嘉老师的培训班上,我找到了一块心灵的园地。虽然仍然在意老师对我的评价以及考试的成绩,但我知道在数学的王国里,有一片神圣而永恒的天地。

那时我上小学四年级,每一个周末,为了听刘老师的课,需要乘坐一小时的汽车,来到城市的另外一角。最普通的两层教学楼,满满地坐了一百多人的教室,红漆裂着缝的普通桌椅。老师一来,通常发下讲义,大家先做题,然后老师讲,很少让同学回答问题,爱表现的我完全找不到被表扬的机会。可慢慢地,也忘记了这些,印象深刻的是解题方法中的智慧。那是另外一个世界,数学的世界,其中没有凡庸琐碎的得失毁誉,只有自然的美、人类心智的美,展现绚丽的风景。我的心就在对这个世界的仰望中沉静下来。每次上完课已是晚上九点多,走过繁华的街道,心却仿佛站在更高的地方观照着眼前的景物,有时很疲惫,却很快乐。

刘老师对数学有自己独特的领悟,他的课很有意思,讲完一道难题,他会延伸到与此相关的一位数学家、一种思想、一种人生的境界。那些数学家精彩的一生非常令我仰慕。他也爱读《论语》《老子》《庄子》以及佛经等等。我五年级的时候,他开始在每周的讲义上印上一句《论语》或者《老子》,并作讲解。

刘老师所教导的解题方法对我的影响非常深远。他反对机械化的训练,认为那不是在开发人本有的智慧。他的训练更注重于启发学生内在的洞察力和悟性。什么是洞察力呢?从我后来学习到的哲学知识,可以用现象学中所说的"本质直观"来说明,也就是在纷繁的现象中把握其精神内涵的思维方法。

中国古代典籍《列子》中,有一个故事:相马的伯乐快要退休了,秦穆公请他推荐另一位相马师接班,于是他推荐了一个名叫九方皋的人。秦穆公录用了九方皋,让他寻找天下好马,三个月后终于找到一匹马。九方皋告诉秦穆公这是一匹黄色的雌马,结果把马拉来之后却发现是一匹栗色的雄马,这让秦穆公非常不高兴。然而伯乐告诉秦穆公,九方皋看到的是这匹马的内在精神,他更关注这匹马的内在,而相对地忽略外在形骸。

在《列子》这段文中,还有一段话:"若皋之所观,天机也。得其精而忘其粗,在其内而忘其外,见其所见,不见其所不见,视其所视,而遗其所不视。"这段话可以很好地形容刘嘉老师所传递的解题精神。例如,在解几何题过程中,刘老师教我们看到一道题图形里的内在精神,有一些部分明明有连线,但是可以忽略这些连线;又有一些部分看上去没有线条连接,但是可以通过洞察力找到两部分之间的关联。他还告诉我们,最开始要把题目中的条件分散化——把题目中所给的条件分散到图形的各个部分,寻找各个部分之间的关联。然后把分散的关联集中化,试着集中到图形的某个关键区域,尝试有所突破。

大家公认数学是逻辑思维,但其实真正美妙而神奇的地方,是超越逻辑和理性的部分,是对事物内在属性的深刻洞见。不管是代数、数论还是更高深的数学分支,我发现这种精神同样重要。我们需要把复杂的事物简化,并看到事物背后深层的结构。所以当其他同学忙于解题的时候,我却试着培养一种化繁为简、把握本质的能力。这种能力对于日后学习人文学科也同样有用,人文学科更需要透过表象看到本质的能力,否则便可能在各种文献资料中迷失方向。

在人生信仰方面,数学也帮我做了非常好的铺垫,因为在数学中我找到了某种永恒的东西,帮我建立一种对于自己生命,以及对于宇宙神圣性的敬畏。

我在初中时读到《庄子》《道德经》，以及佛经等等，并把这些结合在一起，形成自己的信仰。我在数学中看到宇宙的神奇，于是敬畏宇宙，也敬畏身边所遇到的每一个生命。

方　法

回到现象学中的"本质直观"。什么是本质？现象学认为"本质"并不是先验地、客观地存在，并支撑着各种表象，等待人们去发现它。本质是在直观的过程中生成的，直观本身就是本质性的。对此，存在主义的名言"存在先于本质"可以作为参照，本质并不是一种实有的存在，而是主观、客观互动的结果。所谓"本质"，是透过人的观察，以某种方式更简明、直接而深刻地理解这个事物的属性。这种在直观的过程中生成的领悟或理解，就是事物的本质。因此，理解同一个事物，可能有多种不同的角度，它们有各自的视域，也各有其不见之处。而在某个特殊的情境下，例如奥数竞赛的情境下，其中某些理解的角度是更加有效的。

以解析几何为例，一般人理解的解析几何，就是一堆机械化的、复杂的计算。设定某几个基本的参数，用以表示所有点的坐标，给出所有直线和圆的方程。然后把所要证明的结果代数化，变成一个等式，左右两边计算的结果相等就说明结论正确。其中计算过程仅是为结果中的那个等号服务的，没有什么美感可言，有的只是一种力量感。然而随着我学习的深入，在一些参考书上见到了全然不同的解题风格。可以适当地多设几个参数，这些参数可以设而不求，不是用其中一些表示出另外一些，而仅仅是给它们之间某些数学关系。参数的选取体现出对称性，这样用"同理"的方法可以减少运算量，例如只要将三角形某一个顶点对应的坐标计算出来，其他两个顶点便可以对称地得到。运算过程中的每一步过程都有意义，在等式两边作运算，分解因子，或把两个等式叠加，都可以代表图形中的某种内涵。

这种方法没有破釜沉舟之力，却有拈花微笑之美。莞尔之间，我们看到了数学问题背后深沉的结构，错落有致，而又奥妙无穷。我确信几何和代数有某种深层的一致性，几何学告诉我们图形各部分之间的关系，代数学则告诉我们各种变量之间的关系，一个是空间性的，一个是时间性的，似乎是两种不同的结构,而在解析几何中可以看到二者的统一。顺带说一句,"关系"用中国传统哲学的话表述,就是"缘起"。

在本质直观或者洞察力的基础上,还可以再向前一步,到达一种多元视角交相辉映的格局。例如在平面几何中,可以从点出发,去理解直线、平面;也可以反过来,从直线出发,把点理解为两条直线的交集。有一些几何变换,比如反演变换,在其视角下,点和直线的地位是平等的,这更说明了多重视角的价值。也有的时候,可以把两个圆作为基础的元素,用它们的相交或者相切等等,去观察其他图形的关系属性,"圆系"的概念便与此有关。从圆系视角来看,最基础的几何元素是圆,以及由两个圆所决定的一系列圆的集合。平面上两个点决定一条直线,平面上两个圆也决定一个圆系。如果把平面上的所有圆构成一个空间,圆系则是这个空间中的"测地线"。

多元共存、交相辉映的格局,对我有深刻影响。在其他的学科中也需要这一点,除了从某个方面深刻地洞察事物的属性之外,还需要从其他不同的角度进行相互的印证、对照。

成　　长

记得初三的时候,课间走在学校的院子里,观察每棵树的生长,从树叶和花朵上同样可以体会到宇宙的神奇,生命的绚烂多彩。在数学中所体会到的也是类似的,只是换了一个角度,通过数字和图形在诉说这个宇宙的奇妙。所以当时,我感到自己置身于天地之间,非常地渺小,但又与整个天地融为一体,我所做的每一件事情只是在顺应天地的变化,自己只是宇宙中的一叶扁舟。我感觉到自己的生命融入于宇宙大化的流行之中。

我也会从身边许多的自然现象中吸取力量,看到希望。当时一个很重要的改变就是不再那么焦虑和不安;考试的时候,也不会像其他同学那样过于紧张,或为前途担忧。因为我知道我只是宇宙中的一分子,宇宙的大化在向前演进,只要顺应就好了,试着去见证、去领悟宇宙呈现给我的奥义。所以眼前的考试,和我在数学中所见证的一样,都是整个宇宙的神奇与庄严。在初中以及高中的一些竞赛中,我把自己的心态调整得很好,不会为了考试成绩过于紧张。

2003 年秋天，我顺利进入高中，那是我一直向往的华中师大附中。我就住在这所学校的附近，小时候也经常在操场上玩，经常看到这所学校的学生，那些哥哥姐姐们在学校里学习、运动、生活的身影。在这里，我感受到一种宁静，让我对学校学到的知识产生敬仰。当我以一个学生的身份如愿地踏入这所校园，成为其中的一分子，这开启了我人生中最幸福的时光。我将它形容为第二个童年。

在这所学校里，有幸进入理科实验班，所接受的教育非常自由。实验班鼓励学生在各科竞赛中深入发展自己，并且取得成绩。当时实验班里有多个竞赛组——数学组、物理组、化学组、生物组等。在这些竞赛过程中，我们沉浸于学习理科知识；但是同时，我也非常热爱理科实验班的人文氛围。这得益于所遇到的文勇老师，他的语文课程给了我很大的启示。整个高中，我沐浴于文科与理科的双重光辉之下，仿佛进入了一扇走向人类文明精神宝库的大门。

每天傍晚做完题放松的时候，我会在学校的操场上漫步，看着美丽的晚霞，试着将自己融入此间，望天地之广阔，观万物之静美。有时我会躺在草地上，看湛蓝的天空如同一个巨大的水晶球，澄澈无瑕；头枕青草，倾听大地的心声；在视野的边际环绕着许多楼房和高大的梧桐树，其中有我居住的楼房，也有我和同学们上课的教学楼，它们是那样优美而亲切。这片天地如此美妙而神奇，而数学则是卅启大地奥秘的一把钥匙。

学习之路并不是一帆风顺的，有许多理论非常艰涩，可能一本书看第一遍，只懂百分之十左右。于是我猛下工夫，一遍又一遍地看，不断总结，到最后能够背下一本书中所有的解法。虽然在刘嘉老师的熏陶下，我习惯于运用直觉和洞察力看待问题，但是当接触新的领域时，却依然需要付出非常大的努力。只有反复地做题操练，乃至于记忆某些解法之后，才能将这些内容融化于心，形成自己的洞察力。这对我来说，一开始还是比较困难的。

当时班上有一些同学，因为学习奥数比较早，做题比较多，在考试成绩上比我好得多。记得高一时，有一段时间我选择自己在家里学习，有几个月很少去学校，一方面是感到有些压力，另外一方面也是希望节省一些时间。当时学校扩招，前往高一学生所在的校区，需要耗费四十分钟左右的车程，而在家学习就能省去来回坐车的时间。

除了反复做题，有一件事情给我很大的帮助，就是高一暑假参加了南开大学和香港科技大学联合举办的数学之星夏令营。夏令营上见到当时在南开的陈省身教授,以及香港科技大学的项武义教授。在这个夏令营中,得到很多关于数学的启发,让我对于几何、代数、数论等有了更加深刻的理解。参加夏令营回来之后,发现自己虽然没有增加多少具体的解题方法,但是对于数学问题的领悟力和洞察力却有所增强。这个部分在后面的参赛中有明显的体现。当时夏令营的讲义,印象中项武义教授后来修改并正式出版了。

经过一个暑假的积淀,升到高二,解题能力已经比高一提升很多。一方面得益于做题的积累,另一方面得益于对于一些根本问题的思考。在高二的全国高中数学联赛中,我获得国家一等奖,很受鼓舞。高二下学期,学校又派我参加俄罗斯数学奥林匹克,也取得了好成绩。这时我已经可以以洞察力为核心,组织各种关于数学的经验,较好地运用于竞赛当中。

高二升高三的时候,发生了一些事情。我的眼睛开始非常干涩,在各个医院也诊断不出结果,当时没有在意,但是却让我由此进入人生低谷。整个高三乃至大一、大二,一直到现在,十多年来,眼睛的情况一直不太理想,可能和当时做题做得过多有关,同时最初也没特别重视眼睛的问题。

高三的时候,还发生了一些事情。当时理科实验班在各个学科竞赛上的成绩都不太理想,这件事情对我的打击很大。因为我和大家在这两年来结下了深刻的友谊,非常希望同学们都能在学科竞赛中获得好成绩。大家普遍有种回避高考的想法,觉着高考是应试教育,而我们想发展自己的天赋,通过参加各个学科竞赛取得的优异成绩,以避开高考那么大的压力。结果却事与愿违,学科竞赛中的成绩不太理想,又不像其他的班级有大量时间夯实基础,准备高考。因此高三的时候,整个理科实验班陷入一种失落的情绪,这个失落也有许多成分是不甘心,因为在一些学科竞赛中,存在泄题的作弊行为,可能某些学校取得的优异成绩不是学生实际的能力。

在这个状态中,我感到非常痛苦,为同学们感到惋惜。所以整个高三,在备考奥数的时候,实际上内心是非常低落的。原本想着学科竞赛之后,能与他们更深入探讨一些人生的问题,和许多朋友一起交流;但是结果有些悲惨,只有我们少数几个人能从学科竞赛提前保送,而大部分的人都必须面对高考。参加高考当然也是一条路,而且是大多数人走的路,但当看到这些非常优秀的同学,承受了那么大的压力,面对也许是人生中第一次重大的打击,我内心感到非常的沉痛。

洗　　礼

人生有许多的错过。

当我回首往事之时，会感到那样地熟悉，却又那样地遥远。熟悉，仿佛只要一个转身就能回到当时的场景之中，回到我所熟悉的人群之中；但当我真的去找到那个人，回到当时的那个地点，却发现再也找不到当时的感觉，甚至原本清晰的记忆，也在转瞬间消逝无踪。

高三，我度过了非常孤独的一年，感到与同学们是那么近，却又那么遥远。我曾试着在数学竞赛之前，帮大家讲解一些复习题目，但是结果却不尽如人意。难道是我的解题方法过于深奥，超出常人的理解吗？我不太知道，但是确实我提出的解法，似乎与大家参加竞赛的实际需要差得太远。当时大家所需要的，不是什么洞察力，只是具体解决题目的方法。大家并不在意我所讲的，也不一定有多少人专心聆听。后来在许多人要参加高考的时候，我偶尔也为几位同学讲解数学，但是这时内心已经非常低落，不知道自己能为他们做些什么。我是带着这样低落的心情，度过了整个冬令营、集训队，以及出国参赛前的准备。

还记得在大连举办的集训队，那时南方已经到了春天，但大连仍然是冰雪覆盖。竞赛的间隙，我在宿舍反复地听一个音乐磁带，仿佛音乐能唤醒我的某些生命力。赛场上我斗志昂扬，甚至主动地向其他学校的选手挑战，但是我的内心却又是那样的悲凉和孤独。我已和所有深爱的同学们隔离了，也与曾经那种充满自由、充满智慧光辉的学习氛围隔离了，而现在必须面对一项孤独的挑战。在竞争最激烈的集训队竞赛中，我的内心抑郁而又平静。随着考试的持续，感觉自己越临到考试越能调动到情绪的高点。

当时有一位老师告诉我：求战而不要求胜。求战，是安住于考试当下，把考试当作自身潜能的释放，乃至于是在天空中的飞翔；而考试的结果，并不是那么需要关注的。每次应考的时候，似乎我能够逐渐地发挥出比平时更大的潜力。有些题目过于偏重技巧，我所熟悉的洞察力，似乎派不上用场；但也有一些地方，我能靠长期训练出的思维方式、直观的力量，以及一些计算功底去突破。这样下来,顺利地通过集训队考试,进入中国国家队。

我带着成功的消息回到我所在的高中,班上的同学都为我欢呼,那个场景是那样地热烈,我却感到无法面对。我有意地跟大家打了个招呼,就试着回避这个场景。不知道是为了什么,也许是觉得这种欢乐对我来说,有一点匹配不上。

我的生活不久又重新回到孤独之中。进入国家队的欢乐并没有持续许久,我感到与同学之间再也回不到此前的那种氛围了。

中国国家队的培训在清华附中举行,那一段经历也颇令人难忘。那时北京刚刚进入夏季,我记得当时清华附中操场上的树木,记得我们所住的地方是在留学生的公寓。还记得有一天放假,我一个人乘车来到了昌平的白虎涧。也许是因为内心积压了太多的东西,我一个人走入深深的山涧之中,走了许久,也不知道自己要走到哪里,也许仅仅是希望找到一种释放。

那一天,手机没有开机。下午回到宿舍时,发现国家队教练很着急地在找我,幸好回来得不算太晚,没有让他过于操心。

代表国家参加国际数学奥林匹克,当然是有意义的。但是我更加挂念的,是我的高中同学们。我在想,中国也许有几百万的孩子要参加高考,他们此刻的心情怎么样?他们都和我的同学们类似,都有一颗年轻的心,都渴望明天,渴望美好。

也许是太过于刻骨铭心了,这份挂念一直持续了十几年。十几年之后的今天,当我想起高中的同学们,想起当时的场景,眼角常是湿润的。

从集训队到国家队,我试图把内心的悲凉化为动力,化为前行的勇气。在这个过程中,感谢身边的人对我的包容,因为我当时情绪不好,经常有一些显得怪异的行为,例如晚自习时在学校操场上大喊等等。从高三下学期到整个大一,我几乎失去了感受快乐的能力,常感到阵阵悲凉在心头涌起。当时我们高中的数学教练余老师、李老师一直非常关心我,包括生活、心理,以及其他各方面。

告　别

这一年的国际奥赛,在欧洲小国斯洛文尼亚举行。这里风景优美,我试图再次将自己融入天地之间，允许自己乘自然之大化去参与眼前的考试。而此时仿佛许多变化正慢慢地在发生。眼睛的问题阻碍了我，时时给我带来痛苦，此外，这一年中我还得了慢性咽炎。此前看到的天地是充满生机的，然而此刻却感到些许悲凉。我在想，我和眼前的这棵树、这片叶子有什么区别？人生不就像一片绿叶，飘零于碧波之中吗？正如树叶不过是叶脉、叶面，许多细胞的组合，实际上并没有独立实存的树叶；世界上也没有独立实存的"我"，没有一个"我"在参加竞赛，有的只是宇宙的演进，万物生灭的进程。

当时我的内心已经慢慢地转向佛教。佛教讲的"有求皆苦""诸行无常""诸法无我""涅槃寂静"，深深地打动了我，因为在自己的生命中，深切地感受到自己与他人的痛苦。我的同学们遭遇的是应试教育中的压力，而我自己所遭遇的是身体病痛。高三整年，我因为眼睛的问题，不能完全投入数学学习，在那些空闲的时间，便会思考哲学。当时看不了书，只能在走廊上踱步，思考自己的人生。而我思考的结果，无非印证了佛法的观点。

上了大学，身体的情况并没有缓解。一方面眼睛的疼痛阻碍了我做大量的练习，也无法从大量的经验中培养自己的洞察力；另外一方面，我感到高等数学以上的发展似乎越来越走向细微末节。一位老师告诉我，如果在他们这个领域发布一篇文章，全世界可能只有二十个人能看懂，这让我更加怀疑数学将来的发展。记得有一位我们高中的学长，早就跟我说过："你从高中奥数所学到的数学，也许是数学中最能够引人入胜的部分；但是当你继续往下学习，会发现许多的问题过于艰深，或者过于离开人们的常识。"我在大学里面的学习就有这种感觉，虽然我依然试图以简单的方式理解问题的本质，但此刻所学的数学，已经不再是曾经的那种感觉。我感到它远离了自由的苍天，远离了大地母亲，也远离了我所深爱着的人群。做过许多尝试和挣扎，但是发现自己的力量有限，在当时的身心状态下，很难去突破这一切。

好在数学对我的影响是深远的，它为我开启了一个精神王国。虽然它没有陪伴我一直走下去，但我从中感受到人类文明的美，以及学习到思维的方式。同样重要的是，我在学习的同时习得了一种对人类命运的关切。记得杜甫写过一首诗："安得广厦千万间，大庇天下寒士俱欢颜。"这可能是我某些时刻内心状态的写照——怎么能够找到一种方法、一种学问，令天下广大的人群安顿身心。我想，这对我来说是更为深远的追求。

路漫漫其修远兮,吾将上下而求索。

作者介绍 柳智宇

　　现居北京,从事佛法及心理咨询相关的工作。2006 年以满分获得 IMO 金牌,并就读于北京大学。2010 年获美国麻省理工学院全额奖学金,放弃留学机会,在北京龙泉寺出家,法名贤宇。2018 年 8 月离开龙泉寺。目前,正推动佛系心理服务项目,希望从佛教与心理学的交流、各流派技术整合、资助低收入家庭来访者、促进佛教群体和其他社会人群对心理咨询的接纳等角度,整合资源,促进中国心理咨询行业的发展。

回望五年前的数学竞赛经历

◎ 谌澜天

我在 2014 年夏天参加了在南非举办的 IMO。那是我第一次出国。而我也完成了我长久以来的梦想,拿到了金牌。在国家队训练的时候,领队姚一隽老师对我们六个选手说:"我对你们提一个要求,在获得最终学位之前不要到任何商业培训机构里面去教数学竞赛。"

我当时大概能明白姚老师的顾虑。心理学里有个词叫舒适区(comfort zone),形容一个人感到熟悉的、可掌控的环境。对我们六个中国队队员而言,数学竞赛毫无疑问是舒适区。而舒适区的问题在于,如果一个人只停留在自己熟悉的领域,他就没有机会学习、成长。在中国的数学竞赛培养体系里成长起来的选手,尤其是那些到达顶层的,往往对数学竞赛知道的很多,而对其他的事情涉猎的太少,可那些其他领域却可能和个人的成长息息相关。久而久之,那些成功的选手们更容易产生对数学竞赛的依赖性,因为如果一件事你可以做得非常好,而其他的事都无法做得那么好,这件事很容易成为你唯一的选择。视野的拓宽需要把很多东西推倒重来,那些东西既包括失败,也包括成功。

在我总结这些话的时候,距离我高中末尾的 IMO 已有五年,而我也已经从美国麻省理工学院本科毕业了。大学里,我选择了计算机作为主修专业,以及管理和戏剧两个辅修,三个我没有接触过的领域。换言之,我没有选择数学。原因很简单,我不想把时间花费在我已经知道的事情上。不是说我已经掌握了数学的方方面面,而是我大概了解做数学的人是怎样思考的,但这个世界上还有千万种其他的方式去思考、去实践、去感受。这些其他的门道,如果对它们能有了解,就可以拥有一种背景知识(context),也让我更清楚数学的思维结构大概有什么特点。

数学的基石不是数字,而是逻辑。数学思维本质是一种逻辑操练。所以数学里最重要的能力之一,就是确保严谨(例如:等式左右两边是相等的,因果关系的推导是完备的）。这种严谨是一种推导能力，最后会内化为一种直觉。另一方面，数学不仅限于这种底层的逻辑检验，数学中的高层建筑也是有意义、有美感的。也许是为了简化，也许是为了广泛化，这种意义是每个运算和推导的背后的数学意图。那些在逻辑上成立的推导并不是七零八乱、毫无目的。他们的存在是为了获取一些证明中、表达里的优势。这需要一种在数学里能从现象看到本质的能力，一种创造力。创造力是动态的，像是一门艺术，它来自解题和证明中一次次的经验积累。和严谨的能力一样，它最后也会是一种直觉。

但是生活不是数学，生活的逻辑（如果有的话）并不是数学的逻辑。拿工科来说，工科也是一个很理性的领域，但数学里对错的绝对性，在工程里其实是一种阻碍。因为没有什么现实生活中的事情是绝对正确、永远正确的。思考数学的人大多都独自思索，但很少的工程项目是由一个人建造、而只为工程师自己而建造（工程的本质是解决实际问题）。管理学所探讨的问题更加的广泛和灵活，因为其中一个问题焦点就是人，而人很难模拟、不是机器和算式。戏剧所关注的完完全全就是人，但戏剧强调人的内心情感（感受和思考是完全不同的），并且重视人物的矛盾冲突。在戏剧里，问题的解法经常是不重要的，反倒是无解的问题（悲剧，以及存在性问题）更有戏剧意义。这些是我对我所了解的几个专业的总结，可以看见，它们的思维方式和数学大相径庭。

我的数学竞赛经历其实更多有关于"竞赛"，而非"数学"。竞赛就意味着大量的时间投入和高度的压力，当然，还有一次又一次的失败。即使不是比赛结果的失败，日复一日的解题其实大部分的时间我存在于"怎么也解不出来"的状态里。这份经历锻炼了我不轻易放弃的品质，它在我之后五年的大学经历里发挥了很大的作用。在今天看来，"锲而不舍"其实是一种可以锻炼的技能。

长期处在竞争环境里当然也有潜在的危害。除开竞赛训练会剥夺很多时间和精力之外，竞争本身包含着盲目性。首先，竞争追求的是结果，而解题的快乐、美感的体会存在于过程。其次，养成一种以竞争的角度去衡量结果的价值（甚至于自身的价值）是危险的：别人都想要的东西就是你真正想要的吗？对你的评价就是建立在和别人比较的基础之上的吗？如果你失败了呢？（失败当然很普遍。）在人际交往方面，过强的竞争意识容易滋生对他人的不信任，可能会影响到和与自己有竞争关系的同学的交友。

在数学竞赛里走得远的选手，大多数都有着对于数学（即使是竞赛数学）本身的热爱。这也许不构成全部的原因，可是如果本身不够喜欢的话，他们不可能对很多抽象复杂的数学问题产生自己的理解，也不容易在困难重重的高压环境里坚持下来。就我个人而言，我在小学的时候凸显出了对"奥数"的喜爱和长处。这份基础在最初是没有强求的，而它对我在中学阶段的训练一直都很有帮助。高中时我的训练规范了很多，也严苛了很多，是一种竞技体育。每个运动员都会退役，在成长的过程中我有也很多其他的的遗憾，但我没有后悔过我当初选择了这门运动项目。

我也很高兴的是，在大学里面临人生选择的时候，我没有依赖自己在数学竞赛中养成的惯性，而是选择重新开始。过往的经历会对每个人的今后提供第一手的信息，但问题在于，在选择时机到来的时候，你将如何回应。

作者介绍　谌澜天

　　高中就读于湖南师大附中，其间正式接受系统的数学竞赛训练。2014 年 7 月代表中国参加在南非举办的第 55 届 IMO，并拿到金牌。在清华大学数学系学习一年后，转学到美国麻省理工学院（MIT）。2019 年 MIT 本科毕业，2020 年 MIT 硕士毕业，专业计算机科学，辅修管理学、戏剧学。现工作于英国伦敦。

我对数学竞赛的几点思考与建议

◎ 韦东奕

2010 年我进入北京大学数学科学学院,开始了大学生活。

2011 年,我知道了丘成桐大学生数学竞赛,并找到 2010 年和 2011 年的竞赛试题,对这些题非常感兴趣。这些题主要考查知识的广度,灵活性很强,还要求一定的熟练程度,能全面测试大学生的数学知识、修养与能力,因此,我决定参加 2012 年第三届丘成桐大学生数学竞赛。第三届丘成桐大学生数学竞赛有分析与微分方程、几何与拓扑、代数与数论、应用与计算数学、概率统计五个方面,分成预赛和决赛两个阶段,其中 2012 年的预赛在 7 月 1 日和 7 月 2 日进行,决赛在 8 月 4 日和 8 月 5 日进行。我参加了分析与微分方程、代数与数论、应用与计算数学、概率统计这四项预赛,没想到这四项都进决赛了。8 月 4 日先进行个人单项决赛,8 月 5 日团队决赛,决赛先笔试半个小时做 2 至 3 个题,再面试讲题,这需要一定的反应能力和基本功,因为分析与微分方程是我参加的第一项,我有点紧张且不够熟练,笔试时没有认识到在较短的时间内写 3 个题应先写要点,而不一定要写得特别详细,因此没写完,面试也发挥得不好。之后的代数与数论、应用与计算数学、概率统计这三项面试,我逐渐适应比赛规则,因此发挥得较好。我因在决赛单项的成绩较好,所以参加了个人全能的面试,个人全能的面试要求从五项中选三项,每项各回答一个问题,各用 10 分钟,而且没有准备时间,这对反应能力和熟练程度提出了更高的要求。我选了分析与微分方程、代数与数论、应用与计算数学这三项,其中分析与微分方程的题我讲完了,而代数与数论、应用与计算数学的两个题我没能在规定时间内完成,面试结束后过了一会儿,这两个题我都想出来了,这说明我以后要不断提高解题速度。最后在 2012 年丘成桐大学生数学竞赛中我获得了代数与数论金奖,应用与计算数学金奖,概率统计铜奖,个人全能银奖。总之,丘成桐大学生数学竞赛要求把所学的各个方面知识联系起来,融会贯通,而不能孤立地看数学的各个分支,这使我对数学的学习兴趣有了进一步的加深,也认识到自己的不足,今后要加强数学基本功的训练,不断地扩展知识面,提高英语水平和表达能力。

在中学和大学阶段我参加过很多次数学竞赛,下面是我关于数学竞赛的一些思考与建议:

一、 兴趣是最好的老师

参加数学竞赛,应以培养兴趣为主,不要有太多的功利性。在小学一年级时,我读到一本名为《华罗庚数学学校 一年级》的书,其实,这本书并没有特别之处,书中都是难度很大的数学题,我从解出第一道数学题开始,体会到一种与众不同的乐趣,从此真正喜欢上数学。我从小学到现在,在完成其他课程的学习以后,都会持之以恒钻研数学问题,以此为乐,并在数学竞赛方面取得了突出成绩。

二、 中学生数学竞赛不是孤立的,而是有机联系的

数学竞赛不是孤立的,它至少要与所在学科的中学内容和大学内容有联系,并相互促进。首先要把参加竞赛的这门数学学科学好,不要不屑于做中学普通教材的题,竞赛并不是所有的题都特别难,有些题就是为了看出做题者是否认真仔细,当然也不是必须把这门学科的中学普通教材看完才能参加竞赛,因为竞赛的内容比中学普通教材的内容深刻,通过竞赛可以加深对这门数学学科的理解。

有些竞赛题是以大学数学内容为背景的,所以参加竞赛时可以看一下大学数学的书,但对这些大学相关内容要学透,不要一知半解就乱用,而要看它与大学数学的哪些内容有联系,看它如何推广,看大学内容时也要想一下根据这些内容可以出什么样的竞赛题。另外,数学竞赛的思想方法与大学内容的思想方法有相同之处,可相互借鉴,不要认为竞赛题很特殊,其实它只是这门学科的一部分,应对这门数学学科的所有题都重视,并发现它们之间的联系。

2008年国家队在上海培训期间,上海大学的冷岗松教授从《美国数学月刊》找了一道题,大多数选手所提供的都是图论证法,而我仅用了一下极端分

析，就将这道题目给解出，解法自然而优雅，直到今日，冷岗松教授还经常会向竞赛刚入门的学生讲解这一方法，并戏称这是"韦方法"。

三、 数学竞赛需要仔细、耐心和持之以恒的精神

通过竞赛题还能得到一些启示。有些题并不是特别难，但比较复杂，这就需要做题者有耐心，而耐心不仅在做题时有用，在生活中也是必不可少的。当题目比较复杂时，还需要冷静分析，正确理解题意，而不要被表面现象吓到；题目形式比较简单时，也要冷静，不要一看就写，不然有时出错了还不好改正，这说明要有严谨的思维，遇事要冷静，要做好困难的准备。做一些题时需要设立中间命题或分情况讨论，对大目标要分成若干个小目标来完成，要善于把困难化解成小部分，遇到特别难的题会认为得想很长时间时，可以把它先放过，等到最后做，这说明做事要有取舍。

四、 数学竞赛要善于思考、推广和联系

我真正写的题其实并不多，"想"的题却很多，能想明白的题目我就不写了。对我来说，做题或许还不是最大的满足，我常常自己出题，提出问题，再长时间冥想寻找答案，一一攻破它们。我有时对做过的题进行推广，看到书上没有证明的结论就想着怎样证明，所以我可以想的题很多，其中有些我暂时做不出来。在对一些题推广时，我发现很多有意思的结论，在看相关的书时，有时把很多题联系起来，我会不经意间做出以前暂时没做出的题，有些题刻意做也不一定能做出来，和很多题充分联系以后却能做出来，当然这是在水平提高的基础上。我想的题主要是数学题，并没有针对竞赛题。我认为这样有利于提高我的数学竞赛和大学数学的水平，并把他们很好地联系起来。

作者介绍 韦东奕

第一个在 IMO 中国国家集训队所有考试中均获得满分的选手，第 49 届、第 50 届国际数学奥林匹克满分金牌，高中就读于山东师范大学附属中学，后被

保送至北京大学,为北京大学数学科学学院 2010 级本科生,在大学期间获得:

2011 年第 28 届全国部分地区大学生物理竞赛非物理 A 类特等奖;

2012 年第 3 届全国大学生数学竞赛(数学类)决赛一等奖;

2012 年丘成桐大学生数学竞赛代数与数论金奖,应用与计算数学金奖,概率统计铜奖,个人全能银奖;

2013 年丘成桐大学生数学竞赛几何与拓扑金奖,分析与方程金奖,代数与数论银奖,应用数学与计算数学金奖,概率统计金奖,个人全能金奖;

2018 年阿里巴巴数学竞赛决赛分析与微分方程方向金奖;

2018 年全国偏微分方程唯一优秀博士论文奖。

参加数学竞赛活动的一些片段回忆

◎ 姚一隽

从 1988 年秋天的第二届全国"华罗庚金杯"少年数学邀请赛算起，我前前后后和数学竞赛活动也打了 30 来年的交道了，在这里也只能做一些片段的回忆。

一、数学竞赛

我和数学竞赛最早发生的关系，是 1988 年的第二届华杯赛。经历了大家事前都不知道会是什么形式（只知道和第一届一样会是中央台电视播报试题）的初赛，和一场复赛，再经过南京市的一轮选拔，我很幸运地成了南京代表队的三名成员之一。

决赛（后来不知什么时候开始叫总决赛）在深圳中学考的笔试（所以我对深中一直很有好感），我的成绩是小学组第一名［放到现在，像我当年一个县城小学里的学生，就靠自己做了一些习题，复赛（后来叫决赛）前听县里的老师讲了几次讲座，要考出来会比较困难］。那一届华杯赛小学组的获奖名单上有 1995 年数学奥林匹克国家队 6 人中的 5 个，外加一个（最后得了全球个人第一的物理金牌）。

初一我转学到了上海，中学阶段的故事很多，全写出来会很长。我在这里主要想提的事情有这么几件：

第一件事，是从初一开始，我基本上风雨无阻地每周日到上海市中学生业余数学学校上半天课，寒暑假里也会有一些集训。除了系统地学习了（正常的）初中和高中数学竞赛的相关内容以外，还认识了来自上海各所中学的很多同学，在那个时期建立的友谊有许多到今天还一直保持着。

整个初中阶段，我的表现基本上排在上海市同年级 50 名上下（我曾经连着得过七个二等奖，包括一个 AIME 的。我们那一届，全上海初三学生获得全国高中数学联赛有一个三等奖、AIME 有一个二等奖、一个三等奖，和现在的低龄化完全没有可比性)，直到最后一次初中联赛才考到了上海市大约第三十名。

高中我就读于复旦附中，高一时，全国高中数学联赛上海总共有三个高一学生得一等奖，我算一个。高二那年的冬令营在上海办，最后上海有 7 个人参赛(那时候全国也就 120 个人吧)，一等奖十五个人左右，我是以二等奖靠前的成绩进集训队的(总共二十二三个人)。集训队是在复旦大学办的，我们住在研究生宿舍里，上课在复旦附中借了间教室，最后我得了第七名。

过了一个多月，上海派队去参加全俄数学奥林匹克，我考的是十年级组，回来以后黄宣国老师让张健(1994 年的 IMO 金牌)和我一起写了一篇游记，发到《中等数学》上。那一年我也去旁听了夏兴国老师负责的国家队集训(旁听生总共四个人，基本上就是集训队里高二且没进国家队的前四个，两个并列第七，一个第十)，那次我们见到了杜锡录、严镇军、齐东旭、李尚志等各位老师。

第二件事情发生在高二的暑假，在 1994 国家队的姚健钢的带领下，我参与了一件"前人"(比我们早的学生)没怎么做过的事情：写书。《华罗庚数学学校数学课本》(高中部分)作者共六人，两个老师，四个学生。两位老师写的东西在那个时候看就算是简单的，四个学生写的内容倒算是比较难的。正式出版的时候我已经在大学里面了，就没关心读者的反应(我分到的部分是《集合》、两讲《计数》、《组合恒等式》、《图论》，还有《复数与几何》，对于这些部分里面的错误我负责)。

现在回想起来，有点小小得意的事情大概是在《计数》里面，我写了群的概念和波利亚(G. Pólya)计数定理(二十年后我在复旦大学开组合数学课，基本上靠中学里学的那些……)。

高三那年冬令营我大概考了第八九名的样子，然后以大概第四名的成绩入选国家队。在集训队结束之后，那个时候其实我已经在复旦大学上课了，向系里申请了一下，获准进入本来只对于高年级本科生开放的数学系资料室。这是中国最好的数学图书馆之一，我干了这么一件事情：把 1945—1995 这五十年的《美国数学月刊》上的初等数学题目过了一遍，把里面觉得有意思的题目都摘抄了下来。(后面的故事呢，是那本笔记本，我给了李秋生，让他在

1996 年冬令营的时候交给韩嘉睿，他后来是深圳中学第一块 IMO 金牌获得者，但是在交接的过程中给弄丢了……）

1995 年国家队的集训在北大，给我们办了一张"理科第二阅览室"的阅览证，当然基本上除了我以外大家都不常去……我跑到里面找了高斯那本《算术研究》（Disquisitiones Arithmeticae）的英文版，读了前面的三分之一，记了笔记（倒还是一直留着的）。当然后来我没去做数论，所以那本笔记本也就睡了将近二十年，还是到我开数论课的时候才又用上。〔2000 年左右，怀尔斯的博士生巴尔加瓦（Bhargava）精研那本书，最后挖到 200 年来没人挖出的宝贝，一举成名，成了普林斯顿历史上最年轻的数学教授，他的工作构成了我讲的那门数论课的后半部分。〕

二、 大学生活

我个人一直认为，在与数学竞赛活动中认识的那些老师和同学们围绕将来大学学习生活的交流，让我受益匪浅。

进大学之前，无论是和上海的舒五昌、黄宣国老师，还是和张筑生、许以超、李成章等各位老师，都时不时会聊起大学里的学习（我那时候属于少数明确将来要念数学的）。

那个时候我们就知道张筑生老师写了一套《数学分析新讲》，所以我自然去九章数学书店买了一套。张老师说，他写这书的时候，前后手稿加起来起码是最后成书体量的五倍，很是辛苦。潘承彪老师在国家队集训的时候，对我们说："你们没必要在这（初等数论的技巧）上花太多功夫，多学点大学里的数学分析要紧……"我只好跟他说："问题是要进国家队，我们已经在这上面花了很多时间了。"

进了大学以后，1996、1997 两年因为冬令营集训队里有不少我之前认识的同学，所以还是比较关心数学竞赛的。

1996 年的 IMO，中国队在一个几何题上全军覆没（一分都没拿到，下一次出现这种情况，是我做领队的 2017 年第三题），让我颇为不爽，因为那根本就是厄尔多斯-莫德尔（Erdős-Mordell）不等式的一个推广……anyway，那是我自己花时间做的最后一套数学竞赛卷子……我的那个解法似乎还不同于标准答案,所以后来那年的领队舒五昌老师把解答发在《中等数学》上时,还把我的那个解法写了一下并注明是我写的(当时我不知道,那个时候我早就不订《中等数学》了),下一次我的名字再出现在《中等数学》上是十四年之后了。

1996 年李成章老师送了我一本陈建功先生的《实函数论》,一本蒂奇马什(Titchmarsh)的《函数论》,那时都是早已绝版的书。1997 年张筑生老师还让闫珺辗转带给我一本他的《微分拓扑讲义》,以及一本那时刚刚重印的华罗庚先生的《数论导引》。我们的副领队王杰老师专门给我寄了他在北大教 95 级《高等代数》时编的补充教材。

在复旦,我旁听过黄宣国老师的"微分流形"。而在学习"实变函数与泛函分析"的过程中,我时不时会到教材的作者之一舒五昌老师家里聊天。记得有一次晚上在他家里,突然停电,他就在黑灯瞎火中跟我聊了两个小时测度的扩张。

三、 大学毕业之后

前面讲过,1996 年 IMO 是我自己做的最后一份竞赛题(到现在其实也是),所以在 1998 年出国之后,我和数学竞赛的联系,基本上只剩下和一些老师的联系了。我每次回国都会去拜望在上海的舒五昌、黄宣国两位老师,不过在黄老师那里聊的更多的还是复旦系里的事情;也会打电话去问候张筑生老师,一直想着 2002 年国际数学家大会(ICM)的时候到北京去见他,他却没等到那一天……张老师去世的时候,我们 1995 年国家队队员只有柳耸一个人在国内了,所以他就代表大家去参加了张老师的追悼会。

再后来,和数学竞赛相关的内容在一个意想不到的环境下又出现在我的生活中:在我的博士论文里需要证明一个组合恒等式,这个恒等式成立能够推导出某个形变公式能定义一个有结合律的(在以模形式为系数的形式幂级数空间上的)乘法。然后我就使出了中学里学过的各种手段,以最详细的方式[不然我的导师,菲尔兹奖得主阿兰·孔涅(Alain Connes)说他看不明白]证了整整 40 页把那个恒等式证了出来。

2009 年,张筑生老师的夫人刘玲玲老师把张老师的书都给了我,极大地丰富了我的"藏书"种类。也是在那一年,又见到了裘宗沪老师。有一天,他对我说,"你有空可以帮我们出一些题",我当场表示已多年不碰竞赛,恐怕难以胜任。

四、 回到数学竞赛

再回到高中数学竞赛的世界里,又是很多年之后了。

2010 年我回国工作,那年世博会法国的巴黎高等研究院(IHES)在法国馆组织半天的活动,我帮他们张罗一些事情,其中包括找一些听众。因为组织方找的报告人都是一流的数学家,做的又是通俗报告,我就想到了找一些中学生。于是,十多年后又一次拨通了熊斌老师家的电话,他公子(也是我复旦附中的学弟)熊一能接的电话,我就跟他说:"你很小的时候我见过你……"

再后来我就逐步开始参与数学竞赛的一些工作,2013 年作为观察员 A 再次参加了 IMO 的活动,2014 和 2017 年作为中国队领队带队参赛。在一个完全不同的年代以一种完全不同的视角再来看这件事情,自然地有了完全不同的感受。希望将来有机会再把这些感受写下来吧。

作者介绍　姚一隽

1995 年参加第 36 届 IMO,获银牌。2007 年在法国巴黎综合理工大学获博士学位,2010 年至今在复旦大学工作,现为该校数学科学学院教授、博士生导师,研究方向为非交换几何。曾任第 55、58 届国际数学奥林匹克中国队领队,第 57 届 IMO 选题委员会委员。曾任中国数学会理事,中国数学会普及工作委员会、奥林匹克委员会、基础教育委员会委员,任《数学译林》《中等数学》杂志编委。上海市数学会常务理事、秘书长。

追忆数竞年华

◎ 邓明扬

一

初一时，一个孩子开始了对初中数学竞赛的学习。我想起在一个个周末的早晨，独坐在小屋里思索着几道初联题目。"坐"这一动词很不准确，更多时候我来回踱步或是躺在床上。身体放松后，思维的跳动就更为活跃。

对我这种喜欢"胡思乱想"的孩子来说，数学竞赛十分有趣。不用看大部头的书，不用学许多复杂的知识，只需要纸笔和头脑，就有了做题的入场券，就可以在思考中消磨一上午甚至一天。

那时，我对竞赛还没什么概念。我想拿初联一等奖，只因觉得"很厉害"。那时我很单纯稚嫩，什么也不会，什么也不懂，但我很乐意去想。我不擅长几何，但那年考题恰巧对我胃口，于是幸运地如愿以偿。

二

初三进省队后，第一次去外地培训，地点在武汉。

初三的我没看过什么书，听老师讲的每句话都觉得新奇。于是正襟危坐，认认真真地听，每懂一点便感到满足。那时每晚会发次日的讲义，我拿到讲义便开始苦想，以期第二天稍不费力些。于是，许多夜我想着题入眠——现在睡前想的东西已完全不同了。

印象里，由于知识点的缺乏，一次满分 126 的 CMO 模拟测试，我只获得了 6 分。但彼时的我毫不在意，仍按原有节奏听讲做题。

那年 CMO 后我侥幸进了集训队。集训队测试在华中师大一附中。报到时正下雨，我拖着行李箱在细雨中跑进宿舍。彼时"跳一跳"正流行，我沉迷游戏,状态低迷。有的送分题我全然不会,有些难题却有大致的思路。那十几天我和学长们交流了许多,并惊叹于他们解答的巧妙。我想,也许我永远想不到那么精妙的证明。

这一年就迷迷糊糊地过去了。虽然十分不稳定,虽然很多东西不懂,但明白的、见到的,也多了不少。

三

高一一年像在旅行。

初三集训队测试后,我水平忽然长进许多。我并不知道原因,但当拿出从前无法解决的题目看时,发现几乎都会了。

高一那年省队名单出来之后,我又一次去武汉培训,这次成绩十分稳定。

培训之外我做了许多游历。我和同学一起,将附近的商业街逛了数次。傍晚去时,商业街人声鼎沸、十分热闹;凌晨长街上仍有暗淡的灯,天气很冷,但偶尔的人声让你不觉孤单。下午的街则很安静,随意找一处做题都很好。

我们住的宾馆楼上有天台。一次我突发奇想,约同学到天台看星星。那天下着小雨,并没有星,街上行人寥寥,于是我们俯视着疾驰而过的车。想到车上的人,我有一种奇异的感觉,好像他们不仅是在路上飞驰,更是在这样的天气里,各自奔向自己遥远的命运。

我的命运又会是什么样呢? 我当时做了一些构想,现在都落空了。

后来我又在雨天看过车,又忆起当时的思绪。我发觉,自己也在这些片段的间隔里,渐渐走向一段未知的宿命。

一月份的时候,我去了上海复旦附中。

那时我的好朋友在上海的另一处,于是我们逃晚自习坐了一小时的地铁见面。坐回去时,天已全黑,我艰难地在黑暗中溜回了宿舍。

那年测试似乎没什么波澜。我把会做的题认真写写就进了国家队。

在国家队选拔的地点上海中学的那段时间频频下雨。于是,我和同学总是撑着伞漫步。伞檐和天色一样阴沉,常常走着走着就迷失了方向,到了庞大校园的另一角。

四

第 60 届 IMO 在英国举办。

举办方提供的条件颇为不错,每人都住在舒适的单间。

考试过程有些遗憾。第二天过于放松,以至于用四小时专攻一道题都未能解决。

但作为一次旅行,IMO 之行却堪称完美。英国空气清新,我们住处附近景致更是很好。晚饭之后,我们常在一片草坪上漫步。远处,孩子们在嬉戏打闹。

颁奖场所旁边有一家游乐场。我向来恐高,遂挑选了看起来最安全的空中旋转木马。它虽看着安全,实际也很刺激,于是我在高声叫喊中挨过了全程。

IMO 还有各项有趣的小活动:德扑比赛、估算比赛、舞会、各项体育运动不一而足。我参加了其中数个,玩得颇为开心。

那几天很累,做题和玩都很耗精力,于是无暇胡思乱想。

直到飞回北京,才发现数竞生涯已经结束了。

五

未来会怎样呢?

我本科大概会去 MIT(美国麻省理工学院)继续学数学。之后若能做研究当会去做,倘若不是那块材料,就改换方向。

假如有机会,我也想为数学竞赛做点什么。去帮助一些和我类似的孩子,去和他们交流一点东西,又或说说话也好。

六

还想写写位于高中教学楼八层的竞赛小屋。

那间小屋里藏满了之前学长遗留的物品,空气也有一种奇怪的味道。我的许多时间在那里度过。无数次,我早晨醒来就走进小屋,找一点题目来想。想出来,就站在窗户边看外面的风景:听着上下课的铃声,看着同学们在校园里奔来跑去。没人的时候就看看树,看看被风吹动的叶子。

有时,在小屋待厌,也会去外面转转。学校边上有家咖啡店,我不喜欢喝咖啡,于是往往点一杯热巧克力在窗边坐下。一坐就是一个下午——从正午到太阳落山。我一边想着问题,一边看着天色一点点变化。这种变化着实有趣,假如没有因为稀松平常而被忽视的话。

那段时光像水一样平静单纯。在这样纯粹的思考和观察里,我体味到一些简单的快乐。

七

常常看别人回忆高中时光,回忆准备高考的忙碌与充实,回忆运动场上洒下的汗水。很遗憾,这些我都错过了,但我也收获了一点东西。

我在中学幸运地对广阔的世界投以一瞥。为了竞赛我去过许多地方:我站在武汉的天台上看着星星;撑着雨伞漫步在上海的校园;在英国,远远望着草坪上的孩子玩游戏。以及更多的,做一些精巧的题目,在那些严格正确的推理中,在那些漫无边际的构思里,试图看清一点算术的真实。

对于一个喜欢乱想、对世界充满好奇的孩子来说,让他把握住一点绝对的真理,无疑是很珍贵的礼物。

此外,在竞赛课上、省队、国家队中,我结识了许多良师益友,感谢他们能出现在我的生命里。

竞赛小屋里还放着一些我的东西,不知道将来会不会有人看到它们,不知道将来会不会有人记得我。

现在还会想起刚上初中的一天下午,当时各科老师来宣传自己的研修课,学生从中选一门修习。我的班主任宣讲数学竞赛。他没发表太多言论,只是说:如果你想试试,就来吧。

那时我还不知道自己将经历什么,更没想过未来,但我一直认为数学很有趣。于是,我在报名表上写下了名字。

作者介绍 邓明扬

美国麻省理工学院学生。高中毕业于中国人民大学附属中学。2019 年入选数学国家队,在第 60 届国际数学奥林匹克获得金牌。2021 年入选信息学竞赛国家队,获得第 33 届国际信息学奥林匹克满分金牌。

数学竞赛、数学研究与数学应用

◎ 柳　笙

近日,捷报自伦敦传来,中国重返 IMO 总分第一。

欣喜之余,回忆当年,加拿大多伦多,同样的 IMO 赛场,同样的中国勇夺总分第一。

于我而言,作为参与者之一,那份庄严与振奋,恍如昨日。

只是时光已悄然过去了 24 个年头。

每一位 IMO 国家队员,都身经百战,参加的比赛不计其数。唯有 IMO,是最神圣而独特的。无他,因为披上了五星红旗,代表了国家。比赛的成绩,不再只是个人的成败,而是关系到了国家的荣辱。六个人的总分,汇聚起来,就是中国的答卷,它维系着一个奥数强国的尊严,更流露出中华儿女的骄傲。

IMO,就像是奥运会。

并肩奋战,为国争光。试卷如跑道,纸笔如球拍。我相信,对每一位 IMO 国家队员而言,这段驰骋奋战的经历,都会是一生中最珍贵的回忆。

IMO 和奥运会,却又有很大的区别。

奥运会,是体育健儿的最高战场。能够在奥运会斩金夺银,意味着运动生涯已经功成名就,终生夙愿已经圆满完成。

而 IMO 却相反。大多数国家队员,参加 IMO 时只是高中生,十七八岁的年纪。

IMO,不是终点,而是起点。面对学业、事业、成就和未来的无限可能,整个人生,才刚刚起步!

于是,很多 IMO 国家队员,在国内外一流学府,就读数学专业,继续着儿时的梦想。数载寒暑,在硕士博士之后,继续深造钻研,终于在数学领域有所建树,更位列教授之尊,在象牙塔下,教书育人,将数学造诣薪火相传。

我非常佩服这些同学。他们就像是道心坚定的修行者,一朝立志,几十年如一日的砥砺前行,终成正果。

而我自己,最初的理想也是类似,但在本科到硕士的几年之中,逐步改变了初衷,做了数学领域的"逃兵"。与其说是改变了初衷,不如说是我最初的理想过于简单。IMO凯旋之时,我对数学研究有了几分小觑,以为不过是解一些稍微难一点的奥数题目而已。我心想,自己从小学到高中,近十年的奥数生涯,各种初等数学的技巧早已熟练无比,炉火纯青,将来从事数学研究,还不是手到擒来。

这种想法,在大一第一学期,还颇为应验。数学分析和高等代数中很多定理和题目,都被我用各种奇技淫巧的初等方法给证了出来,以至于,我对于初等数学到高等数学的这条鸿沟,并未有敬畏之心,继续用初等数学的方法来学习高等数学。到了第二学期,我的数学学习,就像是一个内功路数不正的习武之人,终于出了偏差。

如同,绿茵场上,过于追求盘带过人,就会疏于传切配合;围棋盘上,过于纠缠边角战斗,就会失去中腹的大局;在数学学习中,过于追求局部技巧,就会忽视整个数学大厦的宏观结构的精髓。随着时间的推移,数学课程的难度加深,我越来越意识到,仅凭初等数学的各种奇技淫巧,已经步履维艰,而此时,很多朴实无华的高等数学的结论,才是大放光华,威风八面。

某天,我从一本数学分析的教材中,看到了如下的比喻:

"学好数学分析,就好像成为一个好木匠。每一个定理、结论、技巧,就好像是斧子、锯、凿子、刨刀等工具。当你把某个定理研究得滚瓜烂熟,就好像是熟练使用了某一个工具。但即使你把所有工具的使用都烂熟于心,也仍然不是一个好木匠,因为你胸中没有木工的图纸!没有图纸,你连一把椅子都做不出!"

中学奥数,就好像是在练习木工工具的使用。知其然而不知其所以然。

大学数学,就像是靠一张张木工的图纸,将所有工具结合在一起,真正做出一件件精美而有意义的家具。

从本科到硕士,我一直是数学专业。在硕士阶段,我更清晰地意识到初等数学和高等数学的差异。确切地说,是求解奥数题和数学研究的差异。

奥数题,有难有易,为的是考查参赛者的数学能力。但不管再难的题目,也必定有答案。出题者为你准备了也许不止一种求解的思路,犹如浅埋的宝藏,等待你去发掘。

而在数学研究中,如果你真的走到了前沿,进入了先辈所未曾涉足的领域,你要用一个个的猜想,来尝试描述未知的疆域。每个猜想,也是一道题目。只是这道题目,没人会告诉你究竟有多难,甚至没人告诉你它究竟对不对。

于是,我忽然意识到,不是每个奥数的佼佼者,都适合做数学研究。

奥数考试,最长也不过三四个小时。试卷发下,各显神通,试卷一收,不日即可揭晓结果,是非成败一目了然。这,像极了江湖中的快意恩仇。于我而言,奥数,是与其他人的较量,也是与自己的较量。激发潜力,挑战极限,无形之中仿佛有一个数字,像战力指数,每时每刻都在跳跃。

而在数学研究中,你就像在黑暗中摸索前行。你正在试图证明的猜想,也许需要几天,也许需要几个月,也许需要几十年……没有人会为你显示一个进度条……甚至,有可能当你花费数年时间,自以为走到了90%的时候,忽然发现,此路不通。

与奥数解题一样,数学研究也需要天赋与灵感。而更重要的,如果要成为一位开疆拓土的数学家,更需要长期在黑暗与未知中摸索前行的勇气与耐心。

在一些本科和硕士的同学身上,我看到了这种可贵的毅力与坚持。闲暇之余,他们一张纸,一支笔,思考着问题,心无旁骛,犹如西天取经的队伍,步伐稳健,信念坚定,一往无前。

在硕士毕业之后,我有些迷惘。一方面,我仍然热爱数学,喜欢钻研题目;另一方面,我自认不适合长期的看不到进度条的数学研究。几经周折,我最终投身于软件行业,并且一做就是十余年。

良好的数学功底,对于编程,是个得天独厚的优势。在软件行业,写代码本质上就是把人类的思维,彻底用数学和逻辑来改写,化为程序语言,为机器所解读执行。一个大型的软件项目,势必有很多环节需要涉及数学算法,让结果更精确,速度更快,资源消耗更少。而很多用于解决特定问题的经典算法,本身就是漂亮的数学结论。要理解或者实现,甚至于推广这些结论,以前的数学学习便颇有用武之地。

多少次,我在纸笔演算中,拆解体会着某个算法,写下一个个数学符号,恍惚中,我仿佛回到了大学校园,仿佛回到了奥数的考场。

曾几何时,我迷惑,为什么大学数学最先学的是数学分析和高等代数?

而今,我看到,神经网络、支持向量机、模拟退火等无数的算法,都是用它们表达的。没有数学分析、高等代数中的基础数学概念,要描述任何一个高级算法都会步履维艰。这些基本学科和概念,是数学研究的基石,更是数学所辐射出的万丈光芒中的三原色。这些光芒,平等而又绚烂,几乎遍及整个理科领域。

一个数学家,可以对物理一窍不通;但一个物理学家,数学也必须很好,因为物理研究中无时无刻不用到数学。化学、生物、计算机,很难想象有哪个领域会与数学无关。无数数学定理在各个领域璀璨生辉,而作为数学一部分的逻辑推理和统计分析,更作为严密而有效的研究方法,成为各个学科领域披荆斩棘的利剑。

于是我明白,虽然我没有从事数学研究,但中学的奥数生涯,大学的高等数学之路,都没有白费。数学,奥数,学的是一个个结论,做的是一道道的题目,但它留给自己的,是逻辑的理念,分析的方法,能够客观认识和理解世界的桥梁。

如果说,奥数阶段,是学习木工的各种工具的使用技巧;大学阶段,是综合所有木工技巧制作出一件件的木工器具。那么应用阶段,就是真正看到了这些器具的用武之地。

犹如,我曾经按照千百张图纸,造出了一架投石车,仰望其巍峨,我却猜不透它是什么东西……

如今,看到它被推上战场,投出一块块巨石,摧城拔寨,我方才恍然大悟。这里木板为何加厚,是为了承重巨石;那里为何留有凹槽,是为了放置引线。很多当年的疑惑都迎刃而解,心中便更叹服数学先辈的伟大。

理论和应用,几乎每个领域都有此分别。而我忽然觉得,虽然我没有继续研究数学理论,但我的工作和数学应用有着不解之缘。从某种意义上说,也算是在数学研究的大家庭里并肩作战吧。

在我硕士毕业时,数学专业的学子,若不继续在数学之路上深造,则大部分都去了软件行业。如今,科技发展日新月异,数学的用武之地也今非昔比。人工智能领域可谓方兴未艾,潜力无穷。而量化行业则更是需要近乎苛刻的数学功底,是为数学专业量身打造的高薪职位。

有人戏言,生物的本质是化学,化学的本质是物理,物理的本质是数学,也许不无道理。我更觉得,数学就像是金庸武侠小说中的内功,而其他学科,更像是武功招式。内功深厚者,学习任何武功招式,都事半功倍,威力无比。而内功浅薄者,即便掌握了高明的武功,也徒有其表,威力平平。

那么,为什么不在年少之时,先练就一身深厚的内功呢?

作者介绍 柳 耸

1977 年出生,作为中国国家队员之一,参加了 1995 年第 36 届 IMO,获得满分金牌。之后在北京大学数学科学学院取得本科和硕士学位。毕业后,从事软件编程和金融量化行业的工作。

与你同行——数学竞赛

◎ 朱晨畅

  大概在五年级的时候,因为爸妈想让我有更好的学习环境,于是我们搬到了一个新城区居住。转学以后,我的学习成绩一直在班级的中游徘徊。一次很偶然的机会,我在华罗庚金杯赛的预考里出乎意料地考了满分,被教导主任召集到她的办公室做题备考,和我一起的还有几个考得好的同学。我记得当时感觉很多题都很奇怪,看不太懂,之后去大教室听著名的老师讲课时,也觉得不知所云,好像除我以外大家都听明白了。不过一起备考的同学都特别有意思,其中一个和我特别要好,他口才极佳,能说会道的,活脱脱一个小说书人。他把《神雕侠侣》在老师不在的时候一回一回地给我们讲完了,我听得也是津津有味。虽然我那时对数学竞赛还没有完全搞懂,但是觉得一起做数学竞赛的同学们真的是很有意思。

  后来,我升入武钢三中,三中当时是我们那里的一所重点中学,而且竞赛成绩也特别不错。入学以后,我认识了我的班主任阮一隽老师,我们俩特别有缘分也很合得来,她当时的男朋友(后来的爱人)——数学老师吴老师还辅导我做数学竞赛题,每天四五道。不知道是不是有这一层缘由,那时的我突然觉得中学数学比小学数学清晰易懂了许多,整个人豁然开朗了起来。最后,我终于决定去参加数学竞赛了。为什么说是终于,是因为我的确犹豫了好一阵,平时学习就很忙了,周一到周六都没什么放松时间,如果要好好参加竞赛的话,就连周日上午也得去上培优班,这样就看不了上午的动画童话了,只剩下下午的《正大综艺》可以看。现在回想起来,小时候的自己纠结的还真不是什么特别重要的东西,也就是想在休息日看电视节目,也许和现在的小孩子想要玩那些电子游戏差不多。不过,这次上培优班倒是每一题都能听懂了,只是不一定都能解出来就是了。这可能多亏了平时的练习以及吴老师的点拨,也可能是中学的题目逻辑性更强了。但我现在记忆犹新的,仍然是周日下午忙里偷闲看的那场《正大综艺》!

进入初中,虽然更深一些地接触数学竞赛,可谈得上着迷喜爱的还是摇滚乐,尤其是乐队 Beyond 的歌曲。当时,我各个科目的学习成绩都变得不错了,唯独作文一直让我头疼,我也特别不喜欢读那些精选作文集之类的文章,但是听摇滚乐的时候,他们抒发的情感让我觉得很对路。其他的流行音乐,绝大部分是谈情说爱,我当时觉得很局限,有种千篇一律,为赋新词强说愁的感觉(十一二岁的我听不懂其实很正常)。所以我尤其喜欢摇滚的原创性,特别是 Beyond 主唱黄家驹写的歌。

那会,他们每出一张磁带,后来是 CD,我都会买来专心聆听,仔细体会每首歌的歌词要表达的意思、情感、境界。每次的新专辑都好像是跟着音乐体会到了一些新的对世界的观点,比如不同肤色的人平等相处,以及对人生积极奋斗的感受。我的小房间里画报贴了满满一墙,然而我爸妈居然不反对,算是很"放养"了! 不仅如此,音乐杂志我都会特别热切地或借或买来熟读,喜欢的演唱会 VCD 更是看了一遍又一遍。直到现在,很多歌我仍能倒背如流、如数家珍。在紧张的学习之余,最大的期盼就是什么时候 Beyond 能发新专辑,听到新歌啊! 只可惜,去练木吉他发现自己不是那块料。就在这样一种情境下,高一结束的那个暑假,正在学校里上补习班的我,忽闻黄家驹在日本从舞台上坠落后不幸离世的消息。可想而知,当时的我心中只有万分的悲伤、茫然与唏嘘……再也等不到家驹的新专辑了……

这时我恰好听说下一届的 IMO 是在香港举行的,我觉得这是一个天降的机会,让我有希望可以去香港祭奠我喜欢的乐手黄家驹,可以告诉他在冥冥之中,他的音乐激励了包括我在内的很多人。于是我制定了一个学习计划,首先是高一暑假期间自学所有的高中数学内容。当时,我顶着武汉 40 度的高温从早上八点学到晚上十点,连电视也不看了。所以就我个人体会而言,电影里那句话特别对,你得找到你真正喜欢的东西,这个东西能带给你的内在驱动力是远远大于所有外界的循循善诱和苦口婆心的。而且一旦你有机会进入这样一种境界,和你热爱的事物建立了深度的连接,你便自然而然地知道如何去和其他你渴望的东西产生连接,你可以体悟到连接的奇妙感受。

开学之后,竞赛成绩一般的我,在数学提高班里特别认真地琢磨每一道题,和同学取长补短相互切磋,跟着老师们大胆讨论,向他们取经。我下定决心放下一切包袱和成见,全力在尽可能短的时间里提高自己的竞赛成绩。

结果让我自己也惊奇，我真的体会到了数学的美丽和奇妙，很多题目都特别有趣，就像我以前喜爱的摇滚乐一样。刘诗雄老师是我们的指导老师，我觉得他是一位特别了不起的老师。我常常和他讨论数学问题以及很多关于人生的问题，刘老师都能基于他自己的经历与理解给我不同寻常的答案。

之后我入选了冬令营，为此我和刘老师一起努力了一个冬天。同行冬令营的还有湖北省其他学校的老师同学们，来自黄冈的两位同学有些腼腆话不多，还有一位来自华中师大一附中。我记得我们师生一行人坐了三天三夜的船前往上海，都住在一个上下铺的房间里。

到达后，我们前往上海复旦大学。冬令营的头一天晚上我没睡好，第一天考试就没发挥好，但是第二天调整过来以后就考得特别不错。两天成绩加起来，我和另一位来自贵阳的女生章复熹（后称阿章），排名正好并列在进入国家集训队的分数线下。于是刘诗雄老师找到负责人，说能不能让我们两名女生破格参加一下，毕竟集训队里没有女生。没想到结果真成了！我当时高兴极了，"厚着脸皮"以最后一名的身份和阿章同学一起进入国家队的选拔。

集训队选取 20 多名学生。我们当时是由黄宣国老师带队在复旦大学进行一个月的培训，大大小小的考试一共 10 次，每次 4.5 小时，就和 IMO 正式比赛一样，然后前六名组成国家队前往香港参赛。

现在回想起来，当时自己的心态也真是挺积极的，虽然是最后一名照顾进去的，却丝毫没影响我的斗志。除了抛开一切包袱和成见的决心之外，还离不开刘老师对我的鼓励和支持！真的很庆幸能遇见刘老师这样的良师！

和集训队认识的同学们朝夕相处了一个月后，我对他们就有了更深了解。他们中的很多人都非常特别，喜欢独辟蹊径。我还记得有一天，我和阿章从课堂走回寝室，路上遇见了北京的两位同学，正在往一条陌生的路走。于是我提醒他们，不是往那边走的，他们说："我们就想试试看，这不是和解题一样吗？如果连路都找不到，下面的题就别解啦！"我想想，还是很有道理的，在数学中的探索其实是人对整个人生的探索的一个部分。喜欢探索的精神并且以之为乐的方式，其实是源自我们对世界的好奇心。培训中，有时会有特别独创性的解答，黄宣国老师都会拿出来给我们解释，我记得的有辽宁李晓龙同学和上海王海栋同学的解答，前者特别漂亮简洁，后者则是揭示问题的本质。我还记得北京的姚健钢同学常常给我们讲，哪题哪个人解得好，有时真的是，他不说，我还真没体会到呢!

除了数学之外,一群来自全国各地的高中生们待在一起也是特别有趣的,湖南的同学抱怨吃不到辣的,看见番茄做的罗宋汤,以为是辣椒汤,欣喜若狂,结果喝下去才知道不是想象中的味道……

我和阿章也成了无话不谈的朋友,常常谈些女生的私密话题。之后阿章也去了北大数学系,成了北大数学系的教授。

过了一个月,在最后两次占比 50% 的大考之前,我感觉自己已经慢慢从最后一名提升到了中游,我可开心了,一方面看到自己的进步,另一方面觉得,哇哦,现在和理想是一步之遥啊!可惜越是一步之遥反而越是紧张了,最后的考试,我就考砸了!而且,平心而论,我的实力也的确没有其他同学那么扎实。

不过从这次长达一年的努力中,我看到了一个更大更广阔的自己。原来我好好努力,去参加 IMO 这么疯狂的事情也是有可能的啊!

走近 IMO 选手

后来,又是托刘老师的福,一番磋商后,我获得了和国家队选手们一起培训的机会。当时培训的地点是河南省新乡附近的某个温泉宾馆。我记得我和另外一位做数学竞赛的郭希连老师一同从武汉坐火车去这个地方。我当时还带了很多很多的书本,都多亏了郭老师帮我背着。我们俩到了火车站,本来想打车去温泉宾馆,结果发现,走出所谓的车站便是漫无边际的农田,滚滚的麦浪和田间路上闲庭信步的水牛,傻眼了的同时,不禁感叹世界之大啊!这些是在武汉市区长大的我从未见过的景象。问了一位农民伯伯,他告诉我们说:"温泉宾馆,知道,不远不远,往前走,七八里地儿,就到了!"虽然,在今天的我看来这距离的确如农民伯伯所说,不特别远,但是我当时是"两点一线"的高中生,最远徒步距离估计也就是学校操场的 800 米了。听到这个回答再加上背着很多很多的书,我都崩溃了……

在我眼里进入国家队的同学们,都是大神级的聪明人物啦!和这类人相处,大家都知道,有时会有被虐的感觉。来这儿之前,一位前辈老师给我讲了一个励志的故事:

有两个同学,一起参加数学竞赛,一个呢,心思比较敏感,一个心很大。前者的实力更强。可是，参加集训之后，后面的那个同学，因为放得开，和其他同学们玩在一块儿，自然而然地学会了很多东西，而另一位呢，觉得别人都比自己厉害，越来越悲观，反而落后了。

这样的一个故事，对我启发还是很大的，而且后来自己也真的有所感悟。其实和这些聪明的人儿相处，故事中这两个同学的心态，正像是硬币的两面。当别人的水平超过自己的时候，一个人可能随机地出现自卑或者崇拜两种心态，如果不幸产生的是头一种心态，只需要转念一想，把硬币翻过来，就可以啦！后来，我进入数学专业之后，参加暑期学校或者学术会议，遇到过无数特别厉害的数学家们，我发现这种转念一想，硬币一翻的想法，是特别管用的。第二种心态，就更容易和对方产生讨论学习的模式，毕竟好些数学家也是孤单的，有人可以分享解题时的喜悦，也是很棒的感觉。在温泉宾馆的这个月，真的是又学又玩又长见识了！

我更喜欢接近问题的本质，看透一个问题的那种思考方式，因为不只是对数学题，对任何的问题，这样的思维都是适用的。这就超越了我以前的一些单纯技巧的堆砌，或者是题海战术的经验。见过这样的解题，和没有见过，感觉是不同的。在这里，我学会怎么样冷静地分析拆解一个题，大方向上怎么把握，学会了，探索一个问题，得看清它的本质。这种风格也影响到了我后来对数学专业的选择，于是我更喜欢那些能说透问题实质的理论，而非炫彩的技巧。

也是在这里，各位老师也各尽所能。伽罗瓦理论，是我在这里听到的第一讲！在这里，我开始觉得，数学家是个很有意思的职业，可以琢磨深刻的问题，每当达到一个新的境界，悟到更深刻更宏大的景象，那种喜悦感是很惬意的！当然他们还可以自由地旅行，四处看看！在培训期间我们一天做几个题，讨论一些问题，听一些课，剩下的时间便可以去温泉游泳，去四周爬山。

我在长江边长大，自然特别喜欢游泳，不过从高台上跳下来还是有些害怕的，可是好些男生都不怕，越跳越勇。

我还记得可怜的王海栋，因为不巧患上了中耳炎，不得不围着头巾，在温泉边徘徊……

我还记得，我们弄到一些西瓜，打算放在浴缸里拿冷水泡一下，希望冷却了再吃。当时是没有那么大的冰箱的，买了瓜泡在水里是常识。结果没想到冷水龙头里出的是温泉水，瓜都泡坏了……

我还记得，我们时常一块儿散步爬山，当我们路过一片片绿地的时候，彭建波同学会给我们介绍说这个是花生，那个是辣椒、土豆，之类的，而且会告诉我们爬山需要靠脚趾用力……

那是我第一次如此近距离地接触大自然，有时会看见一群羊经过，它们奔跑着，互相蹭来蹭去，真是生机勃勃啊！农村长大的孩子们，相对于城市长大的孩子们，他们真是与自然联系紧密多了。七八里的路对他们来说的确很短，而且看见绿色的植物时，他们还能知道以后它们开的花结的果，以及与他们自己的联系。

这真是十分开心的时光啊！

第二年

第二年，我这次顺利地进入了集训队。这一年，钱展望老师也来带我。他常常来找我打乒乓球，帮助我放松心态。这次集训队在北大，是由北大的张筑生老师主持的。又开始了每隔几天一次大考的选拔流程，有时考得好，有时考得糟，心情也随之而变。

那时我高三了，也是最后一次机会冲刺国家队了，所以我的压力也挺大的。我常常去北大南门的电话亭给刘诗雄老师和钱展望老师打电话，有时聊很长时间，聊些什么，现在都不太记得了。但是每次我都得到了很多很多的鼓励，很多很多的勇气，对成绩的上上下下波动的承受能力强多了。并且有一件事情，我记住了，那便是对待人生无论高低沉浮都要保有一颗平常心。现在回想起来，当实力都差不多的时候，心理素质是特别重要的。所以很感谢刘诗雄和钱展望老师，他们对我的帮助不止是数学上的，更是心灵上的。他们的沉稳，也稳住了我的心态。

而且，这种心态，在我之后的人生中遇到困难的时候，也常常能助我度过难关。的确是，人生有个目标，朝着这个大方向努力，但是这个目标作为一个点，可以看成一个概率为零的事件，只要向这个方向前进了，这个目标自身达成与否，也许没有你想象的那么重要。因为，在朝着这个方向走着的路上，还有很多很多别的机会，这个不成，总有一个能成。也许这个就是他们说的平常心吧！反之，如果眼中只有这个目标，常常是即便达成了目标，过了几天，也就没有那个兴奋劲儿啦。

后来我终于如愿进入了国家队，代表中国参加在加拿大多伦多举办的IMO。一路上走过来认识的好多同学，都成为了好朋友。我记得去多伦多之前，我还是心有忐忑，因为我觉得我这水平不如去年国家队的队员啊，那时他们可是我学习的又高又大的榜样啊，我怎么代表国家参赛啊？当时我私下里问了问柳耸，柳耸也像我一样参加了温泉宾馆的培训。他说："与时俱进，水涨船高，我们当时觉得国家队的同学特别厉害，可是我们经过一年的成长，也成为了当年特别厉害的国家队队员了。"呵呵，瞧，这一路走来，不光是数学，也有我们心智的成长啊！

北大的日子

因为有奥数经历，我们当时可以自行选择专业与学校。我父母对我是相当宽松啦。当时中国纯粹知识分子的待遇还是不高的，很多小伙伴都读计算机、金融等现实意义更大的专业。我还是挺感恩我父母的，因为我的家境算是很普通，但是我爸妈对我也没有任何强求，去哪个学校，留不留在武汉，进哪个专业，以后怎么发展，都随我。我于是就选择了北大数学系。我现在为人父母了，真正体会到，有这份笃定，给予儿女的这样的自由去做自己，其实特别不容易！

进入北大之后，除了数学方面，我还遇见了许多其他方面有趣又有才气的同学、老师，参加了各类的社团，接触了很多大师。古典音乐、民谣、油画、太极拳、女性文学、国学、俄罗斯文学、法国文学，我对这些都特别感兴趣。印象最深的是朱青生老师的油画小组，以及戴锦华老师的女性文学，给我的启蒙与启发很大。在北大一个色彩斑斓的世界向我展开！对人生、世界的观念也慢慢形成。我觉得，我要走出去，到外面的世界去看一看。

伯克利的时光

我在北大的时候，出入钱敏先生的讨论班，其后钱先生又介绍我跟随他的学生刘张炬老师做本科论文。

钱敏先生去艾伦·韦因斯坦(Alan Weinstein)那里做过一段时间的访问学者,艾伦对来自中国的学生与学者很友好,也许也有他的导师陈省身先生的缘故吧。这之后,钱先生便推荐好些学生去艾伦那里,后来我也就自然而然选择艾伦做了我的导师。

我记得刚刚到伯克利时,就感到这里的学术气氛真是相当活跃!除了艾伦和陈省身先生,还可以遇见好多之前只在书上读到的传奇数学家,比如和费马大定理有关的肯·里贝特(Ken Ribet),做拓扑的柯比(Kirby)。陶哲轩也来过,他当时和我的第二导师阿伦·克努森(Allen Knutson)合作。同学中也是神人辈出,其中有后来创建几何中的高范畴结构的雅各布·拉里(Jacob Lurie)(后来年纪轻轻就被哈佛大学聘请做终身教授,之后又得了突破奖(Break Through Prize))。后来才知道,他也参加过那次在多伦多的IMO。

在茶歇的时候,大家都是热火朝天地聊数学。每周还有精彩的座谈会和其他各类讨论班。和这么多绝顶聪明又思维活跃的人聚集在一起,研究数学,探索真理,成为一件很开心、很放松、很惬意的事情!互相讨论与学习,开诚布公地提问和不加保留地回答,做学问才会进步得快。很感谢伯克利和艾伦,带我走入了一条做学术的正道。

转辗美国、欧洲,终于在哥廷根落户

后来我又去了瑞士、法国,最终在德国的哥廷根落户。

哥廷根是20世纪的数学圣地。离我家不远的地方,便是艾米·诺特(Emmy Noether)、高斯、黎曼(Riemann)、希尔伯特(Hilbert)这些大数学家的故居,每天都会经过他们住过、工作过的地方。而我们系里,也有希尔伯特、柯朗(Courant)的足迹,图书馆里有他们当年讲课的原稿。是他们在百年前开创了一个现代的数学系,而后开枝散叶,传播到世界各地。每次人生不顺意之时,看看黎曼,看看艾米·诺特,他们住着比我们现今平凡低调得多的公寓,虽然一生短暂,却做出了影响深刻、意义远大的数学,我又有什么可以抱怨的呢?对吧!与此同时,我也保持着和祖国的联系,回国访问交流,带的学生里也有一些是中国学生。

现在祖国的强大,对基础学科的重视,使我们的交流多了许多。

小   结

我觉得数学竞赛的经历，不光是影响了我今后的数学的品位审美，还深深培养了我的心智，更是给我带来了好多有着强烈共鸣的朋友和好人缘。这几种东西，对于一个数学家而言真的很重要，尤其是友谊，因为他们中好多天生就不是太善于交流。所以说，菲尔兹奖得主中有好多是以前有过竞赛经历的，这个当真一点也不奇怪。至于有人问，为什么中国有好多奥数金牌得主，却没有人得过菲尔兹奖，或者说培养不出创新能力，等等。我还是觉得，邓超饰演的爸爸在那部电影《银河补习班》里，说得挺好，我们把这个交给时间吧！我相信，大家朝着这个方向走，持之以恒，有一天，终归会看见一些变化的！

然后，我还想对女孩子们说一些。作为参加过奥赛的女生，做数学的女生，做理工科的女生，常常是一群人中的极少数。极少数即可以得到一些优待，就像我第一次进入集训队的机会，不正是因为我是女生吗？即使时常听到一些排斥或低估的声音，即使你都不相信自己能成什么事儿。但是呢，还是保持平常心吧！受到优待，大大方方地接受并感激，受到排斥或低估，也大大方方，实事求是地为自己坚持，为自己辩护，不要轻易否定自己。

同样地，我相信，大家朝着这个方向走，持之以恒，有一天，终归会看见一些不同的，会有更多的女生更自信，会有更多的做得好的女生出现！

作者介绍 朱晨畅

毕业于武钢三中，曾经受刘诗雄、钱展望、郭希连老师辅导过奥数，在1995年 IMO 中拿到满分金牌。就读北大数学系，本科毕业之后，留学就读于加州大学伯克利分校，取得博士学位。之后在苏黎世理工做博士后，又在法国傅立叶学院任助教，之后来到德国哥廷根大学，于2013年成为这里的终身教授。研究方向：高阶结构、数学物理、泊松几何。

孩子纯属偶然的奥数之旅

◎ 宋锦文

　　收到库超的约稿,很荣幸,但更多的是惶恐。编委和作者大多是各行各业的集大成者。而我只是一个普通的家长,孩子的奥数经历充其量算浅尝辄止,并不出色。写这篇文章不是没有顾虑,觉得实在摆脱不了班门弄斧的嫌疑。但想着编者的初心是从不同的视角向读者全方位地展示奥数的魅力,年轻的父母也许还不能理解登顶者一览众山小的视野,看看山脚下半山腰的风景也算聊胜于无,终于勉强说服自己大言不惭地写下去。

　　爱德华(Edward)是老大,自然是照书养。我从怀孕期间就买了很多育儿书籍,每个月都对照一下他是不是按时到达每个里程碑。有点小失望,他除了身高体重远远超标外,运动和语言发育都比同龄人落后不少。不过为人父母出于自我保护最先学会的都是阿Q精神,爱因斯坦五岁才会说话,小时候精细运动能力也有问题,后来都能有那么大的成就,爱德华长大后一定差不到哪去。当然他也有超前的地方,他有很长的注意力,对数字图形非常敏感,我私下里觉得他相当有数学天分。现在回头客观地来看,我当时和梁实秋先生笔下对孩子盲目自信的新手父母并无二致。孩子才会骑木马,就觉得孩子长大后会是横刀立马的大将军。孩子唱歌勉强不跑调,就想象他们以后成为流行乐坛的天王天后。孩子胡乱地摁了几下计算器,就臆想他成为给世界经济把脉的美联储主席。

　　虽然我对孩子的未来野心无比,好在我并没有付诸行动。因为育儿书上讲了,要让孩子有一个幸福的童年。人生苦短,快乐时光就那么十来年,一旦长大,个个都成了赛跑的老鼠,其实跑来跑去还是在同一个小笼子里,何必着急抢跑啊?西方教育界争论良久的养育论和天性论的两种说法,我一直选择相信天性论。天性论和老庄的无为而治论是我这样的懒惰父母贯穿中西的不二法宝。儿子出生前我们在休斯敦西郊买了房子,有意避开了竞争过于激烈的好学区。后来孩子大一点了,我们也尽量地给他一个相对宽松的成长环境,只带他参加非常有限的课外活动,比如游泳、钢琴、中文等。当然客观原因是我们上班通勤时间很长,没有精力带他参加更多的活动。我很快在育儿书上为自己的不作为找到了理论依据。宝典上说了,无结构的玩耍时间对孩子的成长和大脑发育至关重要。不要把孩子的时间表安排得太满,要让他有自由支配的时间,他想干啥就干啥,不想干啥就啥也不干。找钢琴老师的时候,我们到处打听对孩子要求宽松的老师。当时想着弹钢琴是给孩子一个音乐启蒙,长大以后能听得懂音乐会,碰到心仪的女孩能随手来一曲《致爱丽丝》让她在女伴面前长脸就可以啦。后来发现那是我见识浅,北美亚裔女孩现在有几个没弹过钢琴啊?如果不能弹到朗朗这样的水准连打动大学招生办都有困难,更别说打动什么吉娜·爱丽丝啦。孩子弹了 7 年的钢琴,后来改成小提琴,这期间他没有考过级,也没有比过赛,钢琴教育在他身上留下的唯一痕迹就是现在他会时不时在钢琴上弹个曲子自娱自乐。

我们陪爱德华玩过数学游戏,给他买了各种各样的书、杂志和玩具,但是在五年级以前没有让他额外学过数学。我觉得数学和科学之所以能发展到今天是因为人类的求知欲。掌握前人的知识很容易,但怎么培养保持求知欲就难了。我希望孩子能够自己去摸索去感受数学的概念。比如说孩子会加法以后,过一阵子他应该能自然而然地意识到乘法的必要,而如果家长着急马上教了孩子乘法表,孩子就没有了这个摸索的机会。数学科学学起来可以很快,倒是人文教育需要长年累月的积累,也是孩子小时候我们特别注重的地方。爱德华最开始的时候只爱读科学类的书籍,我们鼓励他试试不同题材的书,他后来越来越喜欢读小说、历史、政治和经济书籍。

我从最初崇尚西方育儿理念的本本主义者,转型成为北美亚裔奥数推妈,我反思来路想不起确切的起因,只能归因于机遇偶然。美国人经常说,集一村之力才能养大一个孩子。爱德华上小学以后显示了很强的数学天分,也很幸运地遇到了很多好老师。他的二年级老师雷伯恩(Rayburn)太太每次数学课都给他单独的作业。四年级老师福克纳(Faulkner)太太建议我们让他跳一级。五年级的帕克(Parker)太太和我们商量数学课怎样让他觉得有挑战性。当时我听说了一个叫做解题艺术的网站,从那里买了代数书和几何书,留在帕克太太教室,数学课就让他自己看书。他花了一年的时间自学完了代数和几何。

六年级开始上初中，碰巧初中有非常强的数学俱乐部。主教练刘嵘是家长志愿者，他女儿和另外一位女孩在德州初中数学比赛中名列前茅。爱德华在她俩的带领下开始参加数学竞赛，通过竞赛他认识了很多志同道合的朋友。七年级时他第一次进了 AIME，然后进了 USAJMO（美国初中数学奥林匹克），获得 Mathcounts（美国最大的初中数学竞赛）德州赛个人第五，代表德州参加了在香港举办的世界小学生数学竞赛。他的数学在初中阶段基本上是自学，除了参加过两次 AwesomeMath 为期两周半的数学夏令营。八年级考完 USAJMO 后，他说做出了四道题，拿到分数发现只得了两道题多一点的分。我们才意识到过于相信他的自学能力了，他的奥数遇到了一个瓶颈，靠自学很难突破。如果当时我们能早点给他找一个好的奥数老师，趁他初中有充裕的时间，也许他在奥数上能走得更远一点。

孩子和他几个好朋友一样都希望能进入美国奥数国家集训营（MOP）。九年级开始进入高中，学校功课和课外活动都多了很多，特别是英文、历史课占据了大量时间。他找到一位奥数老师，每周跟老师上一个小时的课，学会把证明题写得更严谨，也学习了更多解题技巧。我们学区要到十一年级才开设物理课程，爱德华在网上找到麻省理工学院列文（Lewin）博士的课堂录像自学物理。九年级他自学完力学、电磁学，参加美国奥物竞赛进入了全国前一百名。USAJMO 考完后他感觉不错，按往年的分数线，以为能进 MOP。分数出来那天是早上上学前，才发现别人都考得很好，他差了一点，没能进入 MOP。一收到数学学会的电邮孩子眼泪马上就流下来了。这是他学科竞赛生涯中唯一的一次流泪。之前往后的竞赛也有失利的时候，但他都显得很坚强。我劝他先别去上学了，在家休息一天。他难过了几分钟，擦干眼泪又按时去学校上课了。

十年级时学校的功课和课外活动更重了，孩子的兴趣很广泛，能用在竞赛上的时间更有限。好在已经有一定的基础，课余坚持学习，终于如愿以偿接到 MOP 和美国奥物集训营的邀请。可惜这两个集训营时间上有冲突，他只能参加一个。MOP 里有很多他一路结交互相鼓励的朋友。但这一年来他发现自己对物理更有兴趣，也觉得在奥物上还能再进一步，考虑良久他最后选择去了奥物集训营。他的奥数生涯也就到此结束。

在奥数上，爱德华只能算是走到半山腰。奥数对他的影响，他觉得很正面。第一大收获是他结交了很多聪明的朋友，知道强中更有强中手。每年高中学期结束颁奖,老师总是夸他谦虚,经常是颁奖大会上唯一被夸谦虚的孩子。他的谦虚出自内心,因为他遇到过太多更厉害的孩子。他在一个普通的高中读书,绝大部分的老师都不知道奥数奥物。学生在校际的文体比赛中得了奖,学校都会通报表扬。但爱德华在美国奥数和后来的国际奥物比赛中得了奖,我们通知学校,学校都没有任何反应。而他和好朋友们经常在社交媒体上保持联系,远程互相鼓励。如果没有他的朋友圈让他有归属感,他不一定能坚持到最后。

奥数让他学会优雅地对待失败,学会不轻易放弃,也学会取舍。在比赛中常有失利,儿子学会了竞赛精神,失败了他会真诚地祝贺优胜者,同时也会分析自己的差距,是明年再试一次,还是去开辟新的战场。

最开始,我们只是希望他通过学习奥数,为将来的学习和工作打下坚实的基础。物理学家费曼(R. Feynman)帮助审批加州中小学数学课本时,绝望地哀嚎,美国的数学教育是一英里宽一英寸深。奥数让爱德华学会更深刻地思考解决问题。因为有数学的良好基础,他高中所有的理科课程都学得很轻松,才有足够的时间在文科课程上取得好成绩。奥数也为他后来的奥物经历打下了良好的基础,这两个学科思考和解决问题的方法有很多相通之处。第50届国际物理奥林匹克给他打开一扇窗,让他作为一个普通高中生有机会看到不一样的风景。赛前教练带他们绕道剑桥大学,在著名的凯文迪许实验室和英国队做了一周实验,能亲历这座产生了29名诺贝尔奖得主的实验室,也算是他在物理学上的朝圣之旅。通过这次比赛他结交了很多朋友,这些奥物做到顶尖的孩子不少是别的领域的多面手。儿子真心为他的朋友自豪,给我讲过跑一英里只需要四分多钟的飞毛腿桑杰(Sanjay),十米高台跳水能够前翻四周的豚跳(Ollie)。

孩子一直在普通公立学校学习。偶尔我也会想如果让他去更加重视学业的学校是不是会发展更好?没有答案。他是随遇而安的孩子,从小到大没有抱怨过学校功课无聊,每天高高兴兴地去上学。我想学会和不同的人打交道也非常重要,社会越来越多元化,孩子也不可能总是在和自己兴趣爱好相同的圈子里生活。有同情心、同理心、幽默感,抗打击,能融入社区,这些可能比学业更重要。

爱德华现在才十二年级,将来的路还很长。奥数对他未来的学业事业发展的长期影响我们还不知道。作为父母在伴随他长大的旅途中我们也跟着成长,也经历了成长的痛苦。很多时候我就像英文儿歌里那只贪得无厌的爱吃饼的猪,拿到饼后又会要求无穷无尽的东西。他刚生下来医生把他抱给我们的时候,我们忙着数他的手指头脚指头是不是不多不少正好二十个,那个时候的满足感是何等的简单,只要他健康正常就好。后来他长大了,参加竞赛也取得了一些成绩,我也会经常变得不淡定,碰到重大比赛也会患得患失,害怕他失误,希望他做得更好。很多时候我不得不停下来提醒自己,重要的是过程不是结果。奥数是个桥梁,通过它爱德华有比同龄人有更多的机会去阅历去成长,不要太纠结这座桥是不是完美,他过桥的路径是不是最短最有效率。在养育孩子们的过程中,我也曾经很惶惑,那么漂亮的白纸可别让我画砸了,我参考了很多育儿书为自己的教育方法找理论依据来自我安慰。现在想来自己当时太紧张了,父母在孩子的成长的过程中起的作用远没有我们想象的那么重要。只要是出于爱孩子的心,多给孩子一些空间去探索,即使教育方法有差异,孩子最后都会很好。

最后用苏斯(Seuss)博士的"Think and Wonder,Wonder and Think"和所有奥数娃家长共勉,这也是今年爱德华在美国奥物集训营个人自传的开篇。我想无论在是否鼓励孩子学奥数还是在孩子的通识教育上,只要我们作为家长能够多独立思考哪种教育方法更适合自己孩子,同时不忘由衷地感叹孩子的努力、孩子的进步,那我们就不会成为孩子成长途中的障碍。相信我,所谓的"牛娃"的家长不一定比你我更懂教育,也许他们真的只是手气更好点而已。

作者介绍 宋锦文

中国科学技术大学空间物理学士,莱斯(RICE)大学空间物理硕士和计算机硕士。从事计算机相关工作二十多年,现就职于一家国际投资银行。和丈夫居住在美国德州休斯敦,育有一子一女。夫妻俩学生时代并无奥数经历。机缘巧合,长子爱德华走上了奥数之路,十年级时受邀参加美国奥数集训营和奥物集训营,十一年级时代表美国赴以色列参加第 50 届国际物理奥林匹克获得银牌。爱德华现为十二年级学生,课余担任初中 Mathcounts 教练,喜欢电游、网球、阅读。

家族四代与数学的情缘

◎ 张海云

许多人谈起数学竞赛就想起如今的中学生国际数学奥林匹克(IMO),其实数学竞赛在中国有很久的历史,我们家族有幸参与其中。我祖父祖母张信鸿和唐秀颖分别在南开中学和上海中学开创了数学实验班,培养了几十名两院院士、学科精英及大量对社会有贡献的专业人才。我和先生何刚在中学都得了全国数学和物理竞赛一等奖,何刚也参加了中国奥数冬令营和集训队。我们的长子何安迪(Andrew He)多次得到美国和世界数学、物理学、信息学竞赛优胜,美国数学奥林匹克(USAMO)全国优胜,普特南(PUTNAM)大学数学竞赛鼓励奖,两次中学生信息学奥林匹克金牌,世界大学生编程比赛第二名,谷歌全球编程挑战赛(GOOGLE CODE JAM)世界冠军。

我祖父张健(字信鸿)1899 年生于浙江嵊县,正好赶上晚清(1903)颁布癸卯学制,废除科举,兴办小学、中学。当时小学设算术课,中学设数学课(包括算术、代数、几何、三角、簿记)。而他就读的中国第一所水利专科——河海工程专门学校于 1915 年创建。建校第一年为应导淮急需,选择其中数学、英文成绩较好者办了一期特科,学制两年,"授于切要功课,冀急可致用"。祖父 1917 毕业后,即应同乡喻传鉴的邀请,去天津南开中学教授数学,在 1932 年又随南开去了重庆参与创建重庆南开中学。

祖母唐秀颖 1912 年生于上海。30 年代初入中央大学数学系。该校 1937 年迁至重庆。1938 年祖母毕业于理学院数学系,并留校任教。后因当时南开中学师资不足,祖母开始了中学数学教师的生涯。我父亲也出生在南开的津南村。工程院院士杨士莪是祖父母都教过的学生。他形容祖父教数学非常有创意,天马行空;而祖母教书非常严谨,一字一句都经过斟酌。

抗战胜利之后全家回到上海,祖父先后任虹口中学和复兴中学校长。祖母从 1946 年起在上海中学担任数学老师,后任教导主任,被评为特级教师。她从五十年代开始,一直参与举办上海市中学生数学竞赛,除了命题以外,还有很多组织、阅卷、评定等繁重工作。

在祖父母身边生活了那么多年,深深感激他们给我留下的宝贵遗产。

第一,他们对学生充满了热爱,特别注重培养学生逻辑、创意和自学能力,对数学和教育事业更是充满毅力和恒心。祖父自己出资为上不起学的孩子们交学费。南开大学化学家、院士申泮文回忆:"印象最深刻的是我们敬爱的张信鸿老师,他在 1932 年秋到 1935 年夏期间,曾经先后四度给我们班组织算学讨论会,不畏严寒酷暑,亲自主持讨论,给我班对数学有偏爱的半数以上同学增补和强化数学知识。"杨士莪伯伯说起祖母"为我们的每一步成长而感到由衷的快乐,为我们的每一点失误而感到焦急不安"。"唐秀颖注重对学生数学逻辑、技巧和思考能力的训练,尤其是如何判断、推理、总结、验算,特别注意培养自学能力,鼓励学生主动学习,多读课外书籍,进行深入钻研。"祖母多年来最开心的事情就是学生带着自己的成果去看望她。

第二,独立思想,敢于创新,开风气之先。祖父在 30 年代第一次开设算学讨论会,终其一生都在不断学习。祖父在七十多岁时候还跟着收音机学习英语、法语等五种语言,连两三岁的我也跟着写日语假名。祖母 68 岁高龄开始担任复办后的上海中学副校长,不分寒暑早上六点和我们一起去操场出操,晚上十一点还在开会。她全身心地扑在上海中学以及全上海的数学教育上。尤其是上海数学会和上海数学教育研究会,在她的领导下,从培养老师着手,给老师各种交流和听课的机会。大同中学的特级教师周继光说,祖母常去他的学校听课,也邀请他来上海中学,还鼓励他写教学研究的论文。祖母 80 年代初就建立了国内第一个中学计算机房,还用美国伯克利加州大学项武义教授的教材做教学试点。

第三,以身作则,虚心谨慎,从来不说教。观察孩子的性格和成长轨迹,按照科学理性的生长规律来因材施教,尤其注重孩子的品格和道德。杨伯伯评价祖母说:"她不仅教会了我们有关数学知识与如何做学问的方法,而且以自身的榜样使我们懂得了应该怎样诚恳正直地处世为人。"我在小学时候有一次对家里保姆的态度不好,祖母马上严厉批评,要求我道歉。我后来就特别注意,看到孩子开始有不良行为就要纠正,防微杜渐。

祖母请老师来教学前的我学唐诗,也给我订了很多报纸和杂志,给我打下了很好的基础。1981 年我进入上海中学,祖母信任我的学习能力和学习方式,既不利用权力给我任何特殊待遇,也不过问我成绩,甚至都不去参加老师的家长会,生怕以势压人。杨伯伯还说,"唐老师在上课时喜欢讲的一句话:'End is good,all is good.'正是告诉我们要虚心、谨慎、有毅力和恒心,坚持到取得圆满的最终结果。这是做任何事情要想取得成功的唯一途径"。

当时上海中学是上海少有的几所住读学校。初中数学教师有好几位是工农兵大学生,快三十了,教书时间不长,水平有高有低。上海中学的年级组让同一年级教师共同备课,互通有无。数学教研组,又让老教师带领年轻教师了解别年级的学习内容,融会贯通。记得上平面几何时候,欧几里得的五大公理加上缜密的逻辑,就能建构出那么复杂的定理系统。数学开始给我一种安全感和浪漫感。

每天六节课,下午体育活动和早晚自修之外,每个孩子都可以报名参加一小时的兴趣小组。从文科到理科,从娱乐到体育都有涉及。也可以报名参加各区乃至全市少年宫和少年科技站的兴趣小组。同一年级经过选拔,200个孩子里挑10个左右参加区、市组织的数学竞赛。老师很少给我们提得奖的要求,竞赛就是超越学校课程内容的锦上添花。绝大多数参与竞赛的孩子对数学难题都有一种解谜的兴趣,和"攻坚不怕难"的冲劲。

到了高中,何刚和我几人被选入上海市数学会举办的中学生业余数学学校。每周日坐公交车一个半小时到达南昌路科学会堂上课。班里有100多人,由著名数学教师轮流授课。其中有复旦附中的曾容老师,他思维敏锐,眼神犀利,我们做不出他的题都会有点紧张;南洋模范中学的顾忠德老师声音洪亮,特别有激情。每次课大约两小时,宣讲一个相对独立的主题,这些课有点像美国很多大学组织的中学生"math circle(数学圈)",涉及数学竞赛中的四大金刚:代数、几何、组合数学、数论。讲完之后,老师会布置二三十道类似的习题,并不要求上交也不批改。我们几人经常在来去的公交车上争论题目。数学会还组织夏令营,增进孩子们的友情。

从小祖父母教我认字,两岁就学日文、法文,后来祖母订阅了《少年文艺》《少年科学》《小朋友》等报刊杂志和《十万个为什么》等图书,让我对各种学科都有兴趣。何刚从小喜爱阅读各种科技书籍,如《自然科学小丛书》等。从初中开始他在市少年宫学习计算机编程,啃大部头《编程的艺术》(THE ART OF PROGRAMMING)原文版,每一个句子对他来说都是挑战,于是一页经常要读一周,甚至一个月。他自己水平一直在提高,还参与启蒙大众,有一年夏天去教广东中山市的中学老师编程。

高中的几年,何刚和我一起买很多课外书来读。诸多数学家:马丁·伽德纳(Martin Gardner)的《啊哈,灵机一动》;赫尔曼·外尔(Hermann Weyl)薄薄的《对称》给我们极深印象;阿西莫夫、盖莫夫写的各种物理科普书籍;爱因斯坦的《上帝不会掷骰子》;还有玻尔、狄拉克、泡利等的著作。数理化生之外,还有罗素、黑格尔、萨特、尼采、叔本华、房龙的哲学、社会学、人类学著作等。赵鑫珊写的《科学艺术哲学断想》可以说是我们读书内容的总结。那些经典很难,几乎每一段都要琢磨来琢磨去,我会趁着晚自习中间去和何刚讨论一下,然后再往下啃。道金斯《自私的基因》对我有极大影响,让我对生物产生浓厚的兴趣。何刚更着迷物理,尤其和哲学交融的部分。

到了高二,受美国经典《数:科学的语言》启发,何刚写了一篇拓展实数系统的论文,写完就拿来给我看,我也是似懂非懂,居然还能提几条意见。他去投稿交大亿利达奖,得到几百元奖金。现在我们家的书架上还珍藏着那些令人难忘的好书。冥思苦想之后灵光一闪的惊喜,仍然让人回味无穷。到了1986年,全体参加数学会的同学有机会参加美国高中数学竞赛(AHSME),就是现在美国数学竞赛(AMC)12的前身。一部分人接着被邀请参加AIME(美国数学邀请赛),我俩幸运地得到了全市仅有的两个AIME满分,之后又在全国数学和物理竞赛中屡屡得奖。

三十年之后看到安迪入选美国数学、物理学、信息学三个奥林匹克夏令营,比我们当时还更全面,真是感叹时间飞逝如箭。学习给我们带来了乐趣和友谊,数学、物理在我心中永远代表着美好、浪漫和智慧。

我和何刚因为数学、物理竞赛的成绩双双保送北大物理系,之后又在加州理工学院同时获得物理博士学位。他专注于半导体芯片的物理;我学了物理和神经生物,博士毕业决定先在家里做全职妈妈,专心养育三个孩子,十年之后才通过考试进入健康保险公司做精算师。

老大安迪是我拿到博士学位之后两个月出生的。从小我们就注重培养孩子的各种兴趣。数学上从打牌、数数开始,不断地从生活里着手,鼓励孩子的好奇心和探索精神,算是比较典型的美国移民第二代。我们在三个孩子很小的时候搬到了硅谷中心的小城库比蒂诺(Cupertino)。乔布斯在本城长大,在自己家车库创建了苹果公司。兴旺的高科技,让小城引来了一大批理工科人才,带来了源源不断的优秀学生。本城学区变成了硅谷最出色,乃至全加州最出色的学区之一。而这也吸引了更多对孩子学习重视的父母,形成了良性循环。在三个孩子走过小学初中高中的二十多年,我和何刚也从足球教练到数学俱乐部,从舞蹈队到机器人队做各种义工。

安迪五年级时候在学校里拿到了一张老师发的传单,有一个去香港参加数学比赛的机会。我于是毛遂自荐,免费给这些孩子上课。因为还在做精算师的工作,只有周末有时间教孩子,周六周日各三个小时。有一次从早上9点教到下午3点。到最后只剩安迪和另一个小朋友杰瑞(Jerry)还在动脑筋,别的孩子要么犯困,要么累了。我当时没有教10、11岁的孩子的经验,没想到他们不可能连续学习六小时。反之,也看出来安迪和杰瑞对数学的兴趣。这是我第一次在美国教数学,学会因孩子性格不同而采取不同教法。他们做题的方式也各有所长,安迪喜欢组合数学,运算速度也不算太快,但是他逻辑很严谨。杰瑞性格比较沉稳,讲话喜欢引经据典。另一位小孩子非常外向,做题目非常快,有时容易出错。

我和杰瑞的妈妈作为领队去了香港。保良局一年一度的小学数学世界邀请赛分个人部分和团体部分。因为五六年级的美国孩子没有经历过闭卷考试,我最强调的是遵守考试规则,避免各种违规,以免被判无效。我们的队伍克服了时差,食物不适等困难,安迪和杰瑞都得了奖,全队还在闭幕式上表演了自创小品。

美国最大的初中数学竞赛称为"Mathcounts",每年校队组成之后,我会带队操练几次。一是为了加深他们的感情和了解,做团体赛时扬长避短。二是为了练习一下加时抢答赛。我每次做学校义工,都像祖母一样恪守公平公正的原则:(1)不以孩子水平高下分亲疏;(2)对自己孩子和别的学生一样看待;(3)以努力为要求,不以结果为动力。孩子逐渐长大,积累经验,并和同校的选手建立深厚的友情。到8年级,安迪不仅带领本校队伍得到北加州第二名的团体好成绩,而且成为加州四位选手之一参加全国比赛。2011年5月,50个州200个孩子聚集于首都,其中有80%为华裔,作为陪伴打气的啦啦队,我们也认识了很多别州的父母,多年以后孩子和家长一直维持着深厚的友谊。

8年级时安迪开始接触电脑,也是一些Mathcounts的朋友引领他对美国计算机奥林匹克（USACO）算法竞赛发生了浓厚的兴趣，他会找来各种算法比赛的题目钻研。虽然学习编程是好事，但是由于频繁使用电脑，安迪也开始对电脑游戏痴迷。后来我们给孩子们加上了时间控制的软件。8年级的安迪，每天有两小时的电脑时间来做完作业、编程，这不但一定程度上抑制了网瘾，也给了他具备安排自己时间的能力。很多人把电子游戏称为数字毒品，对电脑游戏上瘾，其实是拖延的一种症状。如果孩子在生活学习上不怕失败，从解决问题上找到乐趣，那么游戏会成为一种调剂，并不会上瘾而不可自拔。

安迪因为对数学、物理和编程的兴趣和努力，在各个领域硕果累累。他6年级参加AMC8，由于5年级香港竞赛给他打的基础和之后的努力，第一次就得到了满分。低年级偶然会冒出几个得满分的孩子，很多是"自学成才"，不靠"题海"或"填鸭"，之后会在全国竞赛中崭露头角。他8年级在AMC10成绩优秀，被邀请参加AIME。安迪9年级又一次夺得美国初中数学奥林匹克（USAJMO）的优胜者，被邀请进入50名左右的MOSP（Math Olympiad Summer Program的缩写，即数学奥林匹克夏令营），相当于中国的冬令营。和很多老对手和朋友聚首，在内布拉斯卡大学的林肯分校度过三周愉快的时光。其间学习各种数学技巧，同时也选出参加国际数学奥林匹克的选手。安迪高中四年都参加了MOSP，也代表美国参加了罗马尼亚大师赛，得到银牌。

很多大学会举办面向中学生的数学竞赛，最著名的有哈佛麻省理工联合，普林斯顿，加州理工/哈维穆德理工，伯克利等学校组织的数学竞赛。和中国不一样，这些都是数学系本科生组织出题，改卷子，系里的数学教授并不参与。我也参与过带安迪等一群孩子去参加各种比赛。得到奖状和荣誉在于其次，我最看重的是，中学生们得到去大学体验和参加竞赛的机会，和全国各地高手过招。多年来我们一直秉承"过程需要有心栽花，结果只求无心插柳，不以成败论英雄"。在孩子胜利的时候，不允许他们骄傲得意，在失败或挫折的时候，不放弃自己的初心，这样参与竞赛和学习才有意义，才能不断提高。

还有一些线上的数学竞赛，比如美国数学人才选拔赛（USAMTS），每月公开一道题目，孩子们有一整月时间交上答案，开卷然而不允许讨论。网上竞赛无法区分作弊，完全取决于孩子的自觉和挑战自己的追求。安迪和他的一群朋友们总是兴致勃勃地各自参与，而绝对不违规讨论，因为他们对作弊这件事从小就深恶痛绝，而且为了提高自己水平而学习，那作弊有何意义？最近一两年美国数学竞赛由于组织的松散和多人急功近利，作弊越演越烈，让我们这样的老选手和安迪这样的新选手都很心痛。

安迪高中后对机器人、编程等各种科技活动更有兴趣，从 9 年级入门电脑算法竞赛，花很多时间去做 USACO 的题目，结合了他对数学的热爱，对逻辑的偏好和工程构造的乐趣。他并不会花很多时间练习数学题，很多人包括他的数学教练都不太理解，觉得他有如此高的数学水平，不练习数学去参与国际竞赛很遗憾。我当时还去问他一位已经在硅谷高科技公司做实习生（intern）的高年级同学，问这编程算法有什么实用价值，那孩子回答道，"非常有用"。想起祖母对我人生多次选择的信任和鼓励，又看到孩子做自己喜爱之事的兴奋和动力，我就安心了。安迪两次代表美国得到国际奥信比赛金牌。到了大学，他为麻省理工得到了几年大学生算法竞赛的荣誉，最近在世界各种顶级编程算法大赛也名列前茅。他从竞赛中交到了好友，他们从对手成为朋友和同事，彼此鼓励促进，是一辈子的财富。

我们家族四代徜徉在科学技术教育的海洋，取得了一些成绩，更重要的是为社会做出贡献。家庭的言传身教，使得孩子们都很愿意为社会贡献出自己的聪明才智，连安迪也开始培训新一代的大学生算法人才。对我来说，这才是竞赛真正的目的——帮助一些有兴趣有天赋的孩子们找到同道，开发潜力，攻克各个科技难关，带来社会实质性的变化。

作者介绍　张海云

博士，于硅谷创建 Enspire school。出身数学世家，因数学、物理竞赛成绩优异从上海中学保送北京大学物理系，在北大 120 位同学中保持第一名。在美国数学邀请赛和美国高中数学竞赛中得到满分。后获加州理工学院物理学和神经生物学博士。得到精算师最高级别资格证书（FSA），学会会员。

曾训练过 2011 Mathcounts 夺冠的加州队等数学科学竞赛队伍。担任过沙特阿拉伯女子奥数国家队的教练和英特尔科学大奖赛的裁判。

附录1　国际数学奥林匹克介绍（1959~2021）

诞生于 1959 年的国际数学奥林匹克(International Mathematical Olympiad，简称 IMO)，是世界范围内青少年最高级别的智力活动之一。

早在 IMO 之前，世界上已有不少国家开始举办数学竞赛，主要集中在东欧和亚洲地区。除了各国数学普及教育的交流和趋同，国家级竞赛的成功举办，也是 IMO 的基础。这些国家中，影响比较大的是匈牙利、苏联和美国。这里作一简要回顾。

1894 年，匈牙利教育部门通过一项决议，准备在中学举办数学竞赛。当时著名科学家 J. 埃特沃什(J. von Etövös)男爵担任教育部长。在他的积极支持下，这项比赛得到了发扬。部长的儿子、物理学家 R. 埃特沃什(R. von Etövös)成功地用实验验证了爱因斯坦广义相对论的等效原理，这是匈牙利科学在世界舞台上崭露头角的标志性事件，从此匈牙利数学竞赛的奖励亦被称作"埃特沃什奖"。这是世界上最早的有组织地举办的数学竞赛。后来匈牙利也确实因此产生了许多著名科学家，比如分析学家费叶尔(L. Fejér)、舍贵(G. Szegö)、拉多(T. Radó)、哈尔(A. Haar)、里斯(M. Riesz)、组合数学家寇尼希(D. König)，以及举世闻名的空气动力学家冯·卡门(T. von Kármán)，1994 年获诺贝尔经济学奖的博弈论大师豪尔绍尼(J. C. Harsanyi)等，都是数学竞赛的优胜者。匈牙利最著名的科学天才无疑是冯·诺伊曼(J. von Neumann)，他是 20 世纪四五个领袖数学家之一。冯·诺伊曼参赛那年正好出国，后来他自己做了一下试题，只花了半个小时便告完成。另一位值得一提的是多产的数学大师厄尔多斯，他是费叶尔的高足，沃尔夫奖(Wolf Prize)获得者。厄尔多斯也热衷于竞赛和做题，他对离散数学的贡献尤其巨大；而数十年来离散数学突飞猛进的发展，也间接影响了 IMO 试题类型的变化。国际上有个厄尔多斯奖，专门表彰为数学竞赛教育做出贡献的人士。我国裘宗沪教授在 1994 年获得过此奖，熊斌教授在 2018 年获得此奖，冷岗松教授在 2020

年获得此奖。

1934 年,在当时的列宁格勒(今圣彼得堡),由著名数学家狄隆涅(B. Delone)主持举办了中学生数学竞赛;1935 年,莫斯科也开始举办。除了因二战曾一度中断了几年,这两个竞赛都一直延续至今。苏联和俄罗斯是数学奥林匹克大国,包括最伟大的数学家柯尔莫哥洛夫在内的许多大师级人物都热心于数学竞赛事业,亲自参与命题。苏联还把数学竞赛称作"数学奥林匹克",认为数学是"思维的体操",这些观点在教育界的影响很大。1998 年菲尔兹奖(Fields Medal)获得者康采维奇(M. Kontsevich)曾获全苏竞赛第二名。

在美国,由于著名数学家伯克霍夫(Birkhoff)父子和波利亚的积极提倡,于 1938 年开始举办低年级大学生的普特南(Putnam)数学竞赛,很多题目是中学数学范围内的。普特南竞赛中成绩排在前五位的人,就可以成为普特南会员。在这些人中有许多杰出人物,包括大名鼎鼎的费曼(R. Feynman,获 1965 年诺贝尔物理学奖),还有威尔逊(K. Wilson,获 1982 年诺贝尔物理学奖)、米尔诺(J. Milnor,获 1962 年菲尔兹奖)、芒福德(D. Mumford,获 1974 年菲尔兹奖)、奎伦(D. Quillen,获 1978 年菲尔兹奖)等。

上世纪 50 年代,罗马尼亚的罗曼教授等人首先提出了举办国际性数学竞赛的设想。这就是影响最大、级别最高的中学生智力活动——IMO 的由来。第一届 IMO 于 1959 年 7 月在罗马尼亚举行,当时只有七个国家(罗马尼亚、保加利亚、波兰、匈牙利、捷克斯洛伐克、民主德国、苏联)参加。后来,美国、英国、法国、德国和亚洲国家也陆续参加。在今天,每年的 IMO 已有 100 多个国家或地区参加。

IMO 试题涉及的数学领域包括:代数、组合、几何、数论 4 大板块,这亦构成了各国数学竞赛的命题方向。除了最初几届,现在的 IMO 共有 6 道试题,比赛时间定于每年的 7 月。正式比赛分两天,每天 4 个半小时做 3 道题。每题满分 7 分,总分 42 分;团体总分 252 分。约有一半选手可获奖牌,其中有 1/12 左右的学生获得金牌,2/12 左右的选手获得银牌,3/12 左右的选手获得铜牌。如果有哪个学生提供了比主试委员会的官方解答更别致的解答,可以获得特别奖。

IMO 由参赛国(地区)轮流主办,经费由东道国(地区)提供。IMO 规定,

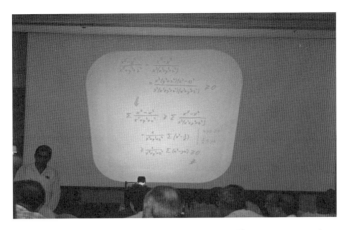

2005 年 IMO 上,摩尔多瓦的卢里·贝里科(Iurie Boreico)
第 3 题的解法获得了特别奖

正式参加比赛国家和地区的代表队由 6 名学生组成,另派 1 名领队(Leader)
和 1 名副领队(Deputy Leader)。试题由各参赛国(地区)提供,然后由东道国
(地区)组织专家组成选题委员会对这些试题进行研究和挑选,从中选出 30 个
左右的试题作为预选题(shortlist problems),代数、几何、组合、数论这 4 块内
容各 7—8 个试题,然后提交给由每个参赛队的领队组成的主试委员会(July
meeting)讨论投票表决,最终产生 6 道试题作为正式考题。东道主不提供试
题。试题确定之后,写成英语、法语、德语、俄语、西班牙语这 5 种工作语言,各
领队将试题翻译成本国语言,每个学生可以有两种语言的试题。

学生的答卷先由自己的领队评判,然后与东道主组织的协调员进行协商,
如有分歧,再到主试委员会上仲裁。主试委员会由各领队及东道主指定的主
席组成。主试委员会除了选定试题,还有以下几个方面的职责:确定评分标
准;如何用工作语言准确表达试题,并翻译、核准译成各参加国文字的试题;比
赛期间,确定如何回答学生用书面提出的关于试题的疑问;解决个别领队与协
调员之间在评分上的不同意见;根据学生成绩(因为每年试题难度不完全相
同)决定金牌、银牌和铜牌的个数与分数线。

中国首次非正式地参加了 1985 年第 26 届的 IMO,当时只去了两名同学。
1986 年开始,除了 1998 年在中国台湾举行的那次,中国队都派足了 6 名队员
正式参加 IMO。下面是中国队参加 IMO 的情况:

中国队在 2011 年 IMO 上协调分数

第 26 届(1985 年,芬兰)(团体总分第 32 名)

吴思皓　　　　铜牌　　　上海市向明中学

王锋　　　　　　　　　　北京市北京大学附中

领队：王寿仁　副领队：裴宗沪

第 27 届(1986 年,波兰)(团体总分第 4 名)

李平立　　　　金牌　　　天津市南开中学

方为民　　　　金牌　　　河南省实验中学

张浩　　　　　金牌　　　上海市大同中学

荆秦(女)　　　银牌　　　陕西省西安八十五中学

林强　　　　　铜牌　　　湖北省黄冈中学

沈建　　　　　　　　　　江苏省姜堰中学

领队：王寿仁　副领队：裴宗沪

第 28 届(1987 年,古巴)(团体总分第 8 名)

刘雄　　　　　金牌　　　湖南省湘阴中学

滕峻(女)　　　金牌　　　北京市北京大学附中

林强　　　　　银牌　　　湖北省黄冈中学

潘子刚　　　　银牌　　　上海市向明中学

何建勋　　　　铜牌　　　广东省华南师大附中
高峡　　　　　铜牌　　　北京市北京大学附中
领队：梅向明　副领队：裘宗沪

第29届(1988年,澳大利亚)(团体总分第2名)

何宏宇　　　　金牌　　　四川省彭县中学
陈晞　　　　　金牌　　　上海市复旦大学附中
韦国恒　　　　银牌　　　湖北省武钢三中
查宇涵　　　　银牌　　　江苏省南京市第十中学
邹钢　　　　　银牌　　　江苏省镇江中学
王健梅(女)　　银牌　　　天津市南开中学
领队：常庚哲　副领队：舒五昌

第30届(1989年,联邦德国)(团体总分第1名)

罗华章　　　　金牌　　　重庆市永川中学
蒋步星　　　　金牌　　　新疆石河子第五中学
俞扬　　　　　金牌　　　吉林省东北师大附中
霍晓明　　　　金牌　　　江西省景德镇景光中学
唐若曦　　　　银牌　　　四川省成都九中
颜华菲(女)　　银牌　　　北京市人大附中
领队：马希文　副领队：单墫

第31届(1990年,中国)(团体总分第1名)

周彤　　　　　金牌　　　湖北省武钢三中
汪建华　　　　金牌　　　陕西省汉中西乡一中
王崧　　　　　金牌　　　湖北省黄冈中学
余嘉联　　　　金牌　　　安徽省铜陵一中
张朝晖　　　　金牌　　　北京市北京四中
库超　　　　　银牌　　　湖北省黄冈中学
领队：单墫　副领队：刘鸿坤

第32届(1991年,瑞典)(团体总分第2名)

罗炜　　　　　金牌　　　黑龙江哈尔滨师大附中

张里钊	金牌	北京市北京大学附中
王绍昱	金牌	北京市北京大学附中
王崧	金牌	湖北省黄冈中学
郭早阳	银牌	湖南省湖南师大附中
刘彤威	银牌	北京市北京大学附中

领队：黄玉民　副领队：刘鸿坤

第 33 届(1992 年,苏联)(团体总分第 1 名)

沈凯	金牌	江苏省南京师大附中
杨保中	金牌	河南省郑州一中
罗炜	金牌	黑龙江哈尔滨师大附中
何斯迈	金牌	安徽省安庆一中
周宏	金牌	北京市北京大学附中
章寅	金牌	四川省成都七中

领队：苏淳　副领队：严镇军

第 34 届(1993 年,土耳其)(团体总分第 1 名)

周宏	金牌	北京市北京大学附中
袁汉辉	金牌	广东省华南师大附中
杨克	金牌	湖北省武钢三中
刘炀	金牌	湖南省湖南师大附中
张镭	金牌	山东省青岛二中
冯炯	金牌	上海市向明中学

领队：杨路　副领队：杜锡录

第 35 届(1994 年,中国香港)(团体总分第 2 名)

张健	金牌	上海市建平中学
姚健钢	金牌	北京市人大附中
彭建波	金牌	湖南省湖南师大附中
奚晨海	银牌	北京市北京大学附中
王海栋	银牌	上海市华东师大二附中
李挺	银牌	四川省内江安岳中学

领队：黄宣国　副领队：夏兴国

第36届(1995年,加拿大)(团体总分第1名)

常成	金牌	黑龙江省哈尔滨师大附中
柳耸	金牌	山东省山东实验中学
朱晨畅(女)	金牌	湖北省武钢三中
王海栋	金牌	上海市华东师大二附中
林逸舟	银牌	山东省实验中学
姚一隽	银牌	上海市复旦大学附中

领队：张筑生　副领队：王杰

第37届(1996年,印度)(团体总分第6名)

陈华一	金牌	福建省福安一中
闫珺	金牌	北京市第二十二中学
何旭华	金牌	重庆市第十八中学
王烈	银牌	辽宁省东北育才学校
蔡凯华	银牌	江苏省启东中学
刘拂(女)	铜牌	上海市复旦大学附中

领队：舒五昌　副领队：陈传理

第38届(1997年,阿根廷)(团体总分第1名)

邹瑾	金牌	湖北省武钢三中
孙晓明	金牌	山东省青岛二中
郑常津	金牌	福建省福安一中
倪忆	金牌	湖北省黄冈中学
韩嘉睿	金牌	广东省深圳中学
安金鹏	金牌	天津市第一中学

领队：王杰　副领队：吴建平

第39届(1998年,中国台北)

因故未参加

第 40 届(1999 年,罗马尼亚)(团体总分第 1 名)

瞿振华	金牌	上海市延安中学
李鑫	金牌	广东省华南师大附中
刘若川	金牌	辽宁省东北育才学校
程晓龙	金牌	湖北省武钢三中
孔文彬	银牌	湖南省湖南师大附中
朱琪慧	银牌	广东省华南师大附中

领队:王杰　副领队:吴建平

第 41 届(2000 年,韩国)(团体总分第 1 名)

恽之玮	金牌	江苏省常州高级中学
李鑫	金牌	广东省华南师大附中
袁新意	金牌	湖北省黄冈中学
朱琪慧	金牌	广东省华南师大附中
吴忠涛	金牌	上海市上海中学
刘志鹏	金牌	湖南省长沙一中

领队:王杰　副领队:陈永高

第 42 届(2001 年,美国)(团体总分第 1 名)

肖梁	金牌	北京市人大附中
张志强	金牌	湖南省长沙一中
余君	金牌	湖南省湖南师大附中
郑晖	金牌	湖北省武钢三中
瞿枫	金牌	辽宁省东北育才中学
陈建鑫	金牌	江苏省启东中学

领队:陈永高　副领队:李胜宏

第 43 届(2002 年,英国)(团体总分第 1 名)

王博潼	金牌	辽宁省东北育才中学
付云皓	金牌	北京市清华大学附中
王彬	金牌	陕西省西安铁路一中
曾宪乙	金牌	湖北省武钢三中

| 肖维 | 金牌 | 湖南省湖南师大附中 |
| 符文杰 | 金牌 | 上海市华东师大二附中 |

领队:陈永高 副领队:李胜宏

第 44 届(2003 年,日本)(团体总分第 2 名)

付云皓	金牌	北京市清华大学附中
王伟	金牌	湖南省湖南师大附中
向振	金牌	湖南省长沙一中
方家聪	金牌	广东省华南师大附中
万昕	金牌	四川省彭州中学
周游	银牌	湖北省武钢三中

领队:李胜宏 副领队:冯志刚

第 45 届(2004 年,希腊)(团体总分第 1 名)

黄志毅	金牌	广东省华南师大附中
朱庆三	金牌	广东省华南师大附中
李先颖	金牌	湖南省湖南师大附中
林运成	金牌	上海市上海中学
彭闽昱	金牌	江西省鹰潭一中
杨诗武	金牌	湖北省黄冈中学

领队:陈永高 副领队:熊斌

第 46 届(2005 年,墨西哥)(团体总分第 1 名)

刁晗生	金牌	上海市华东师大二附中
任庆春	金牌	天津市耀华中学
罗晔	金牌	江西省江西师大附中
邵煊程	金牌	上海市复旦附中
康嘉引	金牌	广东省深圳中学
赵彤远	银牌	河北省石家庄二中

领队:熊斌 副领队:王建伟

第 47 届(2006 年,斯洛文尼亚)(团体总分第 1 名)

| 柳智宇 | 金牌 | 湖北省华中师大一附中 |

沈才立	金牌	浙江省镇海中学
邓煜	金牌	广东省深圳高级中学
金龙	金牌	吉林省东北师大附中
任庆春	金牌	天津市耀华中学
甘文颖	金牌	湖北省武钢三中

领队：李胜宏　副领队：冷岗松

第 48 届(2007 年,越南)(团体总分第 2 名)

沈才立	金牌	浙江省镇海中学
付雷	金牌	湖北省武钢三中
王烜	金牌	广东省深圳中学
杨奔	金牌	北京市人大附中
马腾宇	银牌	吉林省东北师大附中
胡涵	银牌	湖南省湖南师大附中

领队：冷岗松　副领队：朱华伟

第 49 届(2008 年,西班牙)(团体总分第 1 名)

牟晓生	金牌	上海市上海中学
韦东奕	金牌	山东省山东师大附中
张瑞祥	金牌	北京市人大附中
张成	金牌	上海市华东师大二附中
陈卓(女)	金牌	湖北省华中师大一附中
吴天琦	银牌	浙江省嘉兴一中

领队：熊斌　副领队：冯志刚

第 50 届(2009 年,德国)(团体总分第 1 名)

韦东奕	金牌	山东省山东师大附中
郑凡	金牌	上海市上海中学
郑志伟	金牌	浙江省乐成公立寄宿学校
林博	金牌	北京市人大附中
赵彦霖	金牌	吉林省东北师大附中
黄骄阳	金牌	四川省成都七中

领队：朱华伟　　副领队：冷岗松

第51届(2010年,哈萨克斯坦)(团体总分第1名)

聂子佩	金牌	上海市上海中学
李嘉伦	金牌	浙江省乐清公立寄宿学校
肖伊康	金牌	河北省唐山一中
张敏(女)	金牌	湖北省华中师大一附中
赖力	金牌	重庆市南开中学
苏钧	金牌	福建省福州一中

领队：熊斌　　副领队：冯志刚

第52届(2011年,荷兰)(团体总分第1名)

陈麟	金牌	北京市人大附中
周天佑	金牌	上海市上海中学
姚博文	金牌	河南省实验中学
龙子超	金牌	湖南省湖南师大附中
靳兆融	金牌	北京市人大附中
吴梦希	金牌	江苏省南菁高级中学

领队：熊斌　　副领队：冯志刚

第53届(2012年,阿根廷)(团体总分第2名)

佘毅阳	金牌	上海市上海中学
王昊宇	金牌	湖北省武钢三中
陈景文	金牌	北京市人大附中
吴昊	金牌	辽宁省辽宁师大附中
左浩	金牌	湖北省华中师大一附中
刘宇韬	铜牌	上海市上海中学

领队：熊斌　　副领队：冯志刚

第54届(2013年,哥伦比亚)(团体总分第1名)

刘宇韬	金牌	上海市上海中学
张灵夫	金牌	四川省绵阳中学
刘潇	金牌	浙江省乐成公立寄宿学校

廖宇轩	金牌	河南省郑州外国语中学
顾超	金牌	上海市格致中学
饶家鼎	银牌	广东省深圳市第三中学

领队：熊斌　副领队：李秋生

第 55 届(2014 年,南非)(团体总分第 1 名)

高继扬	金牌	上海市上海中学
浦鸿铭	金牌	吉林省东北师大附中
周韫坤	金牌	广东省深圳中学
齐仁睿	金牌	山东省历城二中
谌澜天	金牌	湖南省湖南师大附中
黄一山	银牌	湖北省武钢三中

领队：姚一隽　副领队：李秋生

第 56 届(2015 年,泰国)(团体总分第 2 名)

俞辰捷	金牌	上海市华东师大二附中
贺嘉帆	金牌	湖南省雅礼中学
王诺舟	金牌	辽宁省实验中学
高继扬	金牌	上海市上海中学
谢昌志	银牌	湖南省雅礼中学
王正	银牌	北京市人大附中

领队：熊斌　副领队：李秋生

第 57 届(2016 年,中国香港)(团体总分第 3 名)

杨远	金牌	河北省石家庄二中
梅灵捷	金牌	上海市复旦大学附中
张盛桐	金牌	上海市上海中学
贾泽宇	金牌	北京市人大附中
王逸轩	银牌	湖北省武钢三中
宋政钦	银牌	湖南省湖南师大附中

领队：熊斌　副领队：李秋生

第 58 届(2017 年,巴西)(团体总分第 2 名)

任秋宇	金牌	广东省华南师大附中
张骞	金牌	湖南省长郡中学
吴金泽	金牌	湖北省武汉二中
何天成	金牌	广东省华南师大附中
江元旸	金牌	浙江省鄞州中学
周行健	银牌	北京市人大附中

领队：姚一隽　副领队：张思汇

第 59 届(2018 年,罗马尼亚)(团体总分第 3 名)

陈伊一	金牌	湖南省雅礼中学
欧阳泽轩	金牌	浙江省温州中学
李一笑	金牌	江苏省天一中学
王泽宇	金牌	陕西省西北工大附中
姚睿	银牌	湖北省华中师大一附中
叶奇	银牌	浙江省知临中学

领队：瞿振华　副领队：何忆捷

第 60 届(2019 年,英国)(团体总分第 1 名)

谢柏庭	金牌	浙江省知临中学
袁祉祯	金牌	湖北省武钢三中
胡苏麟	金牌	广东省华南师大附中
俞然枫	金牌	江苏省南京师大附中
邓明扬	金牌	北京市人大附中
黄嘉俊	金牌	上海市上海中学

领队：熊斌　副领队：何忆捷

第 61 届(2020 年,俄罗斯)(团体总分第 1 名)

李金珉	金牌	重庆市巴蜀中学
韩新淼	金牌	浙江省乐清市知临中学
依嘉	金牌	北京市人大附中
梁敬勋	金牌	浙江省杭州市学军中学

饶睿　　　　　金牌　　　广东省华南师大附中

严彬玮(女)　　银牌　　　江苏省南京师大附中

领队：熊斌　副领队：何忆捷

第62届(2021年,俄罗斯)(团体总分第1名)

王一川　　　　金牌　　　上海市华东师大二附中

彭也博　　　　金牌　　　广东省深圳中学

韦晨　　　　　金牌　　　北京市十一学校

夏语兴　　　　金牌　　　湖北省华中师大一附中

陈锐韬　　　　金牌　　　北京市人大附中

冯晨旭　　　　金牌　　　广东省深圳中学

领队：肖梁　副领队：瞿振华

我国的数学竞赛选手中已经涌现出许多优秀的青年数学人才,如：张伟、恽之玮、许晨阳、刘一峰等获得著名的拉马努金奖(Ramanujan Prize),并且已经有不少学者,如：何宏宇、王崧、何斯迈、孙斌勇、朱晨畅、姚一隽、刘若川、许晨阳、张伟、恽之玮、袁新意、肖梁、刘一峰等在国内外知名高校或科研机构从事数学研究工作,并且做出了很好的工作。2008年、2009年IMO的满分金牌获得者韦东奕,在研究生一二年级时就做出了很好的成果。无论从整体还是从个别、从国外还是从国内来看,数学竞赛对数学与科学英才的教育都有非常重要的价值。

在IMO获得奖牌的学生中,日后有不少成为大数学家。例如获菲尔兹奖的数学家有：

1959年银牌选手玛古利斯(Gregory Margulis,俄罗斯)于1978年获得菲尔兹奖；

1969年金牌选手德里费尔德(Vladimir Drinfeld,乌克兰)于1990年获得菲尔兹奖；

1974年金牌选手约克兹(Jean-Christophe Yoccoz,法国)于1994年获得菲尔兹奖；

1977年金牌、1978年银牌选手博切尔兹(Richard Borcherds,英国)于1998年获得菲尔兹奖；

1981 年金牌选手高尔斯(Timothy Gowers,英国)于 1998 年获得菲尔兹奖;

1985 年银牌选手拉福格(Laurant Lafforgue,法国)于 2002 年获得菲尔兹奖;

1982 年金牌选手佩雷尔曼(Grigori Perelman,俄罗斯)于 2006 年获得菲尔兹奖(解决了庞加莱猜想);

1986 年铜牌、1987 年银牌、1988 年金牌选手陶哲轩(Terence Tao,美国)于 2006 年获得菲尔兹奖;

1988 年金牌、1989 年金牌选手吴宝珠(Ngô Bào Châu,越南)于 2010 年获得菲尔兹奖;

1988 年铜牌选手林登施特劳斯(Elon Lindenstrauss,以色列)于 2010 年获得菲尔兹奖;

1986 年金牌、1987 年金牌选手斯米尔诺夫(Stanilav Smirnov,俄罗斯)于 2010 年获得菲尔兹奖;

1994 年金牌、1995 年金牌选手米尔扎哈尼(Maryam Mirzakhani,女,伊朗)于 2014 年获得菲尔茨奖;

1995 年金牌选手阿维拉(Artur Avila,巴西)于 2014 年获得菲尔茨奖;

2004 年银牌、2005 年金牌、2006 年金牌、2007 年金牌选手舒尔茨(Peter Scholze,德国)于 2018 年获得菲尔兹奖;

1994 年铜牌选手文卡特什(Akshay Venkatesh,印度)于 2018 年获得菲尔兹奖。

陶哲轩在 2009 年 IMO 上给学生做报告

获得 5 金 1 铜的宋卓群[Zhuo Qun（Alex）Song，加拿大]在 2016 年 IMO 上领奖

附录 2　中国数学奥林匹克介绍（1986~2020）

　　1985 年 12 月,中国数学会成立 50 周年大会在上海举行,会议期间,中国数学会和北京大学、南开大学、复旦大学和中国科学技术大学商定,由这四所大学轮流举办数学冬令营,为参加国际数学奥林匹克作准备。自 1986 年起每年一月份(第 29 届起改为每年 12 月,从第 32 届起改为每年 11 月)举行全国中学生数学冬令营,后又改名为中国数学奥林匹克(Chinese Mathematical Olympiad,简称 CMO)。

　　各届数学冬令营邀请各省、自治区、直辖市在全国高中数学联赛中的优胜者,以及中国香港、中国澳门、俄罗斯、新加坡等代表队参加,人数 200 人左右(现扩大为 400 人左右),分配原则是每省市区至少 3 人(后改为至少 4 人),然后设立分数线择优选取。冬令营为期 5 天,第一天为开幕式,第二、第三天考试,第四天学术报告或参观游览,第五天闭幕式上,宣布考试成绩、国家集训队队员名单和颁奖。

　　数学冬令营的考试完全模拟 IMO 进行,每天 3 道题,限 4 个半小时完成。每题 21 分(为 IMO 试题得分的 3 倍),6 个题满分为 126 分。题目难度与国际数学奥林匹克相当。设立一、二、三等奖,分数最高的约前 30 名选手将组成参加当年国际数学奥林匹克的中国国家集训队(现在前 60 名为国家集训队队员)。国家集训队队员获得保送高校的资格。

　　从 1990 年开始,冬令营设立了陈省身杯团体赛。从 1991 年起,全国中学生数学冬令营被正式命名为中国数学奥林匹克,它成为中国中学生最高级别、最具规模、最有影响的数学竞赛。

历届中国数学奥林匹克举办地、承办单位

届次	日期	举办地	承办单位
第1届	1986年1月	天津	南开大学
第2届	1987年1月	北京	北京大学
第3届	1988年1月	上海	复旦大学
第4届	1989年1月	合肥	中国科学技术大学
第5届	1990年1月	郑州	《中学生数理化》编辑部
第6届	1991年1月	武汉	华中师范大学
第7届	1992年1月	北京	北京数学奥林匹克发展中心
第8届	1993年1月	济南	山东大学
第9届	1994年1月	上海	复旦大学
第10届	1995年1月	合肥	中国科学技术大学
第11届	1996年1月	天津	南开大学
第12届	1997年1月	杭州	浙江大学
第13届	1998年1月	广州	广州师范学院
第14届	1999年1月	北京	北京大学
第15届	2000年1月	合肥	中国科学技术大学
第16届	2001年1月	香港	香港数学奥林匹克委员会
第17届	2002年1月	上海	上海中学
第18届	2003年1月	长沙	长沙市第一中学
第19届	2004年1月	澳门	澳门数学奥林匹克委员会
第20届	2005年1月	郑州	郑州外国语学校
第21届	2006年1月	福州	福州一中
第22届	2007年1月	温州	温州中学
第23届	2008年1月	哈尔滨	哈尔滨师大附中
第24届	2009年1月	海南	嘉积中学
第25届	2010年1月	重庆	南开中学

届次	日期	举办地	承办单位
第 26 届	2011 年 1 月	长春	东北师大附中
第 27 届	2012 年 1 月	西安	西北工业大学附中
第 28 届	2013 年 1 月	沈阳	东北育才学校
第 29 届	2013 年 12 月	南京	南京师大附中
第 30 届	2014 年 12 月	重庆	巴蜀中学
第 31 届	2015 年 12 月	鹰潭	鹰潭市第一中学
第 32 届	2016 年 11 月	长沙	雅礼中学
第 33 届	2017 年 11 月	杭州	学军中学（紫金港校区）
第 34 届	2018 年 11 月	成都	成都七中
第 35 届	2019 年 11 月	武汉	华中师范大学一附中
第 36 届	2020 年 11 月	长沙	长郡中学

附录 3　人名索引

以梦为马　穷理尽性(代跋)

天命之年,更觉人生之幸事莫过于能有机会在对的时间和环境尽情追逐自己的兴趣和梦想。作为中国数学奥林匹克(奥数)早期的参与者和幸运儿,笔者曾深深体会到参与奥数的快乐,也感恩奥数经历对自己职业和人生的巨大帮助,更欣喜因之结缘众多志同道合的有才之士,有些还成为终身的好友。我对他们人生的起起落落感同身受,也为他们在各自领域里取得的成绩而欢欣鼓舞,引以为荣。遂萌生一念,邀请其中数位结合他们的人生经历分享对奥数的感悟,编辑成册,以期启发后人,回馈社会。此即为本书构想的初衷。熊斌教授听闻后,与笔者一拍即合,并遍邀国内奥数界老中青几代名师加入。各位师长的加持,使全书立意更加立体丰满,极大增强了本书的可读性和社会价值。

奥数作为人才培养的系统工程中的一项,如其他行业一样也是个金字塔体系。有幸登上塔尖的为凤毛麟角,自是众人瞩目的焦点。我们欣喜地看到,他们中有的已跻身世界级数学家的行列;有的在金融、科技等尖端行业取得了卓越的成就;也有的一直默默奉献,从事着发掘培养更多优秀数学人才的事业⋯⋯通读全书,读者可以看到得益于奥数经历的绝非只是少数国际级的获奖者,更多的参与者通过学习奥数,为日后求学、科研与工作打下了坚实的基础。科技是立国之本,而数学是科学之母。未来的竞争是人才的竞争,通过开展奥数活动积累基础教育上的领先优势,必将有助于中国各类科技人才的培养和国力的提升。

奥数培训既是教育事业,也是社会经济活动的一部分,必然会涉及一些荣誉和利益上的诉求。合理的诉求应该被社会所承认和接纳。然而,我们也不应忽视社会对某些奥数培训现象的合理批评。功利主义和过度商业化的培训,会给学生和家庭带来不必要的压力和负担。拔苗助长和削足适履的教育方式更是与奥数的初衷背道而驰。例如据称有学校要求早慧的学生从高一年级就停止所有其他科目的学习,全职准备奥数比赛。这样的做法严重违背了教育和人才培养规律。

奥数仅仅是青少年时期的数学巅峰之探,早年展示出来的数学才华并不能保证其未来一帆风顺。如果缺乏自律精神、自理能力、良好的社交能力和心理素质,以及开阔的视野和兴趣,在遇到困难和挫折时可能会一蹶不振。少数拥有数学天赋的学生在这些方面的缺失甚至比同龄人更多。按照"水桶理论",一个人所能达到的高度往往取决于自己的短板有多短。在开展奥数的过程中,如何帮助有天赋的学生均衡发展,为其将来的复杂人生做好更充分的准备,是相关教育机构和家长应该警醒和关注的问题。其实,对于一些天赋异禀的少年,过早和过多的荣誉往往会带来成长过程中不必要的负担和压力,甚至可能会制约他们的后续发展。对他们而言,一个宽松的成长环境尤为重要。同时我们也呼吁社会能宽容看待他们的成长和发展,并能始终如一地给予支持和关爱。

数学是自然科学的基石和工具,然而数学之于个人和社会的功效却远不止于此。严格的数学训练,有助于建设理性思维、逻辑推理和思辨能力。执求真相、遵守规范、严守契约、尊重公平、理性妥协、胸怀大局,这些贯穿于数学学科的精髓无一不是现代文明的基础性特征,充分体现在政治、经济、法律和文化等活动中。义务教育的课内教学侧重于数学的直观性和应用性,而奥数让学生在学习数学知识和解题技巧的同时,有机会更早更深入地接触到这些凝结人类智慧、体现现代文明的思想体系。这对于那些进入大学阶段后不从事数学专业的学生是尤其难得的机会。从这个角度上说,奥数活动不仅是提高数学和科学技能的平台,也为潜移默化中培养理性思维提供了载体,对提高民族综合素质有着积极而深远的意义。

少年智则国智,少年强则国强。祝愿中国的数学奥林匹克活动能秉教育之初心,扬理性之光辉,继续在培育英才、启迪智慧的道路上乘风破浪,砥砺前行。

库 超

2022 年 6 月 30 日